W0260865

Teubner Studienskripten (TSS)

Mit der preiswerten Reihe **Teubner Studienskripten** werden dem Studenten ausgereifte Vorlesungsskripten zur Unterstützung des Studiums zur Verfügung gestellt. Die sorgfältigen Darstellungen, in Vorlesungen erprobt und bewährt, dienen der Einführung in das jeweilige Fachgebiet. Sie fassen das für das Fachstudium notwendige Präsenzwissen zusammen und ermöglichen es dem Studenten, die in den Vorlesungen erworbenen Kenntnisse zu festigen, zu vertiefen und weiterführende Literatur heranzuziehen. Für das fortschreitende Studium können **Teubner Studienskripten** als Repetitorien eingesetzt werden. Die auch zum Selbststudium geeigneten Veröffentlichungen dieser Reihe sollen darüber hinaus den in der Praxis Stehenden über neue Strömungen der einzelnen Fachrichtungen orientieren.

ZU DIESEM BUCH

In langjähriger Hochschullehrertätigkeit hat der Verfasser immer wieder erfahren, wie schwer sich viele Studenten mit dem Erlernen der elektromagnetischen Feldtheorie tun und wie dankbar sie daher für eine anschauliche und gut verständliche Einführung sind.

Diesem Bedürfnis wird das vorliegende Studienskript gerecht: Rotation, Divergenz und die damit zusammenhängenden Integralausdrücke werden in vorgezogenen Einleitungskapiteln besonders ausführlich beschrieben; und durch das ganze Studienskript zieht sich als roter Faden der Versuch, die in den feldtheoretischen Anwendungen unentbehrliche Vektoranalysis möglichst oft mit der Anschauung zu verbinden.

Der Inhalt dieses Büchleins beschränkt sich auf diejenigen Grundlagen der Feldtheorie, deren Kenntnis auch für Elektroingenieure mit dem Ausbildungsziel Technische Informatik (Datentechnik, Informationstechnik) unerläßlich ist.

Damit ist diese Studienskript allen Studenten des Diplomstudienganges Elektrotechnik, besonders an Universitäten, aber auch an Fachhochschulen zu empfehlen.

Rotation, Divergenz und das Drumherum

Eine Einführung in die elektromagnetische Feldtheorie

Von Dr.-Ing. Gottlieb Strassacker
Akad. Direktor
an der Universität Karlsruhe

3., durchgesehene Auflage
Mit 139 Bildern und 62 Beispielen

Springer Fachmedien Wiesbaden GmbH 1992

Akademischer Direktor Dr.-Ing. Gottlieb Strassacker

1931 geboren in Heidelberg. 1952 - 1957 Studium der Elektrotechnik an der Universität Karlsruhe, Fachrichtung Nachrichtentechnik. Ab 1957 wissenschaftlicher Mitarbeiter am Lehrstuhl und Institut für Theoretische Elektrotechnik und Meßtechnik der Universität (Technische Hochschule) Karlsruhe. 1964 Promotion. 1987 Akademischer Direktor am gleichen Institut.
Ab WS 1972/73 Lehraufträge für "Grundgebiete der Elektrotechnik" sowie für "Praktikum für analoge und digitale Meßtechnik". Später weitere Lehraufträge für die Vorlesungen "Analytische und numerische Methoden zur Bestimmung elektrischer und magnetischer Felder" und für "Fachdidaktik II (Grundlagen und Analogtechnik)".

Die Deutsche Bibliothek - CIP-Einheitsaufnahme

Strassacker, Gottlieb:
Rotation, Divergenz und das Drumherum : eine Einführung in die elektromagnetische Feldtheorie ; mit 62 Beispielen / von Gottlieb Strassacker. - 3., durchges. Aufl. - Stuttgart : Teubner, 1992
(Teubner-Studienskripten ; 101 : Elektrotechnik)
ISBN 978-3-519-20101-4 ISBN 978-3-322-92663-0 (eBook)
DOI 10.1007/978-3-322-92663-0

NE: GT

Gesamtherstellung: Beltz Offsetdruck, Hemsbach/Bergstraße
Umschlaggestaltung: M. Koch, Reutlingen

VORWORT ZUR ERSTEN AUFLAGE

Das vorliegende Studienskript ist im Rahmen meiner mehr als zehnjährigen Vorlesung über "Grundgebiete der Elektrotechnik" an der Universität Karlsruhe entstanden.

Den hier bearbeiteten Lehrstoff habe ich didaktisch so aufbereitet, daß er bei bekannter Differential-, Integral- und Vektorrechnung auch von solchen Studierenden verstanden werden kann, die noch nicht über die Kenntnisse der Vektoranalysis verfügen.

Bei der Abfassung des Manuskriptes kam es mir weder auf eine umfassende, noch auf eine redundanzfreie Darstellung der elektromagnetischen Feldtheorie an. Vielmehr wollte ich eine möglichst verständliche Einführung geben. Denn aus meiner langjährigen Vorlesungserfahrung weiß ich, wie schwer sich viele Studenten mit dem Erlernen dieses nach wie vor unverzichtbaren Stoffes tun. Deswegen wurden Grundbegriffe wie: Skalarfeld, Vektorfeld, Feldlinienbild, Feldröhren und Fluß, Begriffe des Quellenfeldes wie: Ergiebigkeit, Divergenz und Gauß'scher Satz, sowie Begriffe des Wirbelfeldes wie: Zirkulation, Rotation und Stokes'scher Satz in einleitenden Kapiteln besonders ausführlich dargestellt, jedoch in enger Verbindung mit vorgezogenen Beispielen des elektromagnetischen Feldes.

Zur Verdeutlichung der Theorie und zur Vertiefung des Verständnisses habe ich bewußt Wiederholungen verwendet. Damit wird den Studierenden der Zugang zu den Fragestellungen und Lösungen der Feldtheorie sehr erleichtert. Das vorliegende Studienskript ist somit nicht für eine elitäre Auslese, sondern für den Durchschnittsstudenten geschrieben.

Im Hauptteil werden die Grundgleichungen der Maxwellschen Theorie sowie das Zusammenwirken von Feldgrößen und Feldgleichungen bei differentiellen und integralen Herleitungen behandelt. Letztere führen zu den für die spätere Praxis wichtigen Anwendungen: Durchflutungs- und Induktionsgesetz, Vektorpotential mit Biot-Savartschen Regeln, Induktivitätsberechnungen, Energieströmungsvektoren, Stromverdrängung, Wellen- und Telegraphengleichung sowie deren Lösungen für ebene Wellen, u.a.m.

Die Hörer dieser Vorlesung sind nach wie vor Studenten des dritten Fachsemesters, vor der Diplom-Vorprüfung. Diese frühe Einführung von elektromagnetischer Feldtheorie bei der wissenschaftlichen Ausbildung künftiger Elektroingenieure hat den Vorteil, daß die integralen Aussagen aus den feldtheoretischen Grundlagen abgeleitet werden und dadurch wohlfundiert sind. Dagegen ist es andernorts meist üblich, zunächst integrale Ergebnisse zu lehren und deren feldtheoretische Begründung erst zu einem späteren Zeitpunkt zu geben.

Danken möchte ich Herrn Professor Mlynski und Herrn Professor Reiß für ihr Interesse an diesem Studienskript und für ihre Anregungen.

VORWORT ZUR DRITTEN AUFLAGE

Zahlreiche Äußerungen von Dozenten wie auch von Studenten bestätigen die gelungene Form der Darstellung und die für Ingenieure vernünftige Stoffauswahl, auch als Vorbereitung für eine weiterführende Elektrodynamik.

Interessant ist zu hören, daß dieses Studienskript einerseits an einigen Fachhochschulen, andererseits aber auch an solchen Universitäten gute Aufnahme findet, wo Feldtheorie auf einem betont hohen Niveau gelehrt wird.

Diese Akzeptanz, die sowohl der ersten, wie auch der zweiten Auflage zuteil wurde, veranlaßte den Verfasser, in dieser dritten Auflage nur die Korrektur von restlichen Schreibfehlern und von einigen begrifflichen Anmerkungen vorzunehmen.

Karlsruhe, im Herbst 1991

Gottlieb Strassacker

INHALTSVERZEICHNIS Seite

LISTE DER VERWENDETEN SYMBOLE

Symbol	Einheit	Benennung
$\vec{A}$	Vs/m	magnetisches Vektorpotential
$\vec{B}$	Vs/m^2	magnetische Flußdichte, auch: Induktion
C	As/V	elektrische Kapazität, Kapazitätskonstante
$\vec{D}$	As/m^2	elektrische Flußdichte, Verschiebungsdichte
$\vec{E}$	V/m	elektrische Feldstärke
e	As	Elementarladung
ε_o	As/(Vm)	elektrische Feldkonstante
ε_r	1	Dielektrizitätszahl, Permittivitätszahl
$\varepsilon = \varepsilon_o \varepsilon_r$	As/(Vm)	Dielektrizitätskonstante, Permittivität
η	As/m^3	elektrische Raumladungsdichte
$\vec{F}$	VAs/m	Kraft
f		Frequenz (Einheit: Hz), Fläche (Einheit: m^2)
df, $d\vec{f}$	m^2	Flächenelement, Vektor des Flächenelementes $d\vec{f} = \vec{n} \cdot df$
Γ, Γ_o	$V/A = \Omega$	Wellenwiderstand des Dielektrikums bzw. Vakuums
$\vec{H}$	A/m	magnetische Feldstärke
$\underline{H}_m = \hat{H}_m$	A/m	komplexe Amplitude der magnetischen Feldstärke
$\Theta = wI$	A	elektrische Durchflutung
i(t)	A	Momentanwerte einer Wechselstromstärke
$\hat{i}$	A	reelle Amplitude eines harmonischen Wechselstromes
I	A	elektrische Gleichstromstärke
I_{ef}	A	Effektivwert eines Wechselstromes
$\underline{I}_m = \hat{\underline{I}}$	A	komplexe Amplitude eines harmonischen Stromes
$\vec{J}$	A/m^2	elektrische Leitungsstromdichte
J_o, J_1	1	Besselfunktion nullter bzw. erster Ordnung

Symbol	Einheit	Benennung
$\underline{J}_m = \hat{\underline{J}}$	A/m^2	komplexe Amplitude einer harmonischen Leitungsstromdichte
$\vec{j}_s$	A/m	elektrische Flächenstromdichte, Strombelag
$j = \sqrt{-1}$	1	imaginäre Einheit bei komplexen Koordinaten
κ	A/(Vm)	spezifische elektrische Leitfähigkeit
L	Vs/A	Selbstinduktivitätskonstante, Selbstinduktivität
λ	m	Wellenlänge
$\vec{M}$	A/m	Magnetisierung
M	Vs/A	Gegeninduktivität
μ_o	Vs/(Am)	magnetische Feldkonstante
μ_r	1	Permeabilitätszahl
$\mu = \mu_o \mu_r$	Vs/(Am)	Permeabilität
P_w, P_b, P_s	VA	Wirk-, Blind-, Scheinleistung
$\underline{P}$	VA	komplexe Leistung
$\vec{P}$	As/m^2	elektrische Polarisation
q, Q	As	elektrische Ladung
R	V/A	elektrischer (Leitungs-)Widerstand
$r, \vec{r}$	m	Radius, Radiusvektor
ρ	Vm/A	spezifischer elektrischer (Leitungs-)Widerstand
$\vec{S}$	VA/m^2	Poyntingvektor (der Energieströmung)
$\underline{\vec{S}}$,	VA/m^2	komplexer Energieströmungsvektor
$d\vec{s}$	m	Linienelement
$\mathring{s}$	m	Umlauf, Randkurve
$s = \sigma + j\omega$	1/s	komplexe Variable
σ	As/m^2	elektrische Flächenladungsdichte
T	s	Periodendauer
t	s	Variable für Zeit

Symbol	Einheit	Benennung
$u(t)$	V	Momentanwert einer elektr. Wechselspannung
$\hat{u}$	V	reelle Amplitude einer harmonischen Spannung
U	V	elektrische Gleichspannung
U_{ef}	V	Effektivwert einer Wechselspannung
$\underline{U}_m = \hat{\underline{u}}$	V	komplexe Amplitude einer harmonischen Spannung
$\mathring{u}$	V	elektrische Umlaufspannung
$\mathcal{V}$, $\mathring{\mathcal{V}}$	A	magnetische Spannung, Umlaufspannung
$\vec{v}$, $\vec{v}_q$	m/s	Geschwindigkeitsvektor: $\lvert\vec{v}\rvert$, $\lvert\vec{v}_q\rvert << c$
v	m^3	Volumen
dv	m^3	Volumenelement
φ	V	elektrisches Skalarpotential
φ_m	A	magnetisches Skalarpotential
ϕ	Vs	magnetischer Fluß
x, y, z	m	Ortsvariablen bei rechtwinkligen Koordinaten
$\underline{Y}$	A/V	komplexer (elektrischer) Leitwert
$\lvert\underline{Y}\rvert$	A/V	Scheinleitwert
$\underline{Z}$	V/A	komplexer (elektrischer) Widerstand
$\lvert\underline{Z}\rvert$	V/A	Scheinwiderstand
ω	1/s	Kreisfrequenz: $2\pi f$

1. DER FELDBEGRIFF, HISTORISCHES

Vor Faraday glaubten Physiker wie Ampère, Biot und Savart an die sogenannte "Fernwirkungstheorie". Sie wollten ausdrücken, daß elektrisch geladene oder magnetisierte Körper über ihre Entfernung aufeinander (mit Kräften) einwirken, ohne daß sich der Zustand des Raumes zwischen diesen Körpern ändere.

MICHAEL FARADAY (englischer Physiker und Chemiker 1791 - 1867) führte die "Kraftlinien" als Feldbegriff ein. Er meinte damals (etwa 1830), daß Kraftlinien den Raum zwischen elektrisierten oder magnetisierten Körpern in einen besonderen Zustand versetzen. Der Ausdruck "Kraftlinien" lag nahe, da man feststellte, daß elektrisch geladene Körper, ebenso wie Permanentmagnete, Kräfte aufeinander ausüben. Heute ist der Begriff der "Kraftlinien" durch den allgemeineren Begriff "Feldlinien" ersetzt. Ihre Dichte sagt uns, wie stark sich der Raum zwischen solchen Körpern in einem elektrisch oder magnetisch veränderten Zustand befindet.

JAMES CLARK MAXWELL (englischer Physiker 1831 - 1879) begründete theoretisch die elektromagnetische Feldtheorie, die nach ihm als "Maxwellsche Theorie" benannt wird. 1861 - 1864 veröffentlichte er sie als "elektromagnetische Lichttheorie". Sie ist eine makroskopische Theorie und sagt aus, daß Licht und elektromagnetische Wellen grundsätzlich einander gleich sind.

Dem deutschen Physiker HEINRICH HERTZ (1857 - 1894) gelang der experimentelle Nachweis elektromagnetischer Wellen. 1888 erreichte er deren Abstrahlung, Interferenz, Reflexion und Empfang an der Technischen Hochschule in Karlsruhe. Er bestätigte damit die von Faraday vermutete, von Maxwell theoretisch dargestellte Gleichheit von Licht und elektromagnetischen Wellen.

1.1 DAS SKALARFELD

Teilen wir eine begrenzte Fläche in viele gleiche Quadrate, Rechtecke oder Dreiecke (Bild 1.1a, 1.1b, 1.1c) oder auch in andere einander gleiche

20,10	20,10	20,15	20,20
20,10	20,15	20,17	20,25
20,15			

Bild 1.1a

Bild 1.1b

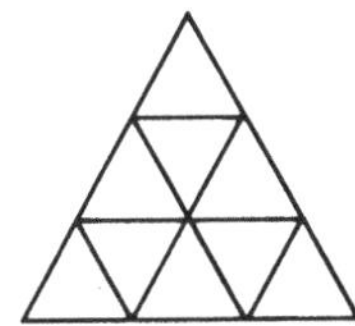

Bild 1.1c

Formen ein, so kann man diese Einteilung benutzen, um in jede kleine Teilfläche eine dort vorhandene Raum- oder Materialeigenschaft, z.B. die dort herrschende Temperatur einzutragen, die man auf diese Weise in gleichen Abständen und zur Weiterverarbeitung erfaßt hat. Natürlich läßt sich die Raum- oder Materialeigenschaft auch ohne umrandende Geometrie und in verschiedenen Niveauflächen räumlich (z.B. messen und dann) angeben. Oder man notiert die gewünschte Eigenschaft in ungleichen Abständen, was sich aber oft als unzweckmäßig erweisen wird; es sei denn man sucht die Orte mit gleicher Raum- oder Materialeigenschaft (z.B. gleicher Temperatur), die man als Orte gleichen Potentials, im Raum als Äquipotentialflächen, in der Ebene als Äquipotentiallinien bezeichnet. (Siehe Abschnitt 4.1.4)

Alle diese Verteilungen, auch die des Beispiels Temperatur, sind <u>ortsabhängig</u>, also Funktionen des Ortes, mit dem sie sich ändern. Beispiel Temperatur: $T = T(x,y,z)$. Sie sind keine gerichteten Größen, haben also keine Vektoreigenschaft; daher nennt man solche Eigenschaften von Raum oder Material <u>skalare Ortsfunktionen</u>.

Andere Beispiele für skalare Ortsfunktionen sind Feuchtigkeit, Luftdruck, aber auch elektrische oder magnetische Größen wie Dielektrizitätszahl, Permeabilitätszahl, Potential, spezifische Leitwerte oder Widerstände u.a.m.

Natürlich sind Größen wie Temperatur oder elektrisches Potential vom Zustand ihrer Umgebung abhängig: Temperatur von der Einstrahlung der Sonne, einem irdischen Heizkörper oder von Eis und Schnee. Das elektrische Potential im Raum mag abhängen von benachbarten Hochspannungen, Netzspannungen oder auch von gewollten und ungewollten Abschirmungen, also Faradayschen Käfigen, die z.B. durch PKW s oder Stahlbetonbauten mehr oder weniger gut realisiert werden. Trotz dieser umgebungsbezogenen Ortsabhängigkeiten sind Raum- und Materialeigenschaften skalare Ortsfunktionen. Die Verteilung (das Auftragen) der <u>skalaren Funktionswerte</u> in der Ebene oder im Raum wird auch <u>Skalarfeld</u> genannt.

Äquipotentiallinien und -Flächen

Wir wollen hier skalare Ortsfunktionen neutral $O(x,y,z)$ nennen, gleichgültig ob es sich dabei um Temperatur, Potential oder andere handelt. Beim Notieren solcher Ortsfunktionen sind zwei Arten besonders gängig:

Erste Art: Man markiert die Orte gleichen Betrages und verbindet sie miteinander (z.B. alle Punkte $O(x,y,z) = const_1$ werden miteinander verbunden; dann alle Punkte O(x,y,z) = $const_2$, dann alle Punkte O(x,y,z) = $const_3$, etc.). So entsteht in der Ebene eine Schar von Kurven, im Raum eine Schar von Flächen, deren Parameter die Beträge c_1, c_2, c_3, etc. aufweisen.

Alle diese Orte gleichen Betrages der skalaren Ortsfunktion sind die im vorangehenden Abschnitt schon erwähnten Äquipotentiallinien (in der Ebene) und Äquipotentialflächen (im Raum). Sie werden auch dann so genannt, wenn sie mit dem Begriff des elektrischen oder des magnetischen Potentials im engeren Sinne nichts zu tun haben: Bild 1.2

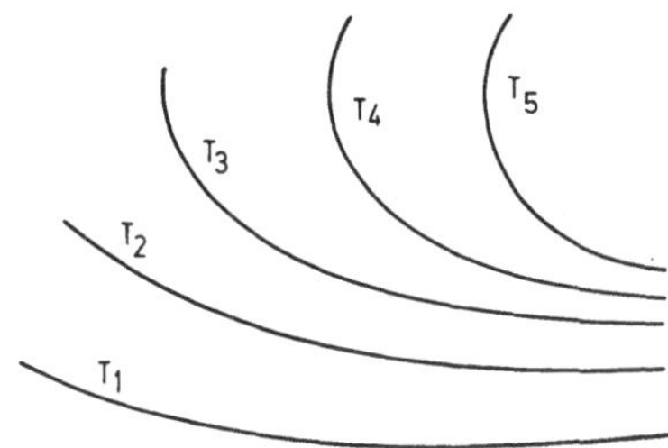

Bild 1.2: Äquipotentiallinien der Temperatur

Die zweite Art, skalare Ortsfunktionen darzustellen, möge so geschehen, wie dies z.B. in Bild 1.1a gezeigt wurde: Die ortsabhängigen Werte der Skalarfunktion werden in äquidistanten Abständen erfaßt und notiert. Diese Darstellung hat den Vorteil, daß die zeilen- und spaltenweise erfaßten Werte bereits als gängiges Rechenschema (Matrix) für die weitere Auswertung mit dem Digitalrechner vorliegen. Das Ziel dieser Auswertung besteht oft darin, zunächst Äquipotentiallinien oder -Flächen und dann, senkrecht auf diesen stehend, die Feldvektoren, also die Feldstärken und die Feldlinien zu bestimmen.

1.2 VEKTORFELD UND FELDLINIENBILD

In einem noch nicht ganz hoch gewachsenen Kornfeld im Sommer, einige Zeit vor der Ernte, stellen sich die Ähren, wenn der Wind darüber hinwegstreicht, fast in Windrichtung ein. Aus der Luft betrachtet, ersetzen sie dann ein Vektorfeld, wenn sich die Ähren völlig in die Windrichtung einstellen und wenn zusätzlich überall die Dichte der Ähren (z.B. deren Anzahl pro m^2) der dort herrschenden Windstärke proportional ist.

Letztere Bedingung wird meist nicht erfüllt. Daher kann das Vektorfeld $\vec{v}$ der Windgeschwindigkeit durch ein Ährenfeld nur unvollständig dargestellt werden.

Die Bilder 1.3a und 1.3b sollen den Unterschied zwischen einem Feldlinienbild (1.3a) und seinem Vektorfeld (1.3b) aufzeigen. Als Beispiel diene das Magnetfeld eines Permanentmagneten, dessen Nord- und Südpol einander gegenüberstehen und verschieden große Polflächen haben.

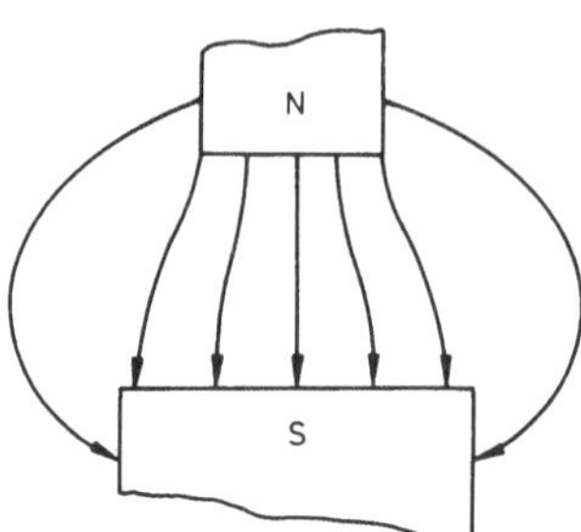

Bild 1.3a: Feldlinienbild

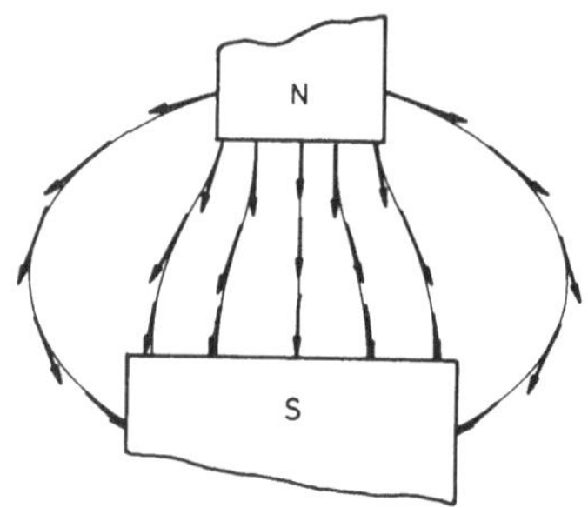

Bild 1.3b: Vektorfeld und Feldlinien

Feldlinien (Bild 1.3a) sind Hilfsmittel zur quantitativen Darstellung und Auswertung einer physikalischen Größe mit Vektoreigenschaft. (Beispiele: Elektrische und magnetische Feldstärken, Flußdichten, elektrische Leitungsstromdichte oder einfach Geschwindigkeiten, z.B. die des Windes).

Feldlinien sind dadurch gekennzeichnet, daß an jeder Stelle des Raumes der Feldvektor (Bild 1.3b) mit der Richtung der Tangente an die Feldlinie übereinstimmt. Eine Feldlinie entsteht durch zeichnerisches Verbinden der Anfangspunkte der Feldvektoren.

Verwendet man den allgemeinen Buchstaben $\vec{u}$ für einen Feldvektor ($\vec{u}$ hat hier nichts zu tun mit der skalaren Größe der elektr. Spannung), dann muß für den Zusammenhang zwischen ihm und dem Linienelement $d\vec{s}$ der Feldlinie gelten: $\vec{u} \times d\vec{s} = 0$, also $\vec{u}$ parallel $d\vec{s}$.

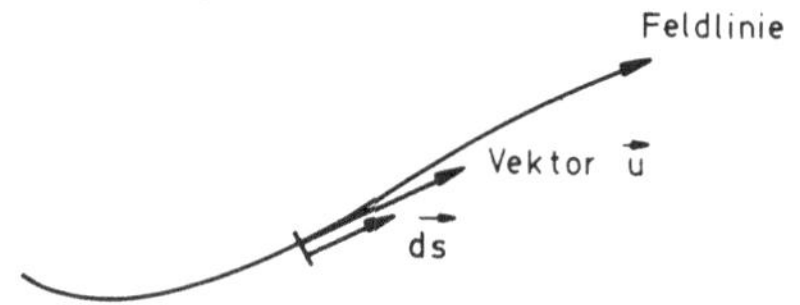

Bild 1.4

Feldlinien sind dann richtig gezeichnet, wenn die Dichte der einander benachbarten Feldlinien proportional ist zur dort herrschenden Feldstärke. Die Feldstärke ist der Betrag des Feldvektors $\vec{u}$.

Die Frage nach der Quantität, wieviele Feldlinien im konkreten Fall für ein Vektorfeld innerhalb eines vorgegebenen Querschnitts zu zeichnen sind, hängt von der Feldstärke und vom zu wählenden Abbildungsmaßstab ab.

Beispiel: Plattenkondensator mit kreisrunden Platten und Plattenabstand $d \ll r_0$, so daß die Randverzerrungen vernachlässigt werden können.

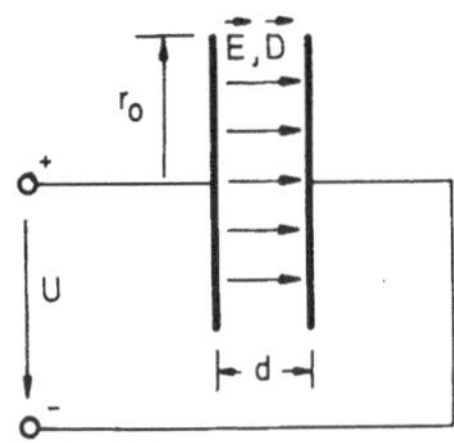

Bild 1.5: Homogenfeld im Plattenkondensator, daher konstanter Abstand der Feldlinien voneinander

Die elektrische Feldstärke $\vec{E}$ im Plattenkondensator ist homogen (nicht ortsabhängig). Die E- und D-Linien haben daher gleichen Abstand voneinander und sie laufen parallel zueinander.

Ist der Betrag der elektrischen Feldstärke $|\vec{E}|$ beispielsweise 100 V/cm, so wurde hier, in Bild 1.5, der senkrechte Abstand der einzelnen Feldlinien voneinander zu 0,5 cm gewählt. Der Abbildungsmaßstab ist dafür so anzugeben:

$$\text{Feldstärke} \cdot \text{Feldlinienabstand} = \text{const},$$

wobei die Konstante "const" dimensionsbehaftet ist. Soll sie dimensionslos werden, so läßt sich allgemeingültig anschreiben:

$$\frac{\text{Feldstärke}}{\text{Einheit der Feldstärke}} \cdot \frac{\text{Feldlinienabstand}}{\text{cm}} = \text{const}.$$

Für obiges Beispiel:

$$\frac{100\ \text{V/cm}}{\text{V/cm}} \cdot \frac{0{,}5\ \text{cm}}{\text{cm}} = \text{const}$$

oder const = 50, so daß gilt:

$$\text{Feldlinienabstand} = \frac{50\ \text{V/cm}}{\text{Feldstärke}}\ \text{cm}$$

$$= \frac{50\ \text{V/cm}}{100\ \text{V/cm}}\ \text{cm} = \frac{1}{2}\ \text{cm}$$

Der Abstand der Feldlinien voneinander ist stets senkrecht zu diesen, längs einer Äquipotentiallinie zu betrachten.

1.3 DER FLUSS

1. Beispiel: Laminare Flüssigkeitsströmung durch ein metallisches Rohr.

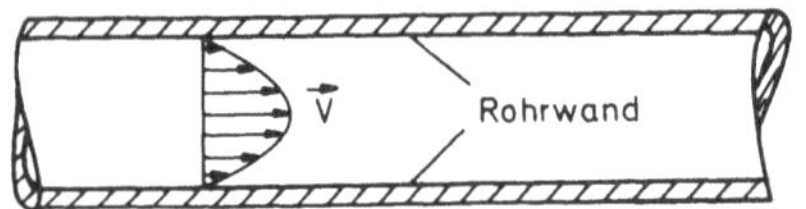

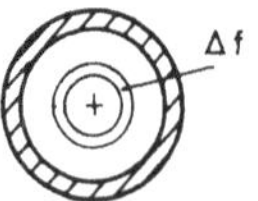

Bild 1.6: Geschwindigkeitsverteilung ($\vec{v}$-Profil) im Rohrquerschnitt

In Rohrmitte ist die Geschwindigkeit am größten; an der Rohrwand geht $|\vec{v}| \to 0$ wegen der bremsenden Reibung der Rohrwand auf die Flüssigkeitsmoleküle. Das Flächenintegral über den kreisförmigen Rohrquerschnitt wird aus Elementen $\Delta\phi = \vec{v} \cdot \Delta\vec{f}$ gebildet, wobei Δf Ringe mit konstantem v sind.

$$\phi = \iint \vec{v}\, d\vec{f} = \frac{\text{Volumen}}{\text{Zeit}}\ ; \quad d\vec{f} = \vec{n}\ df \qquad (1.2\text{-}1)$$

Vektor des Flächenelements

Das Ergebnis ist eine skalare Größe mit der Einheit Volumen pro Zeit. Dies ist ein Fluß. Dieser Fluß ist anschaulich, da es sich um eine materielle Strömung handelt. Es "fließt" etwas Materielles. Wir nennen diesen Fluß ϕ.

2. Beispiel: Auch Luftbewegung, also Wind, ist eine sowohl anschauliche als auch materielle Strömung: Luftmoleküle bewegen sich mit der Geschwindigkeit $\vec{v}$:

$$\iint \vec{v}_{Wind}\, d\vec{f} = \phi_{Wind} \qquad (1.2\text{-}2)$$

ist auch ein Fluß, obwohl Luft kompressibel ist und eine viel geringere Dichte hat als Flüssigkeiten.

Man bezeichnet allgemein als Fluß, auch wenn sich keine materielle Vorstellung damit verbindet, das Flächenintegral des Vektors $\vec{u}$ ($\vec{u}$ steht ersatzweise für einen beliebigen Feldvektor):

$$\phi = \iint \vec{u}\, d\vec{f} = \iint \vec{u} \cdot \vec{n}\, df \qquad (1.2\text{-}3)$$

Man sieht, überall dort, wo ein Fluß definiert wird, liegt ein Vektorfeld zu Grunde; ohne Vektorfeld kein Fluß.

$\vec{n}$ Normalenvektor auf Flächenelement df $d\vec{f} = \vec{n}\, df$ Vektor des Flächenelementes df	$\phi = \iint \vec{u}\, d\vec{f}$

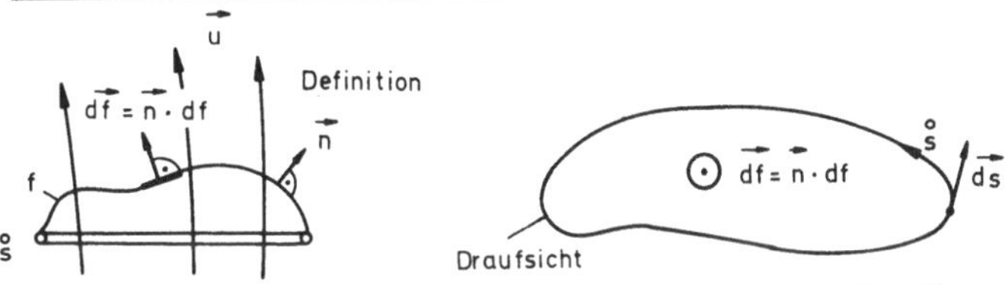

Bild 1.7: Zur Definition des Flusses und Zuordnung einer Randkurve $\mathring{s}$ zum Flächenelement $d\vec{f}$

$d\vec{f} = \vec{n} \cdot df$ ist das Flächenelement derjenigen Fläche f, die vom Vektorfeld $\vec{u}$ durchsetzt wird. Der zu berechnende Fluß ϕ durchdringt oder durchsetzt diese Fläche; sie wird berandet von der Randkurve (oder dem Umlauf) $\mathring{s}$, die dem Vektor des Flächenelementes $d\vec{f}$ rechtswendig zugeordnet ist (Bild 1.7 rechts).

Einige Beispiele der Elektrotechnik zur Flußberechnung

In der Elektrotechnik wird der Buchstabe ϕ vorwiegend für den magnetischen Fluß verwendet:

$$\phi = \iint \vec{B}\, d\vec{f} = \iint \vec{B}\, \vec{n}\, df \qquad (1.2\text{-}4)$$

wobei $\vec{B}$ in Vs/m^2 die magnetische Flußdichte ist. Dagegen wird für den elektrischen Fluß meist die Bezeichnung ψ gewählt:

$$\psi = \iint \vec{D}\, d\vec{f} = \iint \vec{D}\, \vec{n}\, df \qquad (1.2\text{-}5)$$

mit $\vec{D} = \varepsilon_o \cdot \varepsilon_r \cdot \vec{E}$ in As/m^2 als elektrische Flußdichte. Es gibt aber auch andere Beispiele für einen Fluß, die oft nicht als Fluß wahrgenommen werden:

$$I = \iint \vec{J}\, d\vec{f} = \iint \vec{J}\, \vec{n}\, df \qquad (1.2\text{-}6)$$

ist der elektrische Leitungsstrom mit der Leitungsstromdichte $\vec{J}$ in A/m^2. Oder auch die nach dem Induktionsgesetz für ruhende Körper induzierte elektrische Spannung u(t). Auch sie ist begrifflich ein Fluß:

$$\mathring{u}(t) = -\iint \dot{\vec{B}}\, d\vec{f} = -\iint \dot{\vec{B}}\, \vec{n}\, df \tag{1.2-7}$$

Etwas salopp ausgedrückt, kann man sagen: Ein Fluß ist die Summe der Feldlinien (oder Feldröhren - siehe hierzu den nächsten Abschnitt -) durch eine vorgegebene wohldefinierte Fläche f. Das Innenprodukt sorgt dafür, daß nur derjenige Anteil des Vektors genommen wird, der das Flächenelement df senkrecht durchsetzt. Weil der Feldvektor und das Flächenelement Vektoren sind, ist der Fluß stets eine skalare, also ungerichtete Größe. Dennoch kann sein Vorzeichen positiv oder negativ sein.

Für die weiteren Überlegungen in den folgenden Abschnitten bleiben wir bei der allgemeinen Bezeichnung ϕ für einen Fluß, ohne damit den speziellen magnetischen Fluß der Elektrotechnik zu meinen, ebenso wie wir den allgemeinen Vektor $\vec{u}$ verwenden, der absolut nichts mit der skalaren Größe elektrische Spannung zu tun hat.

Feldröhren

Wird der felderfüllte Raum so in Röhren aufgeteilt, daß durch deren Mantelfläche keine Feldlinien hindurchtreten, dann spricht man von Feldröhren. Dabei kann jede Feldlinie als mittlere (Ersatz-) Kurve für eine Feldröhre betrachtet werden.

Der Teilfluß $\Delta\phi_i$ innerhalb einer Feldröhre ist konstant:

$$\Delta\phi_i = \vec{u}_i\, \Delta\vec{f}_i = \text{const und } \phi = \sum_i \vec{u}_i\, \Delta\vec{f}_i \tag{1.2-8}$$

Daraus folgt: Dort wo der Betrag des Feldvektors $|\vec{u}_i|$, also die Feldstärke klein ist, ist $|\Delta f_i|$ groß und umgekehrt.

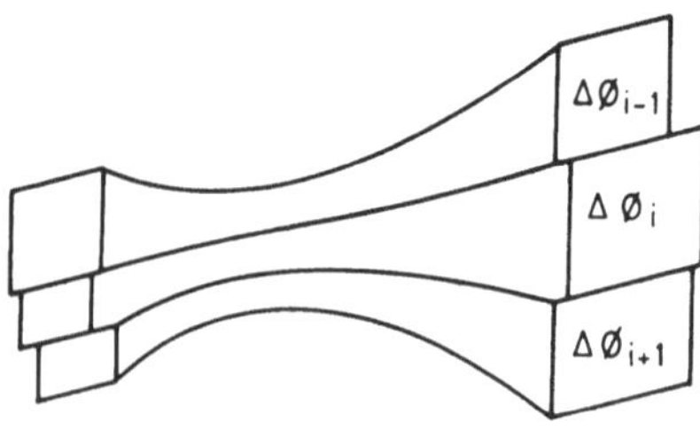

Bild 1.7: Feldröhren und deren Mantelflächen

Diese Vorstellung wird deutlicher, wenn wir an die Strömung einer inkompressiblen Flüssigkeit denken. Dort muß durch jeden Rohrquerschnitt das gleiche Flüssigkeitsvolumen pro Zeiteinheit hindurchströmen:

$$\frac{\text{Volumen}}{\text{Zeiteinheit}} = \iint \vec{v}\, d\vec{f} \qquad (1.2\text{-}9)$$

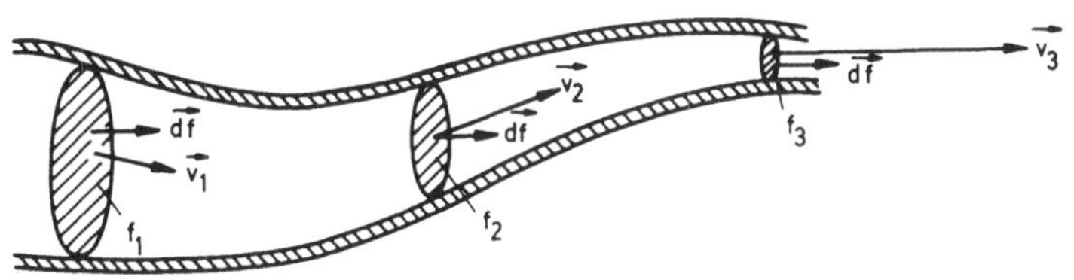

Bild 1.8: Flüssigkeitsströmung bei ungleichem Rohrquerschnitt

Ist der Rohrquerschnitt klein (z.B. f_3), dann ist die Strömungsgeschwindigkeit (hier $\vec{v}_3$) groß. Ist jedoch der Querschnitt groß (z.B. f_1), dann ist die Strömungsgeschwindigkeit (hier $\vec{v}_1$) entsprechend klein. Die Länge der Strömungsvektoren $\vec{v}$ in Bild 1.8 ist ihrem Betrag proportional.

Wurde ein Feldlinienbild richtig ermittelt und repräsentiert jede Feldlinie eine Feldröhre, dann führt jede Feldröhre auch den gleichen Teilfluß $\Delta\Phi$ wie ihre Nachbarfeldröhre.

Unsere Vorstellung ist nicht an kreisrunde oder elliptische Feldröhrenquerschnitte gebunden. Diese können durchaus z.B. auch rechteckig sein, so daß jeweils zwei benachbarte Feldröhren eine Feldröhrenwand gemeinsam haben.

2. QUELLEN UND SENKEN ALS FELDURSACHE

Wir sprechen von Quellenfeldern und Wirbelfeldern. Beide unterscheiden sich grundlegend voneinander. Wir wollen deswegen beide Feldarten getrennt besprechen, um deren Unterschiede deutlich herausarbeiten zu können. Zunächst gehört unsere Aufmerksamkeit den Quellenfeldern.

2.1 QUELLENFELDER QUALITATIV

Elektrische (nicht aber magnetische!) Ladungen wie z.B. Elektronen und Ionen, die im Raum einzeln also diskret oder auch kontinuierlich als makroskopische

Raumladungsdichten vorkommen, sind Ursachen eines elektrischen Quellenfeldes. Dabei sind diese Ladungen getrennt worden von der sie neutralisierenden elektrischen Gegenladung.

1. Beispiel:

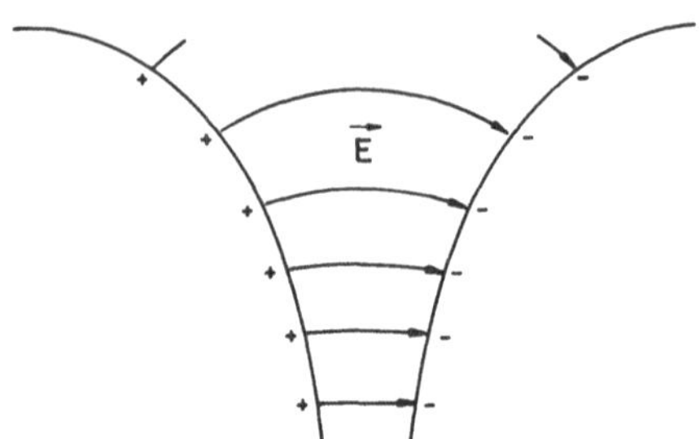

Von zwei einander benachbarten Körpern enthalte der eine einen Überschuß an positiver Ladung, der andere einen Überschuß an negativer Ladung. Es entsteht ein Quellenfeld, das bei positiven Ladungen (Quellen) entspringt und bei negativen Ladungen (Senken) endet.

Bild 2.1: Elektrisches Quellenfeld $\vec{E}$ zwischen zwei Körpern

2. Beispiel: Eine Metallkugel, die einen Überschuß an positiven elektrischen Ladungen trägt (Elektronen wurden abgezogen) und die, verglichen mit ihrem Radius r_0, weit von anderen Körpern entfernt ist, ist Anfang, Ausgangspunkt, Quelle für ein kugelsymmetrisches elektrisches Quellenfeld $\vec{E}$:

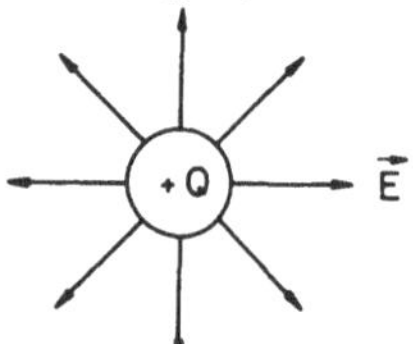

Bild 2.2: Kugel mit positivem Ladungsüberschuß als Quelle

Definitionsgemäß, was allein historisch begründet ist, zeigen elektrische Feldlinien von positiven zu negativen Ladungen hin und nicht umgekehrt. Eine andere Kugel, mit nur negativem Ladungsüberschuß, ist daher Ende, Senke oder negative Quelle eines kugelsymmetrischen Vektorfeldes $\vec{E}$:

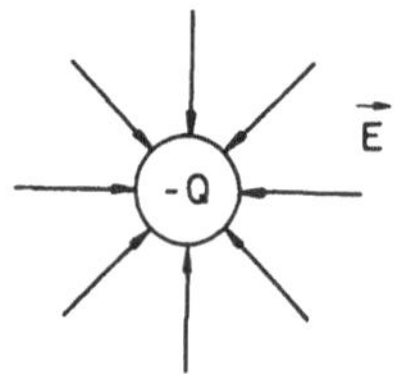

Bild 2.3: Kugel mit negativem Ladungsüberschuß als Senke eines Quellenfeldes

Positive elektrische Ladungen sind also Anfang oder Quelle, negative elektrische Ladungen sind Ende oder Senke eines elektrischen Quellenfeldes. Von einem "Senkenfeld" spricht man nicht. Eher bezeichnet man gelegentlich eine Senke (negative elektrische Ladung) als negative Quelle.

3. Beispiel: Ein komplizierterer Verlauf des elektrischen Feldes entsteht bei den folgenden drei, einander benachbarten, elektrisch geladenen Kugeln:

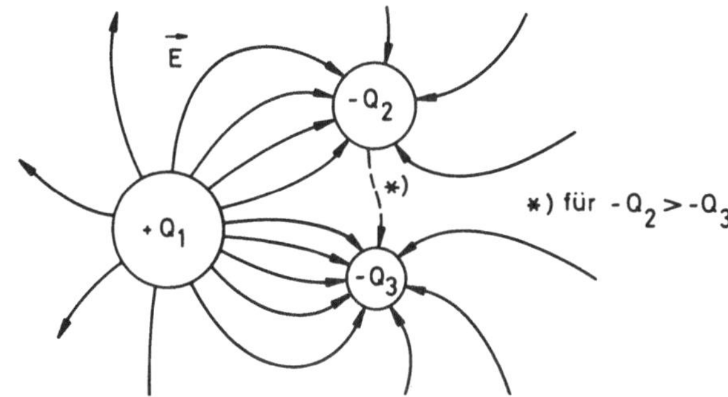

Bild 2.4: Quellenfeld bei 3 geladenen Kugeln

Treten nicht nur drei, sondern n diskrete Quellen im Raum v auf, so sind sie alle Ursache für das Entstehen eines entsprechend komplizierteren Quellenfeldes. An Stellen, an denen keine elektrischen Ladungen vorkommen, ist zwar ein elektrisches Feld vorhanden, aber es ist quellenfrei (der Raum zwischen obigen drei Kugeln). Es kann von Ladungen, die an anderer Stelle sitzen (bei obigen Beispiel auf den Kugeln,) erzeugt werden.

Einige Quellen der Elektrotechnik

Einzelne (diskrete) positive und negative elektrische Ladungen q_i sowie kontinuierliche Flächen- und Raumladungsdichten σ und η sind Quellen des elektrischen Feldes. Es gibt jedoch keine damit vergleichbaren, freien oder abtrennbaren magnetischen Ladungen. Dennoch kennt man an Ferromagnetika Quellen der magnetischen Feldstärke $\vec{H}$ (nicht aber von $\vec{B}$), auch ohne das Vorhandensein magnetischer Einzelladungen oder Monopole. Ebenso gibt es Quellen der elektrischen Feldstärke $\vec{E}$ (nicht aber von $\vec{D}$) an Dielektrika, auch ohne Vorhandensein freier elektrischer Ladungen, wie spätere Beispiele zeigen werden.

Solche Quellen findet man an den Stirnflächen von Permanentmagneten und Elektreten. Aber auch ohne permanente Polarisation, jedoch bewirkt durch ein äußeres Feld, gibt es Quellen, besonders an Stirnflächen von Dielektrika durch elastische Ladungsverschiebung oder durch Ausrichtung von Elementardipolen. Und es gibt Quellen, besonders an den Stirnflächen von Ferromagnetika, durch Ausrichtung von Elementarmagneten. Bild 2.5 möge dies für ein nicht polarisiertes Dielektrikum und Bild 2.6 für ein Ferromagnetikum schematisch verdeutlichen:

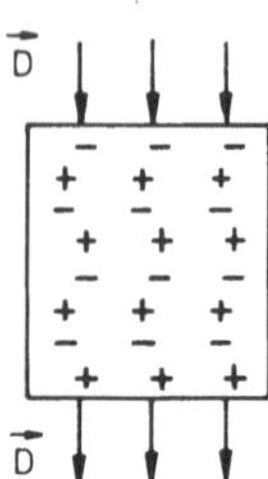

Eine von außen eingeprägte, elektrische Flußdichte $\vec{D}$ bewirkt mehr oder weniger starke elastische Ladungsverschiebungen im Dielektrikum, derart, daß an der einen Stirnfläche die negativen, an der anderen Stirnfläche die positiven Ladungen überwiegen. So werden die Stirnflächen zu Quellen für $\vec{E}$. (Siehe Abschnitt 4.1.1)

Bild 2.5: Prinzip der elastischen Ladungsverschiebung im unpolarisierten Dielektrikum

Eine von außen eingeprägte, magnetische Flußdichte $\vec{B}$ bewirkt im Ferromagnetikum eine mehr oder weniger starke Ausrichtung der Elementarmagnete derart, daß an der einen Stirnfläche die Nordpole, an der anderen Stirnfläche die Südpole überwiegen. So werden die Stirnflächen zu Quellen von $\vec{H}$. (Siehe Abschnitt 4.2.2)

Bild 2.6: Prinzip der Ausrichtung von Elementarmagneten im Ferromagnetikum

2.2 QUELLENFELDER QUANTITATIV

2.2.1 ERGIEBIGKEIT

Es wurde gezeigt, daß für das Vektorfeld $\vec{u}$ ein Fluß durch das Flächenintegral $\phi = \iint \vec{u} \cdot d\vec{f}$ definiert ist. Wir wählen jetzt als Fläche eine geschlossene Hülle, <u>eine Hüllfläche f_H</u>, die das endlich große Volumen v einschließt. An der Oberfläche der Hülle soll ein Vektorfeld $\vec{u}$ vorhanden sein. Dieses kann durch Ursachen innerhalb oder außerhalb der Hüllfläche verursacht sein. Wir vereinbaren, wie allgemein üblich, daß der Normalenvektor $\vec{n}$ stets von der Hüllfläche weg, nach außen zeigt; dann gilt diese Richtung $\vec{n}$ auch für das Flächenelement

$$d\vec{f} = \vec{n}\, df \qquad (2.2\text{-}1)$$

Alle Feldlinien $\vec{u}$, die von der Oberfläche der Hülle nach außen (innen) zeigen, liefern einen positiven (negativen) Beitrag zum Fluß. Nur für tangential verlaufende Feldlinien: $\vec{u} \perp d\vec{f}$ ist $\vec{u} \cdot d\vec{f} = 0$.

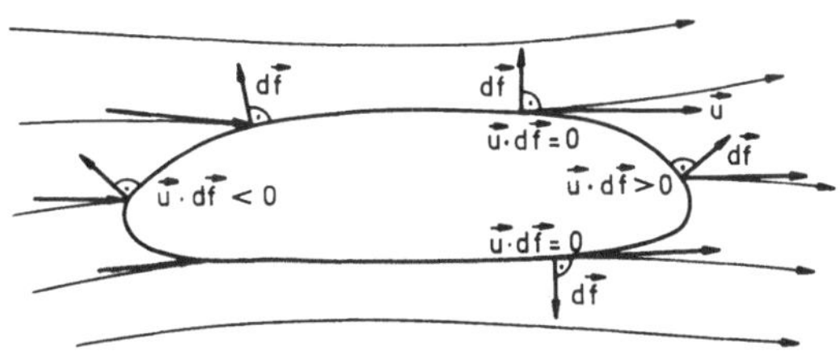

Bild 2.7: Flußanteile, die teilweise positiv, negativ oder null sind

Wert des Hüllenintegrals:

$$\phi_H = \oiint_{f_H} \vec{u}\, d\vec{f} \quad \begin{cases} a) > 0 \quad \text{oder} \\ b) < 0 \quad \text{oder} \\ c) = 0 \end{cases} \tag{2.2-2}$$

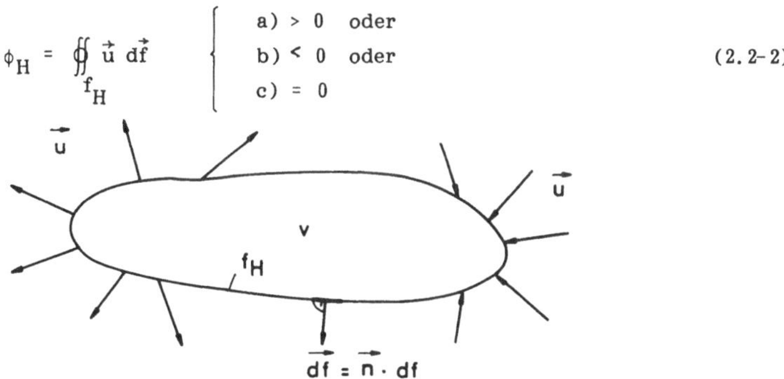

Bild 2.8: Volumen mit möglicherweise Quellen und Senken innerhalb f_H

Wir diskutieren die nach Bild 2.8 möglichen Ergebnisse.

Zu a) $\phi_H > 0$: Im eingeschlossenen Volumen v befinden sich eine oder mehrere Quellen, so daß ein Überschuß an Feldlinien, Feldröhren, Feldvektoren aus der Hüllfläche nach außen führen: $\oiint \vec{u}\, d\vec{f} > 0$ bedeutet ϕ_H und daher auch die Ergiebigkeit sind positiv.

Zu b) $\phi_H < 0$: Die Hüllfläche schließt eine oder mehrere Senken, vielleicht u.a. auch Quellen ein, jedoch bleibt ein Überschuß der Senken: $\oiint \vec{u}\, d\vec{f} < 0$. Es führen also mehr Feldlinien, Feldröhren, Feldvektoren in die Hülle hinein als heraus. Der Hüllenfluß ϕ_H und damit die Ergiebigkeit sind negativ.

Zu c) $\phi_H = 0$: Der Wert des Hüllenintegrals und damit die Ergiebigkeit sind null. Dafür gibt es zwei Möglichkeiten:

c,1) Die Hüllfläche f_H schließt Quellen und Senken von gleichem Betrag ein. Beispiel mit diskreten elektrischen Ladungen:

$$\sum_{i=1}^{n} |q_i +| = \sum_{j=1}^{m} |q_j -| \qquad (2.2\text{-}3)$$

c,2) In der Hüllfläche sind gar keine echten Quellen und Senken enthalten. Daher müssen alle austretenden Feldlinien, Feldröhren, Feldvektoren auch wieder (an anderer Stelle) in die Hülle eintreten.
Beispiel Permanentmagnet: Nordpol und Südpol sind nur scheinbar Quelle und Senke eines magnetischen Feldes, in Wirklichkeit aber gibt es keine echten magnetischen Quellen und Senken (siehe hierzu Abschnitt 2.2.3, Beispiel 1).
Für beide Fälle, c,1) und c,2) ist daher die Ergiebigkeit null.

Das Hüllenintegral

$$\boxed{\phi_H = \oiint \vec{u}\, d\vec{f} = \oiint \vec{u}\, \vec{n}\, df} \qquad (2.2\text{-}4)$$

ist die allgemeingültige Rechenvorschrift zur Ermittlung der Ergiebigkeit. Sie liefert stets den Überschuß zwischen eingeschlossenen Quellen und Senken als integralen (zusammenfassenden, summierenden) Wert.

Beispiel zu positiver Ergiebigkeit

Eine Metallkugel vom Radius r_o sei durch Wegnehmen von Elektronen mit einer Ladung $+Q$ positiv geladen. Sie verteilt sich gleichmäßig auf der Kugeloberfläche mit der Ladungsdichte $\sigma = +Q/(4\pi r_o^2)$. Für $R \geq r_o$ zeigen radial nach außen: Der Vektor der elektrischen Flußdichte $\vec{D} = \left[+Q/(4\pi R^2)\right] \cdot \vec{e}_r$ und der Vektor der elektrischen Feldstärke: $\vec{E} = \vec{D}/\varepsilon = (D/\varepsilon) \cdot \vec{e}_r$.

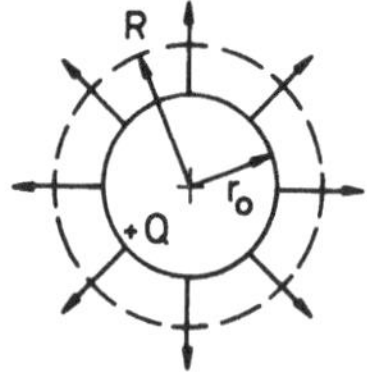

Bild 2.9: Radialsymmetrisches Feld um eine geladene Metallkugel

Legt man in Gedanken eine Hüllfläche um die Metallkugel und zwar zweckmäßigerweise eine konzentrische Hohlkugel mit Radius $R > r_o$, dann ist die dort zu berechnende Ergiebigkeit:

$$\oint\!\!\oint_{f_H} \vec{D}\, d\vec{f} = \oint\!\!\oint_{f_H} \frac{Q\, \vec{e}_r}{4\pi R^2}\, df\, \vec{e}_r$$
$$= \frac{Q}{4\pi R^2} \oint\!\!\oint_{f_H} df = \frac{Q}{4\,\pi\, R^2} \cdot 4\,\pi\, R^2 = +Q \qquad (2.2\text{-}5)$$

Die Ergiebigkeit ist gleich der eingeschlossenen Ladung +Q. Denn im Volumen mit den Radien $r_o < r \leq R$ kommen, gemäß unserer Absprache, keine weiteren elektrischen Ladungen vor.

2.2.2 DIVERGENZ ODER QUELLENDICHTE

Die Ergiebigkeit ist eine integrale Aussage. Man erfährt durch sie, ob es in einem endlichen Volumen einen Überschuß der Quellen über die Senken oder umgekehrt gibt und wie groß er ist. Wo aber innerhalb der Hüllfläche f_H im Volumen v Quellen oder Senken sitzen, ist zunächst unbekannt.

Vergleich: In einem Paket sei eine bestimmte Masse enthalten. Man spürt's am Gewicht. Dies ist eine integrale Feststellung, ähnlich der Ergiebigkeit. Wie jedoch die Masse innerhalb des Paketes auf die Volumenelemente verteilt ist, darüber sagt die "Ergiebigkeit" nichts aus. Man benötigt eine Rechenvorschrift, die einer Lupe vergleichbar ist. Sie muß differentieller Art sein und Aussagen machen über die "Masseverteilung", also über Quellen und Senken in den Volumenelementen.

Gedankenexperiment zur Gewinnung der Rechenvorschrift: Wir berechnen wie in Abschnitt 2.2.1 die Ergiebigkeit mittels des Hüllenintegrals, wählen jedoch unsere Hüllfläche kleiner und kleiner, bis sie schließlich nur noch ein Volumenelement umfaßt. Mathematisch bedeutet dies, wir bilden einen Grenzwert. Dann dividieren wir durch dieses winzige Volumen:

$$\lim_{v \to 0} \frac{1}{v} \oint\!\!\oint_{f_H} \vec{u}\, d\vec{f} = \text{Ergiebigkeit pro Volumenelement oder Divergenz}$$
$$= \operatorname{div} \vec{u} \qquad (2.2\text{-}6)$$
$$= \text{Quellendichte des Vektors } \vec{u}$$

Dieses Ergebnis div $\vec{u}$, gesprochen: Divergenz $\vec{u}$, ist eine praktische Rechenvorschrift. Sie ist ein Skalar und lautet in rechtwinkligen Koordinaten:

$$\vec{u} = u_x \vec{i} + u_y \vec{j} + u_z \cdot \vec{k} \qquad \operatorname{div} \vec{u} = \frac{\partial u_x}{\partial x} + \frac{\partial u_y}{\partial y} + \frac{\partial u_z}{\partial z} \tag{2.2-7}$$

Für rechtwinklige Koordinaten kann dieses Ergebnis auch mit dem symbolischen Vektor Nabla: ∇ wie folgt angeschrieben werden:

$$\begin{aligned} \operatorname{div} \vec{u} &\equiv \nabla \cdot \vec{u} \\ &= \left(\frac{\partial}{\partial x} \vec{i} + \frac{\partial}{\partial y} \vec{j} + \frac{\partial}{\partial z} \vec{k}\right) \cdot (u_x \vec{i} + u_y \vec{j} + u_z \cdot \vec{k}) \\ &= \frac{\partial u_x}{\partial x} + \frac{\partial u_y}{\partial y} + \frac{\partial u_z}{\partial z} \end{aligned} \tag{2.2-8}$$

Der Ausdruck $\operatorname{div} \vec{u}$ sollte in Zylinder- oder Kugelkoordinaten der Fehlerquellen wegen nicht durch $\nabla \cdot \vec{u}$ gebildet werden. Es ist besser, der Nichtmathematiker schlägt die fertige Formel in den gewünschten Koordinaten im Anhang nach.

Erklärung der Divergenz in Worten:

Die Divergenz oder Quellendichte eines Vektorfeldes $\vec{u}$ ist nichts anderes als die Ergiebigkeit eines Volumenelementes bezogen darauf. Ist die Divergenz des Vektorfeldes $\vec{u}$ ungleich null, so gibt es Quellen im betrachteten Volumenelement dv. Differentiell betrachtet ist $\operatorname{div} \vec{u}$ gleich der Längsänderung des Vektors $\vec{u}$ im Kleinen; denn jede Komponente von $\vec{u}$ wird differenziert nach derjenigen Variablen, in deren Richtung diese Komponente wirkt:

$$\text{aus } u_x \text{ wird } \frac{\partial u_x}{\partial x} \qquad \text{aus } u_y \text{ wird } \frac{\partial u_y}{\partial y} \qquad \text{aus } u_z \text{ wird } \frac{\partial u_z}{\partial z} \tag{2.2-9}$$

gebildet. Für diese Berechnung der Divergenz muß der funktionale Zusammenhang (also der Vektor $\vec{u}$ mit der Ortsabhängigkeit seiner Komponenten) gegeben sein:

$$u_x = f_1(x,y,z); \qquad u_y = f_2(x,y,z); \qquad u_z = f_3(x,y,z) \tag{2.2-10}$$

Quellen oder Senken im Raum werden dann vorhanden sein, wenn sich u_x in x-Richtung und/oder u_y in y-Richtung und/oder u_z in z-Richtung ändern. Bei dieser Aussage ist jedoch Vorsicht geboten; denn die Quellendichte kann auch null sein, wenn, z.B. in der Ebene, u_x mit x in der gleichen Weise zunimmt, wie u_y mit y abnimmt; dann nämlich gilt mit:

$$\left.\begin{array}{l}\frac{\partial u_z}{\partial z} = 0; \quad \frac{\partial u_x}{\partial x} = -\frac{\partial u_y}{\partial y} \neq 0: \\[2ex] \operatorname{div} \vec{u} = \frac{\partial u_x}{\partial x} + \frac{\partial u_y}{\partial y} + 0 = 0.\end{array}\right\} \quad \text{Solche Vektorfelder sind quellenfrei !} \qquad (2.2\text{-}11)$$

1. Einfachstes Beispiel für Quellenhaltigkeit

Gegeben sei ein linear polarisiertes Vektorfeld $\vec{u}$ (Feldvektor $\vec{u}$ zeigt dabei nur in eine Richtung), z.B.: $\vec{u} = u_x \vec{i}$. Damit ist dessen Quellendichte

$$\operatorname{div} \vec{u} = \frac{\partial u_x}{\partial x} \qquad (2.2.12)$$

Die vorhandene u_x-Komponente muß sich also in Richtung $\vec{i}$ ändern, wenn dieses Feld in seinem Verlauf quellenhaltig sein soll.

Graphische Darstellung durch ein Vektorfeld:

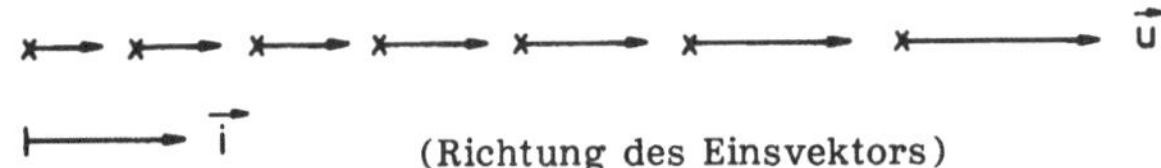

(Richtung des Einsvektors)

Bild 2.10: Weil $\partial u_x / \partial x > 0$ ist, wächst $\vec{u}$ in x-Richtung und es ist div $\vec{u} \neq 0$

2. Qualitatives Beispiel

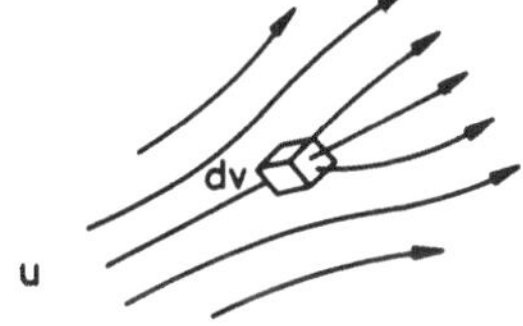

Bild 2.11: Quelle in dv

Das vorhandene Feldlinienbild wird durch eine Quelle in dv verändert: zwei zusätzliche Feldlinien entspringen in dv. Dieses in dv neu entstehende Quellenfeld überlagert sich dem äußeren Vektorfeld. Daraus folgt ein Flußüberschuß in dv.

3. Qualitatives Beispiel

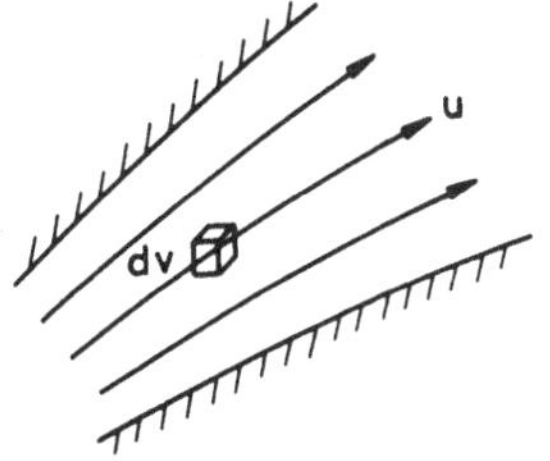

Bild 2.12: div $\vec{u}$ = 0

Eine Flüssigkeitsströmung sei gekennzeichnet durch den Vektor $\vec{u}$ der Strömungsgeschwindigkeit: u-Linien laufen fast parallel zur äußeren Begrenzung. Hierbei fließt ebensoviel Flüssigkeit in jedes Volumenelement hinein wie wieder heraus: div $\vec{u}$ = 0. Es gibt keine Quelle oder Senke in dv.

4. Qualitatives Beispiel

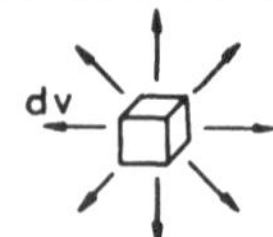

Ein Volumenelement dv enthält die einzige Quelle eines Vektorfeldes (z.B. eine punktförmige Ladung). Ein zusätzliches äußeres Feld ist nicht überlagert.

Bild 2.13: Volumenelement als einzige Quelle

5. Beispiel

Gegeben ein Rohr, dessen Durchmesser sich verjüngt, mit Flüssigkeitsströmung einer inkompressiblen Flüssigkeit:

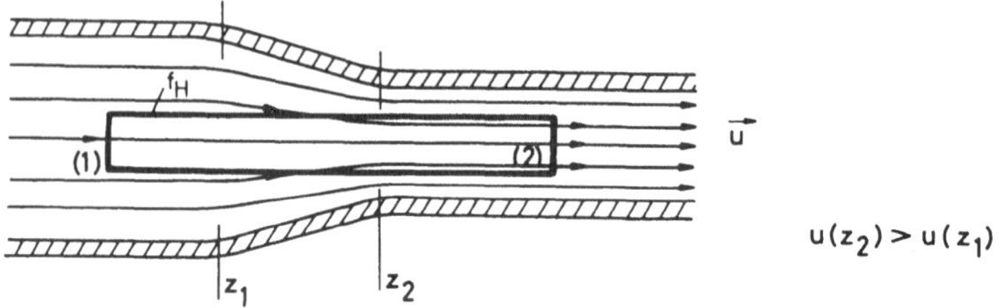

Bild 2.14: Quellenfreiheit in einem Rohr

Die dem Rohr einbeschriebene Hüllfläche sei dosenförmig. Sie ist als Rechteck mit den Deckelflächen (1) und (2) zu erkennen. Man sieht: Bei (1) ist die Feldliniendichte geringer als bei (2) wegen der bei (1) geringeren Strömungsgeschwindigkeit $|\vec{u}|$. Von (1) nach (2) hat sich demnach die Längskomponente u_z im Rohr vergrößert. Liegt eine Quellendichte vor? Die Antwort muß lauten: Nein, es ist div $\vec{u} = 0$.

Erklärung

1) In die eingezeichnete zylindrische Hüllfläche f_H strömt auch seitlich Flüssigkeit ein, so daß die insgesamt eintretende gleich ist mit der bei (2) insgesamt austretenden Flüssigkeitsmenge, wie dies bei einer inkompressiblen Flüssigkeit sein muß.

2) Bei einem Vergleich von $|\vec{u}|$ an der Stelle (1) mit (2) darf die Rechenvorschrift div $\vec{u}$ nicht verwendet werden; denn div $\vec{u}$ ist eine differentielle Rechenvorschrift. Die Stellen (1) und (2) aber haben mehr als nur differentiellen Abstand voneinander.

Will man div $\vec{u}$ innerhalb des Rohres korrekt berechnen, so muß $\vec{u}$ z.B. in Zylinderkoordinaten gegeben sein. In Zylinderkoordinaten gilt (s. Seite 222):

$$\operatorname{div} \vec{u} = \frac{1}{r}\,\frac{\partial}{\partial r}\,(r\,u_r) + \frac{1}{r}\,\frac{\partial u_\alpha}{\partial \alpha} + \frac{\partial u_z}{\partial z} \qquad (2.2\text{-}12)$$

$\frac{\partial u_\alpha}{\partial \alpha}$ ist beim kreisrunden Rohr gleich null. Ohne zirkulierende Strömung ist auch $u_\alpha = 0$. Da bei inkompressibler Flüssigkeitsströmung $\operatorname{div} \vec{u} = 0$ sein muß, bleibt als Differentialgleichung zur Berechnung der Strömungsgeschwindigkeit:

$$0 = \frac{1}{r}\,\frac{\partial}{\partial r}\,(r\,u_r) + \frac{\partial u_z}{\partial z}. \qquad (2.2\text{-}13)$$

Die Lösung $\vec{u}(r,z) = \{u_r,\ u_z\}$ hängt noch von einer vorzugebenden Geometrie ab, nach der sich der Rohrquerschnitt verjüngt (Randbedingungen).

6. Beispiel

Wegen konstanter Raumladungsdichte $\eta = \Delta Q/\Delta v$ sei in der Umgebung einer langen, kreiszylindrischen Kathode, die in der z-Achse liegt: $\operatorname{div} \vec{D} = \eta = \text{const}_{x,y,z}$. Man berechne $\vec{D}$ selbst in diesem Raumteil.

Lösung: Bei kreiszylindrischen Körpern empfiehlt sich stets die Verwendung von Zylinderkoordinaten.

$$\operatorname{div} \vec{D} = \frac{1}{r}\,\frac{\partial}{\partial r}\,(r\,D_r) + \frac{1}{r}\,\frac{\partial D_\alpha}{\partial \alpha} + \frac{\partial D_z}{\partial z} \qquad (2.2\text{-}15)$$

Aus Symmetriegründen kann auch hier $\partial D_\alpha/\partial\alpha = 0$ angenommen werden. D_α selbst darf auch null gesetzt werden, da kein Wirbelfeld vorliegt. Ferner sei $\partial D_z/\partial z = 0$ und $D_z = 0$, da wir bei der unendlich lang ausgedehnten Kathode in Richtung $\vec{e}_z$ keine Ladungs- und daher auch keine Potentialunterschiede annehmen wollen.

$$\operatorname{div} \vec{D} = \frac{1}{r}\,\frac{\partial}{\partial r}\,(r\,D_r) \qquad [\operatorname{div} \vec{D}] = \frac{As}{m^2}\,\frac{1}{m} = \frac{As}{m^3} \qquad (2.2\text{-}16)$$

also $\quad \eta = \text{const} \overset{!}{=} \frac{1}{r}\,\frac{\partial}{\partial r}\,(r\,D_r) \qquad (2.2\text{-}16a)$

dieser Ausdruck ist zu integrieren:

$$r \cdot D_r = \eta \int r\,dr + \text{const} \qquad (2.2\text{-}17)$$

Nimmt man an, daß die Raumladungsdichte zwischen r_o und r_1 vorhanden ist, so erhält man durch die Integration im Bereich $r_o \leq r \leq r_1$ die Lösung:

$$D_r(r) = \frac{\eta}{2}\,\left(r - \frac{r_o^2}{r}\right) \qquad (2.2\text{-}18)$$

2.2.3 DER GAUSS'SCHE SATZ

Die Quellendichte oder Divergenz div $\vec{u}$ ist nach Definition und Herleitung: Ergiebigkeit des Volumenelementes bezogen darauf. Multipliziert man diese Ergiebigkeit pro Volumenelement mit dem Volumenelement dv und summiert (integriert) über alle Volumenelemente eines endlichen Volumens v, so erhält man die Ergiebigkeit dieses Volumens:

$$\text{Ergiebigkeit} = \iiint (\text{Quellendichte von } \vec{u})\, dv = \iiint \operatorname{div} \vec{u}\, dv \qquad (2.2\text{-}19)$$

Andererseits haben wir die Ergiebigkeit mit dem Hüllintegral aus dem Vektorfeld $\vec{u}$ direkt berechnet:

$$\text{Ergiebigkeit} = \oint\!\!\oint_{f_H} \vec{u}\, d\vec{f} \qquad (2.2\text{-}20)$$

Beide Rechenvorschriften sind also gleichwertig:

$$\boxed{\iiint_{v} \operatorname{div} \vec{u}\, dv = \oint\!\!\oint_{f_H} \vec{u}\, d\vec{f}} \qquad \text{Satz von Gauß} \qquad (2.2\text{-}21)$$

<u>Erklärung:</u> Anstatt die Quellendichte div $\vec{u}$ über alle Volumenelemente des Volumens v zu summieren (integrieren), kann man zur Berechnung der Ergiebigkeit eine Hüllfläche f_H um das zu untersuchende Volumen v legen und berechnen, ob es einen Überschuß gibt zwischen dem in die Hülle eintretenden und dem daraus austretenden Fluß.

Die im Gaußschen Satz zur Berechnung der Ergiebigkeit vorkommende Hüllfläche f_H und das Volumen v hängen aufs engste miteinander zusammen: f_H ist die Hülle um das von ihr umfaßte Volumen v. Berechnet man die Ergiebigkeit mit dem Hüllenintegral, so ist nur ein Zweifachintegral, rechnet man bei gegebener Divergenz mit dem Volumenintegral, so ist ein Dreifachintegral auszuwerten.

<u>Hinweis zu Randbedingungen:</u> In der Praxis sind die geometrischen Gegebenheiten (Randbedingungen) oft kompliziert. Man versucht deswegen, reale Körper möglichst auf Kugel, Zylinder, Quader oder auf deren Hohlkörper zurückzuführen.

Manchmal liegt die einfache Geometrie schon vor:

Kugel mit Ladung : Hüllfläche = Kugel

Koaxialkabel: Hüllfläche = Kreis-(hohl-)zylinder

stromführender Draht: Hüllfläche = Kreiszylinder

Der Vorteil von Kugel und Kreiszylinder besteht darin , daß

1) deren Felder winkelunabhängig sind, d.h. der Vektor $\vec{u}$ hat einen konstanten Betrag für r = const,

2) der Vektor $\vec{u}$ und das Oberflächenelement $\vec{df} = \vec{n}\,df$ gleichsinnig oder gegensinnig parallel verlaufen,
z.B. $\vec{u} \uparrow\uparrow \vec{df}$: $\vec{u}\,\vec{df} = u\,\vec{e}_r \cdot df\,\vec{e}_r = u\,df$,

3) für kreiszylindrische Körper Zylinderkoordinaten, für kugelförmige Körper Kugelkoordinaten vorteilhaft verwendbar sind.

1. Beispiel

Nach der makroskopischen Maxwellschen Theorie gibt es keine wahren magnetischen Einzelladungen. Man kann das wie folgt plausibel machen:
Wir stellen uns vor, wir hätten einen Stabmagneten zerbrochen, um den Nordpol als magnetische Einzelladung vom Südpol als magnetische Gegenladung zu trennen. Nach der Teilung jedoch haben wir zwei neue komplette Permanent-

Bild 2.15: Teilung eines Stabmagneten

magnete, von denen jeder wiederum Nordpol und Südpol enthält. Teilt man diese Bruchstücke erneut und immer wieder, so gelingt es doch niemals, einen Nordpol oder einen Südpol zu isolieren. Es entstehen zwar immer kleinere, jedoch stets vollständige Teilmagnete mit jeweils dem Polpaar Nordpol-Südpol. Man hat daher für die magnetische Flußdichte allgemeingültig anzuschreiben:

$$\operatorname{div} \vec{B} = 0 \tag{2.2-22}$$

Kein Volumenelement dv liefert isolierbare magnetische Ladungen als Quellen oder Senken für $\vec{B}$. Daher ist nach dem Satz von Gauß:

$$\underbrace{\iiint\limits_{v} \underbrace{\operatorname{div} \vec{B}}_{=0} \, dv}_{=0} = \underbrace{\oiint\limits_{f_H} \vec{B} \, d\vec{f}}_{=0} \qquad (2.2\text{-}23)$$

Wegen div $\vec{B}$ = 0 muß auch die Ergiebigkeit des Volumens v, also auch das Hüllenintegral (rechte Seite des Gaußschen Satzes) gleich null sein. Daraus folgt für jedes im Raum vorhandene Magnetfeld mit der Flußdichte $\vec{B}$, daß in ein vorgegebenes Volumen v mit der Hüllfläche f_H ebensoviele $\vec{B}$-Feldlinien ein- wie austreten: Die Ergiebigkeit ist null.

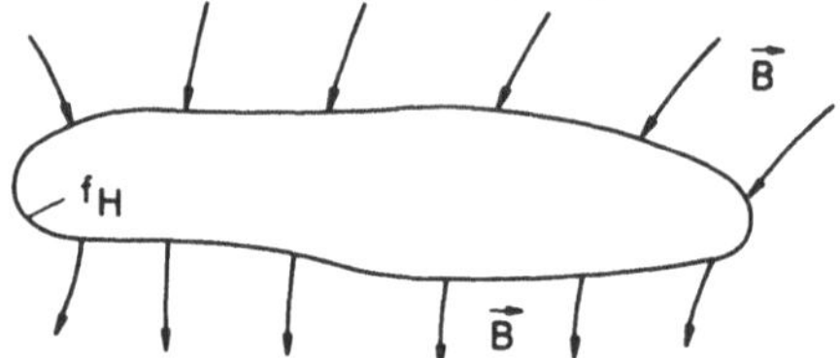

Die Hüllfläche f_H kann größer oder kleiner sein; in jedem Fall ist $\oiint\limits_{f_H} \vec{B}\, d\vec{f} = 0$.

Bild 2.16: Quellenfreiheit von $\vec{B}$

2. Beispiel:

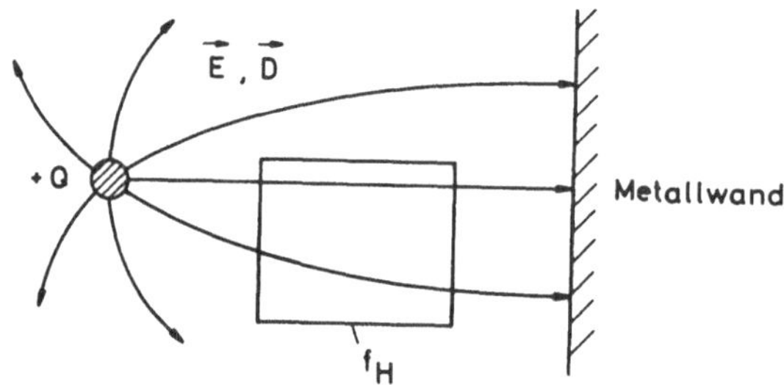

Bild 2.17: Geladene Kugel vor Metallwand

Eine elektrisch geladene Kugel möge einer elektrisch neutralen, ebenen Metallwand gegenüberstehen. Durch Influenz entsteht in der Metallwand eine Ladungsverschiebung so, daß die von der Kugel ausgehenden Feldlinien an der Metallwand ihre Gegenladung finden.

In diesem Feldverlauf, also zwischen Kugel und Metallwand (außerhalb der beiden! möge eine Hüllfläche f_H eingebracht werden; dann ist die Ergiebigkeit des von der Hüllfläche umfaßten Volumens v , für ε_r = const:

$$\iiint\limits_{v} \operatorname{div} \vec{D} \; dv = \oiint\limits_{f_H} \vec{D} \; d\vec{f} = 0 \qquad (2.2\text{-}24)$$

in Worten: Das von der Hüllfläche umschlossene Volumen v enthält keine Quellen oder Senken: Ebensoviele Feldlinien oder Feldröhren von $\vec{E}$ oder $\vec{D}$ wie in die Hülle eintreten, treten auch wieder aus ihr aus. Elektrische Ladungen auf der Kugeloberfläche und an der Metallwand sind zwar Quellen und Senken oder Anfang und Ende des Feldes, in seinem Verlauf aber ist dieses (raumladungsfreie) Vektorfeld im homogenen Medium quellenfrei.

3. Beispiel

Es möge wieder eine elektrische Raumladungsdichte η als Quellendichte eines elektrischen Feldes vorhanden sein:

$$\operatorname{div} \vec{D} = \eta(x,y,z) \qquad (2.2\text{-}25)$$

Durch Integration erhält man daraus die in einem endlichen Volumen eingeschlossene Gesamtladung Q:

$$Q = \iiint \operatorname{div} \vec{D}\, dv = \iiint \eta\, dv \qquad (2.2\text{-}26)$$

Wendet man auf Gl.(2.2-26) den Satz von Gauß an:

$$\iiint\limits_{v} \operatorname{div} \vec{D}\, dv = \oiint\limits_{f_H} \vec{D}\, d\vec{f}, \qquad (2.2\text{-}27)$$

so braucht man, bei gegebenem $\vec{D}$-Feld, anstelle des Dreifach- nur ein Zweifach-(Hüllen-)integral auszuführen.

Der Deutlichkeit halber wurden bisher unter dem Hüllenintegral f_H und gelegentlich unter dem Volumenintegral v als zusätzliche Hinweise verwendet. Dies wird im nachfolgenden Text unterbleiben.

2.2.4 SPRUNGDIVERGENZ

Die Normalkomponente u_n eines Feldvektors $\vec{u}$ (z.B. der elektrischen Verschiebungsdichte $\vec{D}$) ändert ihren Betrag sprunghaft (nicht stetig) an einer Trennfläche, wenn darauf Quellen von $\vec{u}$ flächenhaft dünn verteilt sind (z.B. elektrische Ladungen mit der Flächenladungsdichte σ)

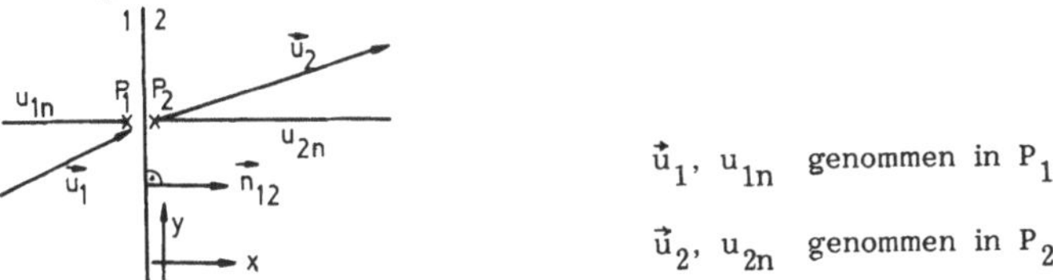

Bild 2.18: Trennfläche mit flächenhaften Quellen

Ist z.B. bereits ein äußeres Vektorfeld mit der Flußdichte $\vec{u}_1$ und deren Normalkomponente an der Trennfläche u_{1n} vorhanden, so kann $u_{2n} = u_{1n} + \sigma$ sein. Dabei ist σ diejenige Flächendichte der Quellen, die an der Trennfläche eine Zusatzfeldstärke erzeugt.

Würden wir zur Berechnung den für räumliche Felder bekannten Ausdruck für Quellendichte oder Divergenz verwenden, so wäre gemäß Bild 2.18 zu bilden:

$$\operatorname{div} \vec{u} = \frac{\partial}{\partial x} u_x = \frac{\partial}{\partial x} u_n \qquad (2.2\text{-}28)$$

falls, wie oben angedeutet, die Trennfläche in einer Ebene x = const liegt. $\frac{\partial u_x}{\partial x}$ oder $\frac{\partial u_n}{\partial x}$ kann aber mathematisch nur ausgeführt werden, wenn $u_n(x)$ oder $u_x(x)$ als stetige Funktion vorliegt. Dies ist aber an Trennflächen in aller Regel nicht der Fall. Daher führt div $\vec{u}$, also $\partial u_x/\partial x$, mathematisch zu keinem Ergebnis . Es mußte deswegen eine andere, passende Rechenvorschrift (Formel) gefunden werden, mit welcher die sprunghafte Änderung von Normalkomponenten an Trennflächen berechnet werden kann. Die Mathematik liefert uns den Ausdruck:

$$\begin{aligned} \operatorname{Div} \vec{u} &= \vec{n}_{12} \cdot (\vec{u}_2 - \vec{u}_1) \\ &= u_{2n} - u_{1n} \end{aligned}$$

Sprungdivergenz (2.2-29)

Diese sogenannte Sprungdivergenz Div $\vec{u}$ (groß geschrieben, um Verwechslung mit div $\vec{u}$ zu vermeiden) ist gleich der Differenz der Normalkomponenten des Vektors $\vec{u}$ (u_{1n} auf Seite 1, im Punkt 1, dicht neben der Trennfläche und u_{2n} auf Seite 2, im Punkt 2, dicht neben der Trennfläche).

Man erkennt: Die Einheit oder Art der Sprungdivergenz Div $\vec{u}$ ist gleich der des Vektors $\vec{u}$ selbst, während div $\vec{u}$, die räumliche Quellendichte, die Einheit von $\vec{u}$ dividiert durch Länge aufweist.

1. Beispiel zur Sprungdivergenz

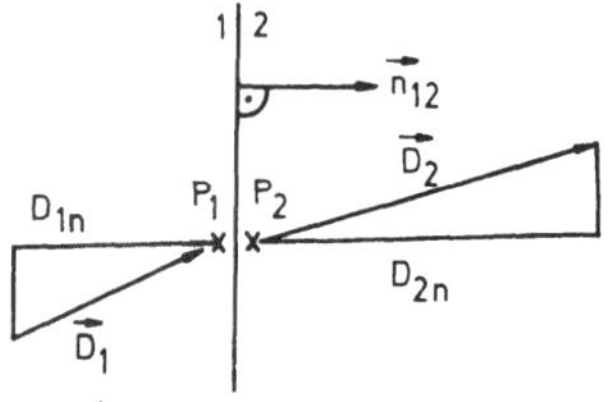

$\vec{n}_{12}$ = Normaleneinheitsvektor

Bild 2.19: Trenn- oder Grenzfläche (z.B. dünnes Papier) mit elektrischen Ladungen in beidseitig gleichartigem Dielektrikum

Die Trennfläche zwischen den Halbräumen 1 und 2 möge die elektrische Ladungsdichte $\sigma = Q/f$ enthalten. Die ankommende elektrische Verschiebungsdichte sei $\vec{D}_1$, die auf Seite 2 abgehende sei $\vec{D}_2$. Es möge gelten: $D_{2n} > D_{1n}$. Dann ist die Quellendichte an der Trennfläche:

$$\begin{aligned} \text{Div}\,\vec{D} &= D_{2n} - D_{1n} \qquad \left[\text{Div}\,\vec{D}\right] = \left[\sigma\right] = \frac{\text{As}}{\text{m}^2} \\ &= D_{1n} + \sigma - D_{1n} \\ &= \sigma \quad \text{(Ladung pro Flächeneinheit)} \end{aligned} \tag{2.2.30}$$

2. Beispiel zur Sprungdivergenz

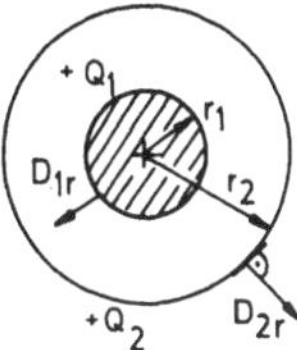

Bild 2.20: Positive Ladungen bei r_1 und r_2

Eine Massivkugel mit Radius r_1 trage die positive Ladung Q_1. Eine zweite, konzentrische Kugel mit Radius r_2, die aus sehr dünnem Blech besteht, trage die Ladung $+Q_2$. Man berechne die Quellendichte, also die Divergenz α) bei $r = r_1$ und β) bei $r = r_2$.

α) Innerhalb der Massivkugel mit r_1 ist $\vec{D} = \vec{E} = 0$; denn gäbe es im Metall ein $\vec{E} \neq 0$, so würde ein Strom fließen; dies aber wäre ein Widerspruch zur Elektrostatik. Bei $r = r_1$ ist die Sprungdivergenz

$$\text{Div}\,\vec{D} = D_{1r} - 0; \tag{2.2-31}$$

Die Flächenladungsdichte σ ist gleich D_{1r}:

$$D_{1r} = \sigma = \frac{Q_1}{4\pi r_1^2} \tag{2.2-32}$$

$\vec{D}_1$ existiert hier nur mit einer Normalkomponente:

$$\vec{D}_1 = D_{1r}\,\vec{e}_r \tag{2.2-33}$$

β) $r = r_2$: Wir betrachten je einen Punkt dicht innerhalb und dicht außerhalb der äußeren Kugel.

$$r = r_2 - \Delta r: \qquad D_{ir} = \frac{+Q_1}{4\pi(r_2 - \Delta r)^2} \tag{2.2-34}$$

dagegen ist dicht außerhalb der äußeren Kugel bei $r = r_2 + \Delta r$:

$$D_{ar} = \frac{+Q_1 + Q_2}{4\pi(r_2 + \Delta r)^2} \qquad (2.2\text{-}35)$$

Somit folgt für $r = r_2$, wenn $\Delta r \to 0$ geht, als Differenz der Normalkomponenten:

$$\text{Div}\,\vec{D} = D_{2n} - D_{1n} = D_{ar} - D_{ir}$$

$$= \frac{Q_2}{4\pi r_2^{\,2}} : \text{Flächenladungsdichte bei } r_2 \qquad (2.2\text{-}36)$$

3. Beispiel: Sprungdivergenz bei ladungsfreier Trennfläche

An einer ebenen Trennfläche mögen zwei Dielektrika mit unterschiedlichen Dielektrizitätszahlen $\varepsilon_{r1} \neq \varepsilon_{r2}$ aneinanderstoßen. Die Trennfläche sei frei von elektrischen Ladungen.

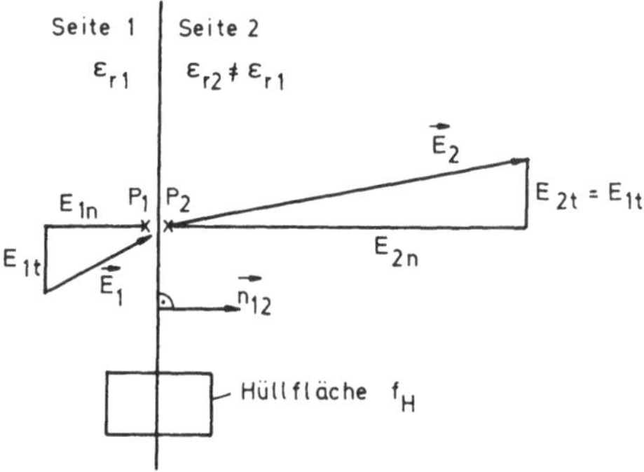

Bild 2.21: Sprungdivergenz bei ladungsfreier Trennfläche

Eine Hüllfläche f_H, die von der Trennfläche zweigeteilt wird, liefert für $\vec{D}$ die Ergiebigkeit null, da nach Voraussetzung keine Ladungen umfaßt werden. An der Trennfläche ist daher auch die Sprungdivergenz der Verschiebungsdichte null:

$$\text{Div}\,\vec{D} = D_{2n} - D_{1n} = 0 \qquad (2.2\text{-}37)$$

Wegen $D_{2n} = D_{1n}$ gilt aber für die Normalkomponenten der elektrischen Feldstärke $\vec{E}$:

$$\varepsilon_{r2}\, E_{2n} = \varepsilon_{r1}\, E_{1n} \quad \text{oder} \quad \frac{E_{2n}}{E_{1n}} = \frac{\varepsilon_{r1}}{\varepsilon_{r2}} \tag{2.2-38}$$

Damit verändern sich die Normalkomponenten der elektrischen Feldstärke sprunghaft an der Trennfläche. Diese ist Quelle für $\vec{E}$:

$$\begin{aligned} \operatorname{Div} \vec{E} &= E_{2n} - E_{1n} \\ &= E_{2n}\,(1 - \frac{\varepsilon_{r2}}{\varepsilon_{r1}}) \neq 0 \quad \text{für } \varepsilon_{r2} \neq \varepsilon_{r1} \end{aligned} \tag{2.2-39}$$

$\operatorname{Div} \vec{E} \neq 0$ ist Folge der elektrischen Polarisation, bzw. unterschiedlicher Materialeigenschaften des Dielektrikums (siehe Abschnitt 4.1.1).

<u>Analoges gilt für das magnetische Feld</u>

Da es keine echten magnetischen Einzelladungen gibt, gilt im magnetischen Feld an der Trennfläche zweier Medien mit unterschiedlicher Permeabilitätszahl μ_r für die magnetische Flußdichte $\vec{B}$:

$$\operatorname{Div} \vec{B} = 0 \text{ oder } B_{1n} = B_{2n} \tag{2.2-40}$$

daher ist

$$\mu_{r1} H_{1n} = \mu_{r2}\, H_{2n} \quad \text{oder} \quad \frac{H_{2n}}{H_{1n}} = \frac{\mu_{r1}}{\mu_{r2}} \tag{2.2-41}$$

Auch hier ist $\operatorname{Div} \vec{H} \neq 0$ und damit die Trennfläche Quelle für $\vec{H}$:

$$\operatorname{Div} \vec{H} = H_{2n} - H_{1n} = H_{2n}\,(1 - \frac{\mu_{r2}}{\mu_{r1}}) \neq 0 \tag{2.2-42}$$

als Folge der Magnetisierung (siehe Abschnitt 4.2.2).

2.3 DARSTELLUNG VON QUELLENFELDERN DURCH GRADIENTENBILDUNG

Da wir gerade Quellenfelder behandeln, gehört auch die Möglichkeit ihrer mathematischen Ableitung aus einer übergeordneten Potentialfunktion hierher. Allerdings kann die mathematische Zulässigkeit erst im Abschnitt 3.6 bewiesen werden. Dann nämlich sind die dazu notwendigen mathematischen Bedingungen für Wirbelfreiheit von Quellenfeldern bekannt und können angewandt werden. Hier jedoch beschränken wir uns auf die Feststellung, daß vektorielle Quellenfelder $\vec{u}$ durch Gradientenbildung aus einem Skalarpotential $\varphi(x,y,z)$ zu gewinnen sind:

$$\vec{u} = \pm \operatorname{grad} \varphi(x,y,z) \tag{2.3-1}$$

$\varphi(x,y,z)$ ist eine skalare Ortsfunktion. Sie wird als Potentialfunktion oder kurz Potential bezeichnet. Mit dem symbolischen Vektor ∇ (Nabla) kann man Gl.(2.3-1) für rechtwinklige Koordinaten auch anschreiben:

$$\vec{u} = \pm \nabla\varphi \quad (2.3\text{-}2) \qquad \text{wobei} \qquad \nabla = \frac{\partial}{\partial x}\vec{i} + \frac{\partial}{\partial y}\vec{j} + \frac{\partial}{\partial z}\vec{k} \quad (2.3\text{-}3)$$

ist. Da in der Elektrotechnik aus historischen Gründen elektrische und magnetische Feldstärken stets vom höheren zum geringeren Potential φ hin gerichtet sind, ist der Gradient mit einem Minuszeichen zu versehen. Dazu ein Beispiel aus der Elektrostatik für die elektrische Feldstärke, also für deren Feldvektor $\vec{E}$

$$\vec{E} = -\operatorname{grad} \varphi(x,y,z) \tag{2.3-4}$$

$$[\varphi] = \text{V}; \qquad [\vec{E}] = \frac{\text{V}}{\text{m}}$$

Das durch Gradientenbildung gewonnene Vektorfeld $\vec{u}$ steht stets senkrecht auf Linien oder Flächen $\varphi(x,y,z)$ = const, also auf den Äquipotentiallinien oder Äquipotentialflächen, was man leicht zeigen kann; denn das vollständige Differential $d\varphi$ lautet für die Ortsfunktion φ:

$$d\varphi = \frac{\partial\varphi}{\partial x}dx + \frac{\partial\varphi}{\partial y}dy + \frac{\partial\varphi}{\partial z}dz \tag{2.3-5}$$

Gl.(2.3-5) ist aber als Innenprodukt der Vektoren $\nabla\varphi$ und $d\vec{s}$ zu verstehen:

$$\begin{aligned}\nabla\varphi \cdot d\vec{s} &= \left(\frac{\partial\varphi}{\partial x}\vec{i} + \frac{\partial\varphi}{\partial y}\vec{j} + \frac{\partial\varphi}{\partial z}\vec{k}\right)\cdot(dx\,\vec{i} + dy\,\vec{j} + dz\,\vec{k}) \\ &= \frac{\partial\varphi}{\partial x}dx + \frac{\partial\varphi}{\partial y}dy + \frac{\partial\varphi}{\partial z}dz\end{aligned} \tag{2.3-6}$$

also $$\boxed{d\varphi = \operatorname{grad}\varphi \cdot d\vec{s}} \tag{2.3-7}$$

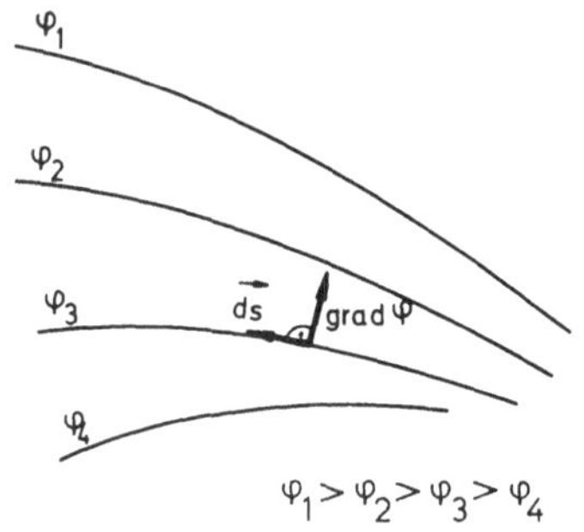

Bild 2.22: Äquipotentiallinien und Gradientenvektor

Legt man bewußt ein Linienelement $d\vec{s}$ so, daß es zusammenfällt mit der Tangente an eine Äquipotentiallinie, z.B. wie in Bild 2.22 mit φ_3 = const, so muß das zugehörige $d\varphi$ gleich null sein; denn innerhalb einer Äquipotentiallinie bleibt φ definitionsgemäß stets konstant. $d\varphi = 0$ eingesetzt in Gl.(2.3-7):

$$0 = \operatorname{grad}\varphi \cdot d\vec{s} \qquad (2.3\text{-}8)$$

bedeutet, daß die beiden Vektoren $\operatorname{grad}\varphi$ und $d\vec{s}$ aufeinander senkrecht stehen! Da aber $d\vec{s}$ in eine Äquipotentiallinie gelegt wurde, folgt, daß $\operatorname{grad}\varphi$ stets senkrecht auf Äquipotentiallinien und -Flächen steht.

Wir wollen anschließend Wirbelfelder betrachten. Ohne Kenntnis der Theorie ist kaum zu entscheiden, wann ein Wirbelfeld vorliegt und wann ein Quellenfeld. Bild 2.23 möge dies verdeutlichen:

Bild 2.23a

Bild 2.23 b

Handelt es sich bei beiden gezeichneten Feldlinien um Quellen- oder um Wirbelfeldlinien? Oder ist die eine Feldlinie einem Quellenfeld, die andere einem Wirbelfeld zuzuordnen? Die korrekte Antwort muß lauten: Falls die Feldlinie nach Bild 2.23a Anfang und Ende hat, also bei Quellen beginnt und bei Senken endet, so ist sie eine Quellenfeldlinie. Falls sie jedoch nur teilweise gezeichnet wurde und vollständig gezeichnet den in Bild 2.23 b dargestellten Verlauf hat, so handelt es sich um eine Wirbelfeldlinie.

3. WIRBELFELDER

3.1 Qualitative Aussagen

In Abschnitt 2 wurden Quellenfelder betrachtet. Ihre Feldlinien haben Anfang und Ende. Es gibt in der Elektrotechnik aber auch Vektorfelder, deren Feldlinien in sich geschlossene Linien sind. Sie haben zwar eine Richtung, aber weder Anfang noch Ende. Quellen und Senken können daher nicht Ursache geschlossener Feldlinien sein. Man hat sich zu fragen, welche anderen Ursachen es für das Entstehen von Vektorfeldern mit geschlossenen Feldlinien gibt.

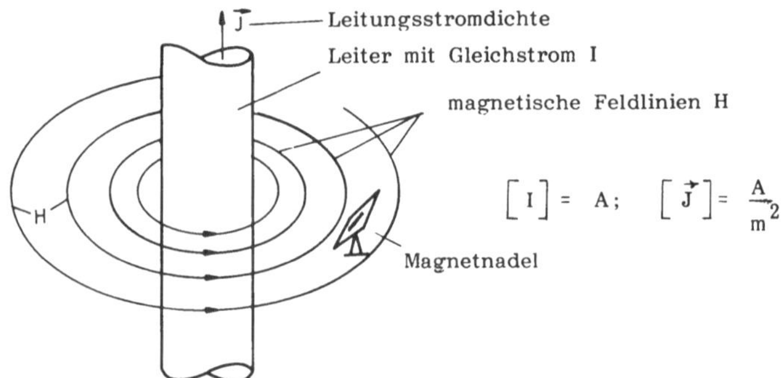

Bild 3.1: Geschlossene magnetische Feldlinien H um einen stromdurchflossenen Draht

Ein Experiment, nach Bild 3.1, gibt Aufschluß. Man umlaufe konzentrisch die Nähe eines von Gleichstrom durchflossenen, linear, vertikal aufgehängten Leiters mit einer Magnetnadel. Diese stellt sich längs des ganzen Umlaufs tangential ein. Demnach existiert in der Umgebung des Leiters eine magnetische Kraft. Sie wirkt auf die Magnetnadel und richtet sie aus. Da die Kraft rotationssymmetrisch vorkommt, erhalten wir den experimentellen Befund:
Die Faradayschen Kraftlinien, oder wie wir sagen, die magnetischen Feldlinien müssen in sich geschlossen sein. Sie haben weder Anfang noch Ende. Sie umfassen den axial gerichteten Vektor der Leitungsstromdichte $\vec{J}$. Er ist die felderregende Ursache für in sich geschlossene Feldlinien $\vec{H}$.
Geschlossene magnetische Feldlinien $\vec{H}$ kommen sowohl innerhalb des stromführenden Leiters als auch außerhalb des Leiters (um diesen herum) vor. Außer dem elektrischen Leitungsstrom gibt es in der Elektrotechnik noch andere Ursachen, die um sich herum geschlossene Feldlinien erzeugen. Im Gegensatz zu den Quellenfeldern spricht man hier von Wirbelfeldern.

Die Bezeichnung Wirbelfeld wird mechanisch anschaulich, wenn man an Gas- oder Flüssigkeitsteilchen denkt, die längs einer geschlossenen Kurve, z.B. auf einem Kreis, rotieren. Man spricht dann von einem Wirbel, der seine Wirbelursache dort hat, wo die Materieteilchen eine radiusunabhängige, also konstante Winkelgeschwindigkeit ω haben. Die Tangentialgeschwindigkeit der Teilchen ist dann $v = r \cdot \omega$.

Anschaulisches Beispiel: Wir betrachten das aus einer Badewanne abfließende Wasser. Die Achse des Abflusses (Ursache) zeigt nach unten, das Wasser jedoch strömt nicht direkt nach unten, sondern fast kreisförmig um den Abfluß herum (tatsächlich sind die Strömungslinien hier keine Kreise, sondern haben Spiralform und eine andere Ursache als die Wirbelfelder der Elektrotechnik).

Beim stromdurchflossenen Leiter, nach Bild 3.1, nimmt die magnetische Feldstärke $\vec{H}$ im Innern des Leiters mit dem Radius zu: H = const·r (analog zu den Materieteilchen mit v = ω·r). Dort sitzt der Wirbelkern oder, wie wir ihn treffender bezeichnen wollen: die <u>Wirbelursache</u>. Sie ist in diesem Beispiel gleich der Leitungsstromdichte $\vec{J}$. Außerhalb des Wirbelkerns oder der Wirbelursache, also außerhalb des Leiters, nimmt das Wirbelfeld $\vec{H}$ (besser: das von der Wirbelursache $\vec{J}$ erzeugte $\vec{H}$-Feld) dem Betrage nach ab, z.B. mit 1/r bei kreisrunden Drähten.

<u>Ein mechanisch anschauliches Beispiel</u>

Bild 3.2: Geschwindigkeitsprofil in einem Rohr

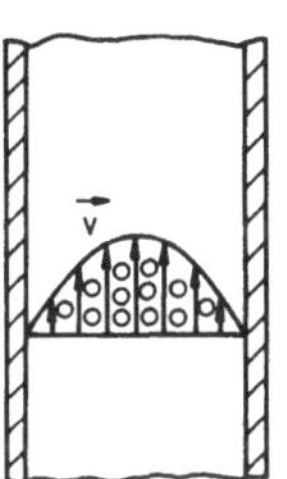

Moleküle (Rädchen!) kommen in Drehbewegung oder Rotation

Wir betrachten die laminare Strömung einer inkompressiblen Flüssigkeit in einem Rohr. Wegen Reibung der Flüssigkeitsmoleküle an der Rohrwand existiert über den Querschnitt ein Geschwindigkeitsprofil $\vec{v}$ nach Bild 3.2, wobei an der Rohrwand $|\vec{v}| \rightarrow 0$ geht. Man erkennt, daß einander benachbarte Geschwindigkeitsvektoren unterschiedlichen Betrag haben. Flüssigkeitsmoleküle werden daher in Drehbewegung (=Rotation) versetzt. Deshalb ist auch dieses laminare, linear polarisierte Strömungsfeld $\vec{v}$ wirbelhaft im Sinne der Wirbelfelder der Elektrotechnik.

3.2 ZIRKULATION BEI WIRBELFELDERN

Bei Quellenfeldern hat das Hüllenintegral zur Berechnung der Ergiebigkeit wesentliche Bedeutung. Der entsprechende Ausdruck bei Wirbelfeldern ist das Rand- oder deutlicher: das Umlaufintegral.

Beim Quellenfeld ist zu untersuchen, ob aus einem wohldefinierten, endlichen Volumen ein Flußüberschuß nach außen oder nach innen wirksam ist. Beim Wirbelfeld mit in sich geschlossenen Feldlinien, ohne Anfang und ohne Ende, geht es zunächst darum, festzustellen, ob es längs eines geschlossenen Umlaufs $\mathring{s}$ ein Linienintegral gibt, dessen Wert von null verschieden ist.

Bild 3.3: Kreisförmige Strömungslinie und Zirkulation

Am anschaulichen Beispiel einer Flüssigkeitsströmung mit kreisförmig bewegten Materieteilchen, nach Bild 3.3, ist unschwer einzusehen, daß das Rand- oder Umlaufintegral über den Geschwindigkeitsvektor $\vec{v}$, z.B. längs einer v-Linie

$$Z = \oint \vec{v}\, d\vec{s} \qquad (3.2\text{-}1)$$

von null verschieden ist; denn die Summe aller Innenprodukte aus $\vec{v}$ und $d\vec{s}$ längs des angegebenen Umlaufsinns ist positiv wie alle Einzelbeiträge, da in Bild 3.3 $\vec{v}$ und $d\vec{s}$ stets gleichsinnig parallel gerichtet sind.

Allgemein verstehen wir unter der Zirkulation Z den Wert eines Linienintegrals längs eines geschlossenen Weges und sagen dazu abkürzend Umlauf- oder Randintegral. Die Benennnung Umlaufintegral ist deutlicher, weil dadurch der geschlossene Weg zum Ausdruck kommt. In der Elektrotechnik wird die Zirkulation häufig über materiefreie elektrische und magnetische Feldvektoren wie $\vec{E}$ oder $\vec{H}$ gebildet. Dazu ist es notwendig, daß wir unsere Vorstellung von bewegten Materieteilchen übertragen auf elektrische oder magnetische Zustände des Raumes wie z.B. $\vec{E}$ und $\vec{H}$. Wir wollen aber zunächst noch den neutralen Vektor $\vec{u}$ benutzen und einige Aussagen machen.

a) Überall dort, wo Feldlinien als in sich geschlossene Kurven vorkommen, ist die Zirkulation Z, also das Umlaufintegral dieses Vektorfeldes, zumindest längs der Feldlinien, ungleich null:

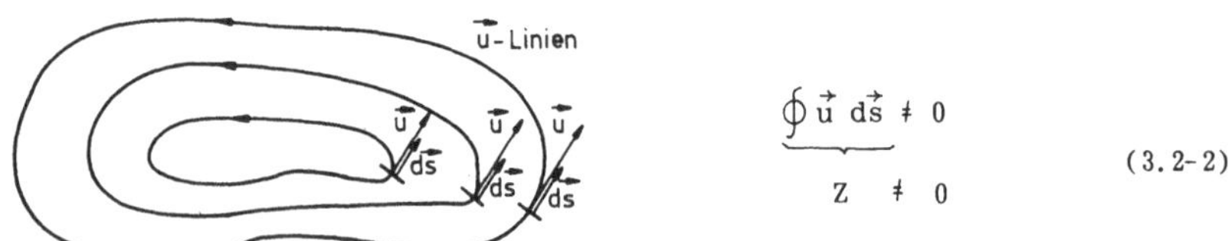

$$\underbrace{\oint \vec{u}\, d\vec{s}}_{Z} \neq 0 \qquad (3.2\text{-}2)$$

Bild 3.4: Zirkulation längs der Feldlinien

b) Auch bei linear polarisierten Feldern, deren Feldvektor nur in eine Richtung zeigt, kann die Zirkulation Z von null verschieden sein, dann nämlich, wenn deren Feldstärke sich quer zur Feldrichtung ändert. Beispiel: Siehe Bild 3.5. Der Umlauf erfolgt längs des Rechtecks A-B-C-D-A. Dabei ist $|\vec{u}_1| > |\vec{u}_2|$, aber es ist $s_{AB} = s_{DC}$ und daher ist die Zirkulation ungleich null. Die Wege s_{BC} und s_{DA} liefern keinen Beitrag; auf ihnen ist $\vec{u} \perp d\vec{s}$; daher ist das Innenprodukt gleich null.

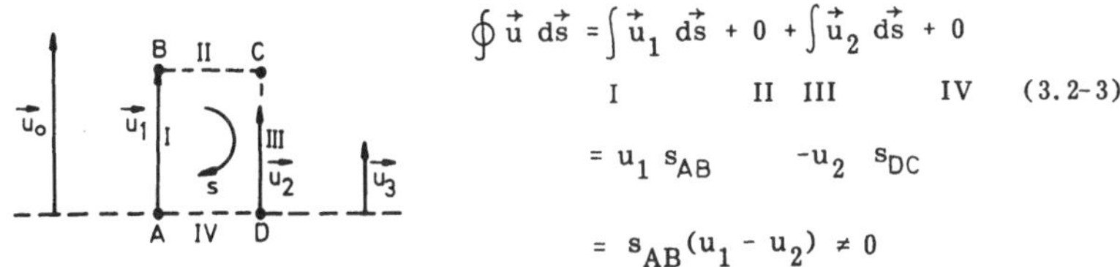

$$\oint \vec{u}\, d\vec{s} = \underset{\text{I}}{\int \vec{u}_1\, d\vec{s}} + \underset{\text{II}}{0} + \underset{\text{III}}{\int \vec{u}_2\, d\vec{s}} + \underset{\text{IV}}{0} \qquad (3.2\text{-}3)$$

$$= u_1\, s_{AB} \quad - u_2\, s_{DC}$$

$$= s_{AB}(u_1 - u_2) \neq 0$$

Bild 3.5: Linear polarisiertes Vektorfeld $\vec{u}$ mit Queränderung

Ist längs eines geschlossenen Weges das Umlaufintegral $Z \neq 0$, so existieren Feldlinien, die in sich geschlossen sind. Der Wert Z der Zirkulation (in der Elektrotechnik werden wir $\oint \vec{E} \cdot d\vec{s}$ als elektrische, $\oint \vec{H} \cdot d\vec{s}$ als magnetische Umlaufspannung bezeichnen) gibt Auskunft über die Stärke der felderregenden Ursache, jedoch in integraler, also in zusammenfassender Form. Wo aber die Wirbelursachen im einzelnen sitzen, wie sie örtlich verteilt sind, darüber gibt Z keine Auskunft. (Vergleich: Beim Quellenfeld sind Ladungen am Anfang und Ende der Feldlinien Ursache für deren Entstehen. Auch dort sagt der Hüllenfluß der Ergiebigkeit nichts aus über den Ort der Quellen innerhalb des umfaßten Volumens.)

Außer den Wirbeldichten, die durch die Maxwellgleichungen (s. Abschnitt 6) angegeben werden, gibt es auch Wirbeldichten durch Polarisation. Sie treten bei homogener Polarisation nur an Grenzflächen auf. Bei elektrischer Polarisation sind es Wirbel von $\vec{D}$, bei der Magnetisierung sind es Wirbel von $\vec{B}$ (siehe 4.2.2).

Das Auffinden der Wirbelursachen ist möglich:

a) durch beliebig (eigentlich unendlich) viele örtlich verschiedene und möglichst kleine Umläufe $\mathring{s}$, was sehr mühsam und zeitraubend sein wird und daher zu verwerfen ist.

b) durch einen geeigneten formalen Ausdruck, der die Wirbelursache in jedem Flächenelement, also differentiell (wie unter dem Mikroskop), zu erfassen erlaubt. Dieser Ausdruck ist die sogenannte Wirbeldichte oder Rotation.

3.3 ROTATION ODER WIRBELDICHTE

Wir benötigen diejenige "Mikrolupe", die es gestattet, in jedes Flächenelement "hineinzuschauen", um festzustellen, ob dort Zirkulationsursachen im Kleinen, also Wirbelursachen (=Wirbeldichten) vorhanden sind. Dazu folgendes Gedankenexperiment: Mathematiker leiten die gesuchte Testfunktion oder Rechenvorschrift her, indem sie den Umlauf $\overset{\circ}{s}$ der Zirkulation um eine immer kleiner werdende, schließlich gegen null gehende Fläche f zusammenziehen, wobei zusätzlich durch diese kleine Fläche dividiert wird; exakt:

$$\lim_{f \to 0} \frac{1}{f} \oint \vec{u}\, d\vec{s} = \text{Zirkulation um eine gegen null gehende Fläche bezogen darauf.} \qquad (3.3\text{-}1)$$

Nicht ganz exakt, vielleicht aber anschaulicher ist es, obigen Grenzwert durch ein Umlaufintegral um ein beliebig kleines Flächenelement $d\vec{f} = \vec{n}\, df$ zu ersetzen:

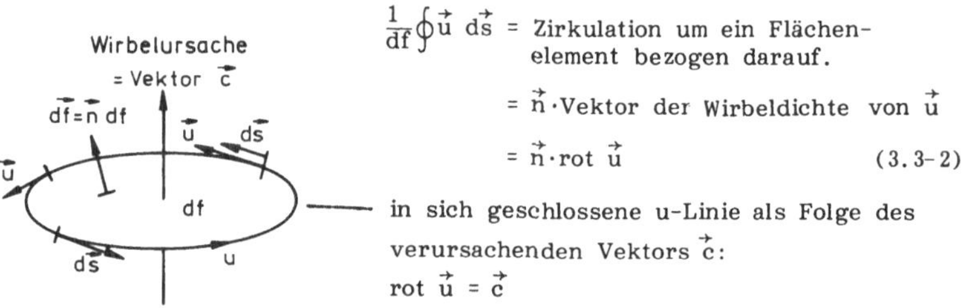

$$\frac{1}{df} \oint \vec{u}\, d\vec{s} = \text{Zirkulation um ein Flächenelement bezogen darauf.}$$

$$= \vec{n} \cdot \text{Vektor der Wirbeldichte von } \vec{u}$$

$$= \vec{n} \cdot \text{rot}\ \vec{u} \qquad (3.3\text{-}2)$$

in sich geschlossene u-Linie als Folge des verursachenden Vektors $\vec{c}$:
rot $\vec{u} = \vec{c}$

Bild 3.6: Zuordnung der u-Linie um ein Flächenelement $d\vec{f}$ zu ihrer Wirbelursache

Was uns als "Mikrolupe" oder Testfunktion oder Rechenvorschrift für Wirbelursachen interessiert, ist der Vektor der Wirbeldichte von $\vec{u}$, kürzer ausgedrückt: Die Wirbeldichte von $\vec{u}$, also die Rotation von $\vec{u}$, geschrieben: rot $\vec{u}$.

In rechtwinkligen Koordinaten versteht man darunter die Determinante (u_x, u_y, u_z sind Komponenten des Vektors $\vec{u}$):

$$\text{rot}\ \vec{u} = \begin{vmatrix} \vec{i} & \vec{j} & \vec{k} \\ \frac{\partial}{\partial x} & \frac{\partial}{\partial y} & \frac{\partial}{\partial z} \\ u_x & u_y & u_z \end{vmatrix} \qquad (3.3\text{-}3)$$

$$= \vec{i}\left(\frac{\partial u_z}{\partial y} - \frac{\partial u_y}{\partial z}\right) + \vec{j}\left(\frac{\partial u_x}{\partial z} - \frac{\partial u_z}{\partial x}\right) + \vec{k}\left(\frac{\partial u_y}{\partial x} - \frac{\partial u_x}{\partial y}\right)$$

Sie ist das Ergebnis des mathematisch gebildeten Grenzwertes und beschreibt als Vektor die Wirbeldichte des gegebenen Feldvektors $\vec{u}$. In rechtwinkligen Koordinaten gilt auch die Vektoridentität mit Nabla:

$$\boxed{\text{rot}\,\vec{u} \equiv \nabla \times \vec{u},} \tag{3.3-4}$$

während beim Quellenfeld gilt:

$$\text{div}\,\vec{u} \equiv \nabla \cdot \vec{u} \tag{3.3-5}$$

Die Ausdrücke rot $\vec{u}$ und div $\vec{u}$ sollten in Zylinder- oder Kugelkoordinaten der Fehlerquellen wegen vom Nichtmathematiker eher nicht mittels Nabla gebildet werden. Es ist besser, man verwendet die im Anhang angegebene fertige Formel.

rot $\vec{u}$, nach Gl. (3.3-3), ist eine handliche Rechenvorschrift für den Anwender. Es müssen lediglich die Komponenten des Vektors $\vec{u}$ mit ihrer Ortsabhängigkeit bekannt sein, um rot $\vec{u}$ auszurechnen, gleichgültig in welchen Koordinaten. Betrachtet man die ausführliche Schreibweise von Gl. (3.3-3), so wird deutlich, es handelt sich um Differentialausdrücke, welche die Queränderungen des Vektorfeldes $\vec{u}$ im kleinen beschreiben. Demnach ist das Vektorfeld $\vec{u}$ dann und nur dann wirbelfrei, rot $\vec{u}$ = 0, wenn folgende drei Bedingungen gemeinsam erfüllt sind:

$$\boxed{\frac{\partial u_z}{\partial y} = \frac{\partial u_y}{\partial z} \quad \wedge \quad \frac{\partial u_z}{\partial x} = \frac{\partial u_x}{\partial z} \quad \wedge \quad \frac{\partial u_y}{\partial x} = \frac{\partial u_x}{\partial y}} \tag{3.3-6}$$

Es gibt aber in sich geschlossene Feldlinien, die an manchen Orten wirbelhaft (rot $\vec{u} \neq 0$), an anderen Orten aber wirbelfrei (rot $\vec{u} = 0$) sind.

Beispiel: Ein von Gleichstrom durchflossener Draht hat seine Wirbelursache und damit auch seine Wirbeldichte oder Rotation innerhalb des Drahtes dort, wo Leitungsstromdichte $\vec{J}$ vorkommt. Dort sind die in sich geschlossenen Feldlinien $\vec{H}$ völlig von Wirbelursachen, nämlich von der Stromdichte $\vec{J}$, durchsetzt. $\vec{J}$ erzeugt also geschlossene magnetische Feldlinien. Die Wirbeldichte rot $\vec{H}$ des Vektorfeldes $\vec{H}$ ist gleich dem erzeugenden Vektor $\vec{J}$:

$$\text{rot}\,\vec{H} = \vec{J}$$

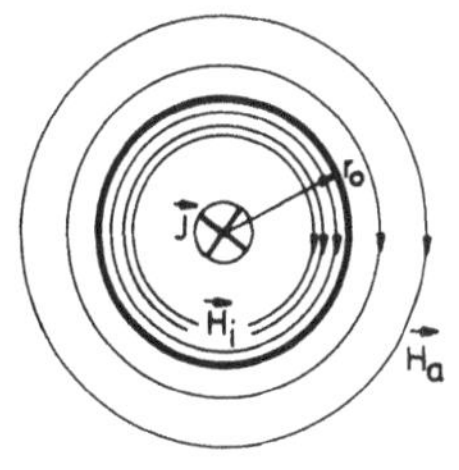

$\vec{J}$: Leitungsstromdichte im Draht als Wirbelursache

bei $r \leq r_0$ in sich geschlossene, wirbelhafte H-Linien,
bei $r \geq r_0$ in sich geschlossene, wirbelfreie H-Linien.

Bild 3.7: Feldlinien H_i, H_a eines stromführenden Drahtes mit dem Radius r_0

$\underline{r \leq r_o}$: rot $\vec{H} = \vec{J}$ (3.3-7)

Wirbeldichte von $\vec{H}$ = Wirbelursache $\vec{J}$

$\underline{r > r_o}$: rot $\vec{H} = 0$ (3.3-8)

Wirbeldichte von $\vec{H}$ = frei von Wirbelursachen

In den Ausdrücken Gl.(3.3-6) erkennt man die Queränderungen an den Ableitungen der Komponenten quer zu ihrer Wirkungsrichtung. Daß es sich um Queränderungen im Kleinen handelt, wird aus folgendem Beispiel deutlich:

Wir betrachten das Magnetfeld zwischen Nord- und Südpol eines Permanentmagneten:

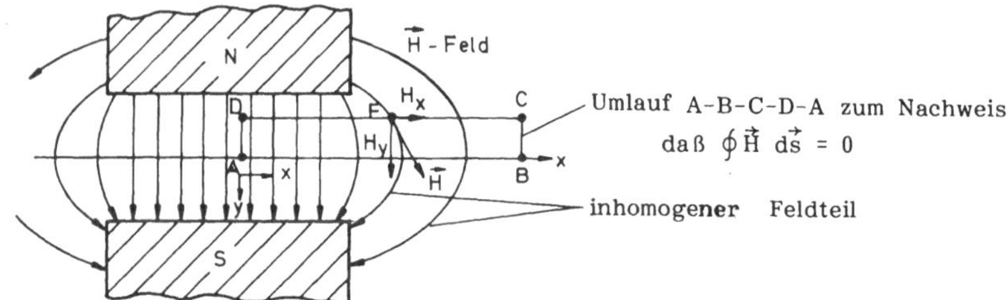

Bild 3.8: Wirbelfreies Magnetfeld $\vec{H}$ an Permanentmagneten

Es sieht so aus, als gäbe es von der Mitte der Polschuhe (in Bild 3.8) in x-Richtung, nach außen hin, Queränderungen des $\vec{H}$-Feldes. Dies sind aber keine Queränderungen im Kleinen. Wären es solche, wäre also rot $\vec{H} \neq 0$, so müßten die Gleichungen (3.3-6), die die Wirbelfreiheit beschreiben, verletzt sein. Eine genauere Betrachtung dieses $\vec{H}$-Feldes zwischen den Polschuhen zeigt, daß bei D-A, im homogenen Feldteil, nur H_y-Komponenten, im inhomogenen Feldteil, z.B. bei F, aber auch H_x-Komponenten vorkommen. So wird möglich, daß das Umlaufintegral (die Zirkulation) $\oint \vec{H} \cdot d\vec{s}$ längs des geschlossenen Weges A-B-C-D-A und längs anderer geschlossener Wege null ist. Die Wirbelfreiheit dieser magnetostatischen Felder versteht man noch besser im Abschnitt Magnetostatik.

Die Gln.(3.3-6) nennt man auch <u>Integrabilitätsbedingungen</u> des Vektorfeldes $\vec{u}$. D.h. sind diese Gleichungen erfüllt, so ist das Vektorfeld $\vec{u}$ mathematisch aus einem Skalarpotential $\varphi(x,y,z)$ durch Gradientenbildung zu gewinnen. Umgekehrt kann man, sofern diese Integrabilitätsbedingungen erfüllt sind, durch

Integration des Vektorfeldes $\vec{u}$ das Skalarpotential φ berechnen.

Beispiel: Ein einfaches, linear polarisiertes Vektorfeld $\vec{u}$ bestehe aus nur einer Komponente:

$$\vec{u} = u_x \, \vec{i}; \qquad u_x = c$$

Sind die Gln. (3.3-6) erfüllt, so gilt mit dem in der Elektrotechnik üblichen Minuszeichen beim Gradienten:

$$\vec{u} = -\text{grad}\,\varphi = u_x \, \vec{i} \qquad (3.3\text{-}11)$$

$$\text{grad}\,\varphi = -c \, \vec{i} \qquad (3.3\text{-}12)$$

grad φ lautet aber ausführlich:

$$\left(\frac{\partial\varphi}{\partial x}\vec{i} + \frac{\partial\varphi}{\partial y}\vec{j} + \frac{\partial\varphi}{\partial z}\vec{k}\right) = -c\,\vec{i} \qquad (3.3\text{-}13)$$

Die beiden Seiten der Gleichung müssen vektoriell Gleiches beinhalten, daher verschwinden die $\vec{j}$- und $\vec{k}$-Komponenten. Es bleibt:

$$\frac{\partial\varphi}{\partial x} = -c \quad \text{und daher} \qquad (3.3\text{-}14)$$

$$\varphi = \varphi(x) = -c\,x + \text{Integrationskonstante} \qquad (3.3\text{-}15)$$

3.4 DER STOKES'SCHE SATZ

Die Wirbeldichte oder Rotation eines Vektorfeldes $\vec{u}$ wird nach Gl.(3.3-1) aus der Zirkulation abgeleitet, indem die Fläche $\vec{f}$ gegen null geht:

$$\lim_{f\to 0} \frac{1}{f} \oint \vec{u}\,d\vec{s} = \vec{n} \text{ rot } \vec{u} \qquad (3.4.1)$$

Nach der Erfahrung des Verfassers ist für den Lernenden die Schreibweise nach Gl.(3.2-2), Zirkulation um ein Flächenelement, verständlicher:

$$\frac{1}{df} \oint \vec{u}\,d\vec{s} = \vec{n} \text{ rot } \vec{u} \qquad (3.4\text{-}2)$$

Dabei gehört der Normalen-Einheitsvektor $\vec{n}$ wieder zu df und steht senkrecht auf seinem Flächenelement:

$$d\vec{f} = \vec{n}\,df \qquad (3.4\text{-}3)$$

Auch wird unterstellt, df sei so klein, daß Wirbelursachen (z.B. $\vec{J}$, siehe unten), die df axial durchdringen, sich innerhalb von df nicht ändern. Gl. (3.4-2) kann dann für einen Umlauf um df geschrieben werden:

$$\oint_{\text{um df}} \vec{u}\, d\vec{s} = \text{rot}\, \vec{u}\, d\vec{f} \quad \text{oder exakt} \tag{3.4-4}$$

$$\lim_{df \to 0} \oint \vec{u}\, d\vec{s} = \text{rot}\, \vec{u}\, d\vec{f} \tag{3.4-5}$$

Bildet man davon das Integral über eine endliche Fläche f, mit endlichem Umlauf s, der diese Fläche umfaßt, so erhält man den

Stokes'schen Satz: $$\underbrace{\oint \vec{u}\, d\vec{s}}_{\substack{\text{Gesamtwirbel}\\ \text{oder Zirkulation der}\\ \text{umfaßten Fläche f}}} = \underbrace{\iint \text{rot}\, \vec{u}\, d\vec{f}}_{\substack{\text{Wirbelursachen oder Wirbeldichte}\\ \text{der einzelnen Flächenelemente}\\ \text{aufsummiert}}} \tag{3.4-6}$$

In Worten ausgedrückt besagt der Stokes'sche Satz: Summiert (integriert) man die Wirbeldichte rot $\vec{u}$ eines jeden Flächenelementes über eine endliche, einfach zusammenhängende Fläche f, so ist das Ergebnis gleich dem Umlaufintegral $\oint \vec{u}\, d\vec{s}$. Dabei ist der Umlauf $\mathring{s}$ der äußere Rand der Fläche f.

<u>Beispiel: Durchflutungsgesetz bei Leitungsstrom</u>

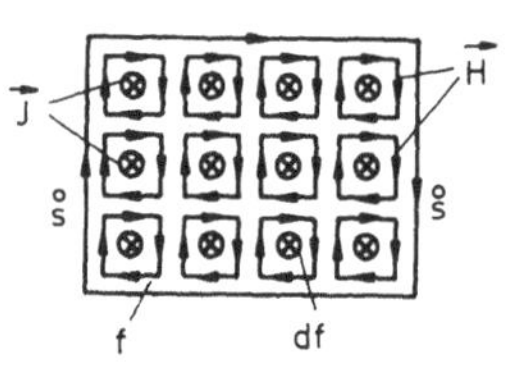

Der allgemeine Vektor $\vec{u}$ wird hier ersetzt durch den magnetischen Feldvektor $\vec{H}$.

Die Zirkulation ist $\oint \vec{H}\, d\vec{s} = I$ und

$$I = \iint \vec{J}\, d\vec{f}; \qquad \vec{J} \upuparrows d\vec{f}$$

Bild 3.9: Stromdichten $\vec{J}$ in Flächenelementen als Wirbelursachen; Gesamtstrom I in f als Ergebnis der Zirkulation

Bild 3.9 zeigt schematisch, daß sich die Feldvektoren $\vec{H}$ an den kleinen Umläufen um benachbarte Flächenelemente gegenseitig aufheben, da sie antiparallel zueinander gerichtet sind. Dagegen ergänzen sie sich längs des äußeren Umlaufs $\mathring{s}$ zu einer großen, geschlossenen Feldlinie. Oder, wenn man die Ursachen $\vec{J}$ für das Entstehen der H-Feldlinien betrachtet: Leitungsstromdichte, die in die Zeichenebene hineinzeigt, ist Wirbelursache und Wirbeldichte für magnetische Feldlinien, die sich um $\vec{J}$ herum bilden. Es ist gleichgültig, ob man die Wirbeldichten über alle Flächenelemente integriert, oder ob man längs des äußeren Randes $\mathring{s}$ umläuft. In jedem Falle erhält man die gesamte Zirkulationsursache, in diesem Beispiel den umfaßten Leitungsstrom I. Mit der magnetischen Feldstärke $\vec{H}$ an Stelle des allgemeinen Vektors $\vec{u}$, schreibt sich der Stokes'sche Satz wie folgt:

$$\oint \vec{H}\, d\vec{s} = \iint \text{rot}\, \vec{H}\, d\vec{f} \qquad (3.4\text{-}7)$$

Die Wirbeldichte rot $\vec{H}$ ist aber gegeben durch die Wirbelursache $\vec{J}$, also durch die elektrische Stromdichte. Deshalb kann an Stelle von Gl.(3.4-7) die Gleichung (3.4-8) angeschrieben werden. Sie ist das Durchflutungsgesetz für Leitungsstrom, das hier nur als Beispiel für die Anwendung des Stokes'schen Satzes angeschrieben wurde. Die ausführliche Herleitung des Durchflutungsgesetzes erfolgt im Abschnitt 5.1.

$$\oint \vec{H}\, d\vec{s} = \iint \vec{J}\, d\vec{f} \qquad \text{Durchflutungsgesetz für Leitungsstrom} \qquad (3.4\text{-}8)$$

Falls der Umlauf $\mathring{s}$ den ganzen stromführenden Leiter umfaßt, ist das Ergebnis von (3.4-8) gleich I. Wenn nur ein Teil des stromführenden Drahtes umfaßt wird, ist das Flächenintegral $\iint \vec{J}\, d\vec{f} < I$.

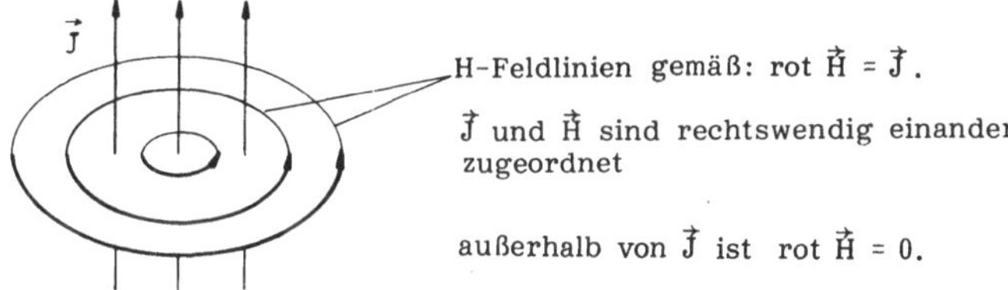

Bild 3.10: Leitungsstromdichte $\vec{J}$ und magnetische Feldlinien $\vec{H}$ schematisch dargestellt

Man beachte den begrifflichen Unterschied zwischen der felderregenden Wirbelursache $\vec{J}$ und dem davon erzeugten magnetischen Vektorfeld $\vec{H}$: Dessen Wirbeldichte rot $\vec{H}$ ist gleich der Wirbelursache $\vec{J}$.

3.5 SPRUNGROTATION

Die im Abschnitt 3.3 beschriebene Wirbeldichte oder Rotation, rot $\vec{u}$, kann als Rechenvorschrift verstanden werden, womit bei gegebenem, stetigem und differenzierbarem Vektorfeld $\vec{u}$ die Wirbeldichte von $\vec{u}$ ermittelt werden kann. Ein Beispiel sei die später ausführlich zu behandelnde 1. Maxwellgleichung. Der allgemeine Vektor $\vec{u}$ wird wieder ersetzt durch $\vec{H}$, den magnetischen Feldvektor; Wirbelursache ist die Leitungsstromdichte $\vec{J}$:

$$\text{rot}\,\vec{H} = \vec{J} \qquad (3.5\text{-}1)$$

Man kann diese Differentialgleichung auch von rechts nach links lesen: Räumlich verteilte Leitungsstromdichten $\vec{J}$ sind Wirbelursache und Wirbeldichte eines durch sie erzeugten Magnetfeldes $\vec{H}$. $\vec{H}$ ist dadurch nicht selbst bekannt, sondern lediglich seine Wirbeldichte $\vec{J}$, die als Störfunktion der Differentialgleichung (3.5-1) wirkt.

Würde $\vec{J}$ nur in einer dünnen Trennschicht (z.B. Leitungsstrom in einem sehr dünnen Kupferblech) vorkommen, so würde sich die Richtung von $\vec{H}$ örtlich unstetig, also sprunghaft von der einen zur anderen Seite der Trennfläche ändern. Siehe hierzu Bild 3.13. Die uns bisher bekannte Rechenvorschrift der Wirbeldichte (in rechtwinkligen Koordinaten), die Determinante:

$$\text{rot}\;\vec{H} = \begin{vmatrix} \vec{i} & \vec{j} & \vec{k} \\ \frac{\partial}{\partial x} & \frac{\partial}{\partial y} & \frac{\partial}{\partial z} \\ H_x & H_y & H_z \end{vmatrix} \qquad (3.5\text{-}2)$$

wäre dafür wegen der Unstetigkeit von $\vec{H}$ mathematisch nicht anwendbar; denn wenn $\vec{H}$ echt sprunghafte Änderungen erfährt, sind seine Komponenten nicht differenzierbar. Wir benötigen also ein anderes mathematisches Werkzeug, eine andere Rechenvorschrift, die ohne Differentialausdruck auf sprunghafte Änderungen an Trennflächen zugeschnitten ist.

Die üblicherweise verwendete Leitungsstromdichte $|\vec{J}| = I/f$ mit der Einheit A/m^2 muß bei Flächenstrom abgeändert werden in die Flächenstromdichte oder in den Strombelag $\vec{j}_s$: $|\vec{j}_s| = I/\ell$ mit der Einheit A/m (siehe hierzu Absch. 5.2).

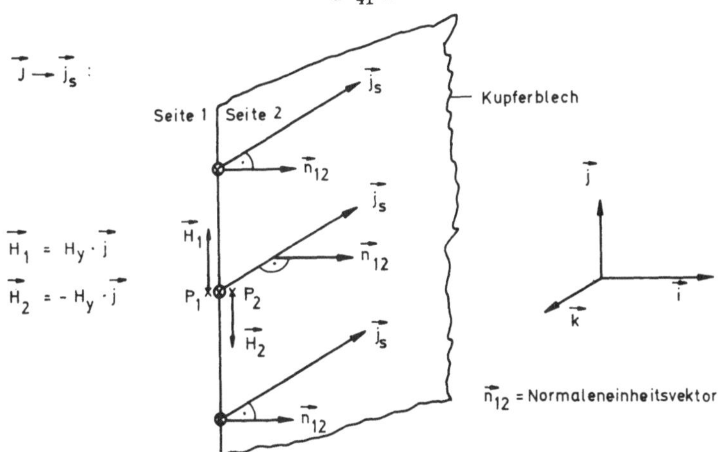

Bild 3.13: Sprungwirbel für $\vec{H}$ an stromführender Trennfläche

Am Beispiel eines dünnen Kupferbleches (Bild 3.13), das von elektrischem Leitungsstrom durchflossen wird, sieht man: Der Strombelag $\vec{j}_S$ zeigt in Richtung $-\vec{k}$. Das Blech sei in der y-z-Ebene sehr weit ausgedehnt. Dann sind die in P_1 und P_2, dicht am Blech erzeugten, magnetischen Feldstärken $\vec{H}_1$ und $\vec{H}_2$ von gleichem Betrag aber antiparallel gerichtet, denn $\vec{H}_1$ und $\vec{H}_2$ müssen der Stromdichte im Blech rechtswendig zugeordnet sein. Die sprunghafte Queränderung des magnetischen Feldes, nach Bild 3.13, läßt sich mit rot $\vec{H}$ nach Gl. (3.5-2) nicht berechnen auch nicht mit dem hier so einfach werdenden Ausdruck:

$$\text{rot } \vec{H} = \vec{k} \; \frac{\partial H_y}{\partial x} = \vec{J} \qquad (3.5\text{-}3)$$

Die Queränderungen müssen aber formelmäßig erfaßt werden. Sie lassen sich mathematisch durch die <u>Sprungrotation</u> darstellen:

$$\begin{aligned} \text{Rot } \vec{H} &\equiv \vec{n}_{12} \times (\vec{H}_2 - \vec{H}_1) = \vec{j}_s \\ &= \vec{n}_{12} \times \vec{H}_2 - \vec{n}_{12} \times \vec{H}_1 = \vec{j}_s \end{aligned} \qquad (3.5\text{-}4)$$

$\vec{n}_{12} \times \vec{H}_2$ und $\vec{n}_{12} \times \vec{H}_1$ sind tangential gerichtete Vektoren, was aus dem Beispiel, nach Bild 3.13, deutlich hervorgeht. Der Betrag der Sprungrotation ist:

$$|\,\text{Rot } \vec{H}\,| \equiv |\,H_{2t} - H_{1t}\,| \qquad (3.5\text{-}5)$$

Die Abkürzung: Rot $\vec{H}$ wird groß geschrieben, um sie von rot $\vec{H}$ deutlich zu unterscheiden. Während rot $\vec{H}$ die Einheit von H pro Länge hat, erkennt man, daß Rot $\vec{H}$ mit der Einheit von H übereinstimmt. Deswegen muß auch die Sprungursache, der Sprungwirbel $\vec{J}$ in A/m^2, übergeführt werden in den Strombelag $\vec{j}_s$ mit der Einheit A/m, also Ampere pro Meter Blechhöhe.

Entsprechend gilt für den neutralen Vektor $\vec{u}$:

$$\boxed{\text{Rot } \vec{u} \equiv \vec{n}_{12} \times (\vec{u}_2 - \vec{u}_1) = \text{Vektor der Sprungwirbelursache}} \qquad (3.5\text{-}6)$$

Gl.(3.5-6) ist allgemein bei flächenhaften Wirbelursachen und daraus resultierenden sprunghaften Queränderungen von elektrischen und magnetischen Feldern anwendbar. Bei einem zusätzlich überlagerten äußeren Feld ist Vorsicht geboten.

<u>Beispiel</u> für die Überlagerung eines äußeren $\vec{H}$-Feldes mit einem durch Sprungwirbel erzeugten $\vec{H}$-Feld. Ohne Stromstärke in der Trennfläche sei links und rechts davon bereits das äußere Magnetfeld vorhanden:

$$\vec{H}_a = H_x \vec{i} + H_z \vec{k} \qquad (3.5\text{-}7)$$

Der Strombelag als flächenhafte Stromdichte sei: $\vec{j}_s = j_s \vec{k}$. Das davon erzeugte Zusatzfeld ist links von der Trennfläche (siehe Bild 3.14):

$$\vec{H}_l = -\vec{j} \; H_y$$

und rechts von der Trennfläche: (3.5-8)

$$\vec{H}_r = +\vec{j} \; H_y$$

Das gesamte magnetische Feld aus (3.5-7) und (3.5-8) ist:

$$\left.\begin{aligned} \vec{H}_{l\,ges} &= H_x \vec{i} - H_y \vec{j} + H_z \vec{k} \\ \vec{H}_{r\,ges} &= H_x \vec{i} + H_y \vec{j} + H_z \vec{k} \end{aligned}\right\} \qquad (3.5\text{-}9)$$

H_x-Komponenten, senkrecht zur Trennfläche, werden bei der Sprungrotation, gemäß Gl.(3.5-4), nicht berücksichtigt, so daß die Tangentialanteile von Gl.(3.5-9) übrigbleiben, $\vec{H}_{lt}$ und $\vec{H}_{rt}$, siehe Gl.(3.5-10):

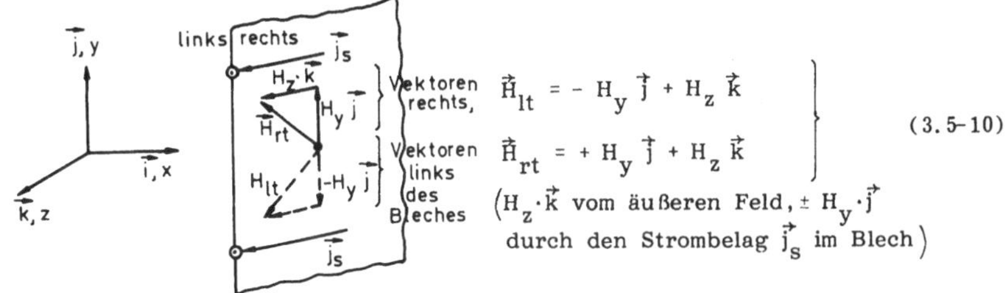

$$\left.\begin{aligned}\vec{H}_{lt} &= -H_y\,\vec{j} + H_z\,\vec{k}\\ \vec{H}_{rt} &= +H_y\,\vec{j} + H_z\,\vec{k}\end{aligned}\right\} \qquad (3.5\text{-}10)$$

($H_z \cdot \vec{k}$ vom äußeren Feld, $\pm H_y \cdot \vec{j}$ durch den Strombelag $\vec{j}_s$ im Blech)

Bild 3.14: Äußeres Magnetfeld $\vec{H}_a$ mit Sprungwirbel in der Trennfläche

Die tangentialen Ergebnisvektoren $\vec{H}_{lt}$ und $\vec{H}_{rt}$, links und rechts des stromführenden Bleches, sind hier nicht mehr antiparallel gerichtet.

3.6 WIRBELFREIHEIT DER QUELLENFELDER UND QUELLENFREIHEIT DER WIRBELFELDER

Wir kennen jetzt den Begriff der Wirbeldichte und können sie auf ein Gradientenfeld $\vec{u} = \pm\,\text{grad}\varphi$ anwenden. φ ist wieder eine skalare Potentialfunktion. Dann gilt:

$$\begin{aligned}\text{rot}\ \vec{u} &= \text{rot}\ (\pm\,\text{grad}\varphi)\\ &= \nabla \times (\pm\,\nabla\varphi) = \pm(\nabla\times\nabla)\,\varphi(x,y,z) \equiv 0 \qquad (3.6\text{-}1)\end{aligned}$$

Das bedeutet: Die Wirbeldichte aller durch Gradientenbildung entstandenen Vektorfelder $\vec{u}$ ist mathematisch notwendig identisch null. Denn das Vektorprodukt $\nabla \times \nabla$ zweier gleicher, wenn auch symbolischer Vektoren Nabla, spannt keine Fläche auf.

Da sowohl die von Ladungen, wie auch die durch Polarisation erzeugten Quellenfelder durch Gradientenbildung darstellbar sind, ist ihre Wirbeldichte null, was durch Gl. (3.6-1) zum Ausdruck kommt. Es ist somit gestattet, Quellenfelder mathematisch durch Gradientenbildung darzustellen, wie dies im Abschnitt 2.3 schon geschehen ist.

Wir wollen jetzt sehen, wie es mit der Quellendichte von Wirbelfeldern bestellt ist. Allein der Ausdruck

$$\text{div}\ \vec{u}, \qquad (3.6\text{-}2)$$

wobei der neutrale Vektor $\vec{u}$ einem Feld von in sich geschlossenen Feldlinien angehört, gibt uns noch keine Hinweise.

Wird jedoch für ein magnetisches Feld der neutrale Vektor $\vec{u}$ durch den Vektor $\vec{B}$ der magnetischen Flußdichte ersetzt, so gilt, da bis heute keine magnetischen Einzelladungen als Quellen oder Senken reproduzierbar isoliert werden konnten:

$$\text{div } \vec{B} = 0 \quad \text{und Div } \vec{B} = 0 \tag{3.6-3}$$

Näheres hierüber erfahren wir im Abschnitt 4.2.2. Ferner werden wir im Abschnitt 5.4 sehen, daß es zur Beschreibung von Wirbelfeldern ein sogenanntes vektorielles Potential gibt. Dieses Vektorpotential $\vec{A}$ wird selbst quellenfrei sein.

An dieser Stelle müssen wir uns beschränken auf die Quellendichte von rot $\vec{u}$. Wir fragen also, ob die Wirbeldichte rot $\vec{u}$ quellenhaltig ist, oder nicht:

$$\begin{aligned} \text{div (rot } \vec{u}) &\equiv \nabla \cdot (\nabla \times \vec{u}) \\ &= (\nabla \times \nabla) \vec{u} \equiv 0 \end{aligned} \tag{3.6-4}$$

Offenbar ist die Wirbeldichte rot $\vec{u}$ eines jeden Vektors $\vec{u}$ mit mathematischer Notwendigkeit stets quellenfrei. Dies ist keine Aussage über die Quellen des Vektors $\vec{u}$ selbst.

Anschauliches Beispiel zur Quellenfreiheit

Bild 3.10 zeigt schematisiert die Feldlinien von Leitungsstromdichte $\vec{J}$ und zugehöriger magnetischer Feldstärke $\vec{H}$. Der Vektor $\vec{H}$ ist rechtswendig zu $\vec{J}$ zugeordnet. Dort, wo $\vec{J} \neq 0$ ist, gilt: rot $\vec{H} = \vec{J}$. Bilden wir von der linken Seite dieser Gleichung die Divergenz, so ist nach Gl.(3.6-4): div(rot $\vec{H}$) = 0. Was aber für die linke Seite einer Gleichung gilt, muß auch für ihre rechte Seite gelten. Daher muß auch sein:

$$\text{div } \vec{J} = 0. \tag{3.6-5}$$

Das heißt, im Gleichstromfall, wo keine Verschiebungsstromdichte vorkommt, sind sowohl die Feldlinien des Vektors $\vec{H}$, wie auch diejenigen des Vektors $\vec{J}$ in sich geschlossen, eben quellenfrei:

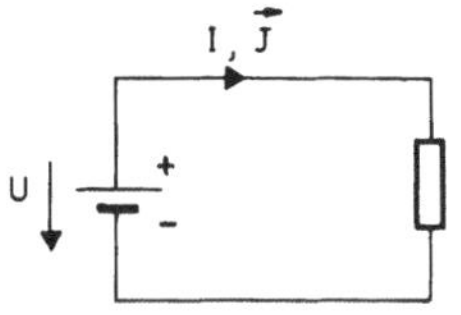

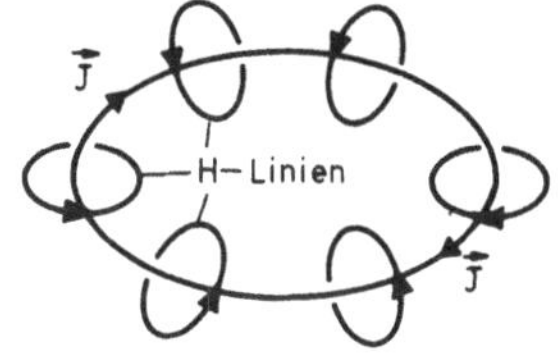

Bild 3.15: Quellenfreiheit der Gleichstromdichte

Praktisch bedeutet die Quellenfreiheit von $\vec{J}$, daß sich die $\vec{J}$-Linien auch durch eine Batterie hindurch quellenfrei fortsetzen. Die in der Batterie vorkommenden elektrochemischen Elementarvorgänge werden von der Maxwelltheorie nicht berücksichtigt.

3.7 WEGUNABHÄNGIGKEIT WIRBELFREIER FELDER

Jedes wirbelfreie Vektorfeld $\vec{u}$ wird beschrieben durch die Differentialgleichung

$$\text{rot}\ \vec{u} = 0. \qquad (3.7\text{-}1)$$

Im Abschnitt 3.4 wurde der Stokes'sche Satz erklärt. Wenden wir ihn hier an, so ist

$$\iint \text{rot}\ \vec{u}\ d\vec{f} = \oint \vec{u}\ d\vec{s} = 0 \qquad (3.7.2)$$

Weil rot $\vec{u}$ = 0 ist, ist das Flächenintegral darüber und deswegen auch das Umlaufintegral längs des geschlossenen Weges $\mathring{s}$ gleich null.

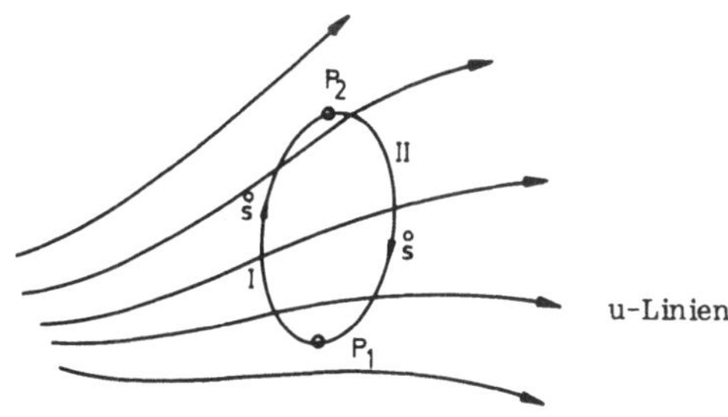

Bild 3.16: Zur Wegunabhängigkeit wirbelfreier Felder

Man kann das Umlaufintegral ausführlicher anschreiben, indem man es durch zwei Linienintegrale ausdrückt:

$$\oint \vec{u}\, d\vec{s} = \int_{1\,(I)}^{2} \vec{u}\, d\vec{s} + \int_{2\,(II)}^{1} \vec{u}\, d\vec{s} = 0 \qquad (3.7\text{-}3)$$

Da die Summe beider Linienintegrale gemäß Voraussetzung gleich null ist, erhält man beim Vertauschen der Integrationsgrenzen des Linienintegrals längs II

$$\begin{aligned} \int_{1\,(I)}^{2} \vec{u}\, d\vec{s} &= -\,(-\int_{1\,(II)}^{2} \vec{u}\, d\vec{s}) \\ &= +\int_{1\,(II)}^{2} \vec{u}\, d\vec{s} \end{aligned} \qquad (3.7\text{-}4)$$

Es ist daher gleichgültig, ob man längs des Weges I,oder längs II,oder längs eines anderen Weges von P1 nach P2 integriert. Der Wert des Linienintegrals $\int_1^2 \vec{u}\cdot d\vec{s}$ hängt allein von den Potentialen in P1 und P2; genauer: von der Potentialdifferenz dieser beiden Punkte ab; vorausgesetzt, für den Raum aller Integrationswege gilt: rot $\vec{u}$ = 0.

4. ROTATION, DIVERGENZ UND DAS DRUMHERUM IN DER STATIK

Die Statik (vom Lateinischen: stare - stehen, stehende sich nicht bewegende Felder) wird beschrieben durch die Grundgleichungen:

$$\frac{\partial}{\partial t} = 0 \;:\; \text{keine zeitlichen Änderungen} \qquad (4.1\text{-}1)$$

$$dW = 0 \;:\; \text{keinerlei Änderung der Energie} \qquad (4.1\text{-}2)$$

$$\text{div}\,\vec{D} = \eta\,;\; \text{Div}\,\vec{D} = \sigma\,;\quad \text{rot}\,\vec{E} = 0;\quad \text{Rot}\,\vec{E} = 0 \qquad (4.1\text{-}3)$$

$$\text{div}\,\vec{B} = 0;\; \text{Div}\,\vec{B} = 0\,;\quad \text{rot}\,\vec{H} = 0;\quad \text{Rot}\,\vec{H} = 0 \qquad (4.1\text{-}4)$$

Ferner gelten die folgenden Materialgleichungen, die so genannt werden, da die Permittivitätszahl (=Dielektrizitätszahl) ε_r und die Permeabilitätszahl μ_r als Eigenschaften der Materie berücksichtigt werden:

$$\vec{D} = \varepsilon \vec{E}; \qquad \varepsilon = \varepsilon_o \varepsilon_r \tag{4.1-5}$$

$$\vec{B} = \mu \vec{H}; \qquad \mu = \mu_o \mu_r \tag{4.1-6}$$

Die Grundgleichungen (4.1-1) und (4.1-2) gelten sowohl für elektrostatische als auch für magnetostatische Felder. Es gibt keine zeitlichen Änderungen und keinen Stromfluß, also auch keine Änderungen der statisch vorhandenen Energie.

Da in der Statik elektrische und magnetische Feldgrößen nicht miteinander verkoppelt sind, enthalten die Grundgleichungen (4.1-3) nur elektrische Größen: σ, η, $\vec{D}$ und $\vec{E}$. Ebenso enthalten die Grundgleichungen (4.1-4) nur magnetische Größen: $\vec{H}$ und $\vec{B}$. Entsprechendes gilt für die Materialgleichungen (4.1-5) und (4.1-6). Deswegen lassen sich elektrostatisches und magnetostatisches Feld getrennt voneinander behandeln.

4.1 ELEKTROSTATIK

4.1.1 EINHEITEN UND DEFINITONEN

Die Einheiten der einzelnen elektrostatischen Größen sind:

$$[\vec{E}] = \frac{V}{m}$$

$$[\vec{D}] = \frac{As}{m^2} \qquad [\varepsilon] = [\varepsilon_o] = \left[\frac{D}{E}\right] = \frac{As}{Vm}$$

$$\left[\operatorname{rot} \vec{E}\right] = \frac{V}{m^2}; \quad \left[\operatorname{Rot} \vec{E}\right] = \left[\vec{E}\right] = \frac{V}{m} \tag{4.1-7}$$

$$\left[\operatorname{div} \vec{D}\right] = \frac{As}{m^3}; \qquad [\eta] = \frac{As}{m^3} \qquad \eta = \text{Raumladungsdichte}$$

$$\left[\operatorname{Div} \vec{D}\right] = \left[\vec{D}\right] = \frac{As}{m^2}; \quad [\sigma] = \frac{As}{m^2} \qquad \sigma = \text{Flächenladungsdichte}$$

Die in der Elektrostatik hinsichtlich der Quellen und Wirbel wichtigen Feldgrößen sind die zeitlich konstanten Größen elektrische Feldstärke $\vec{E}$ und elektrische Flußdichte $\vec{D}$. Beide sind in isotropen Medien durch die Materialgleichung $\vec{D} = \varepsilon\vec{E}$ miteinander verbunden.

$\vec{E}$ ist definiert durch die Kraftwirkung eines elektrischen Feldes auf den Träger einer kleinen positiven Probeladung. Die Probeladung q_+ sollte sehr klein sein, um den äußeren Feldverlauf möglichst wenig zu stören. Ebenso sollte der Träger der Probeladung klein sein, so daß auch inhomogene elektrische Felder damit bestimmt werden könnten:

$$\vec{F} = q_+ \cdot \vec{E} \qquad \text{oder} \qquad \boxed{\vec{E} = \frac{\vec{F}}{q_+}}$$

Die elektrische Flußdichte $\vec{D}$, die mitunter auch Verschiebungsdichte genannt wird, kann leicht am Parallelplattenkondensator definiert werden:

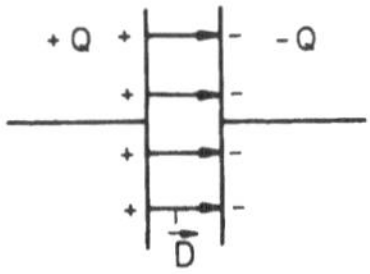

+Q + - -Q

$$\boxed{D = \frac{Q}{f}} \quad \boxed{\vec{D} = \varepsilon\,\vec{E}} \qquad (4.1\text{-}9)$$

f = Fläche einer Platte

Bild 4.1: Elektrische Flußdichte im Plattenkondensator

Der Betrag von $\vec{D}$ stimmt auf den Kondensatorplatten mit deren Flächenladungsdichte σ überein. Da elektrischer Fluß die Einheit As hat, ist $\vec{D}$, mit der Einheit As/m^2, die <u>elektrische Flußdichte</u>.

Den Zusammenhang zwischen elektrischer Feldstärke $\vec{E}$ und elektrischer Flußdichte $\vec{D}$ liefert die Materialgleichung $\vec{D} = \varepsilon_0\varepsilon_r\,\vec{E}$. Die Richtung von $\vec{D}$ stimmt mit der Richtung von $\vec{E}$ überein. Beide Vektoren sind in homogenen, isotropen Medien gleichsinnig parallel gerichtet. Hinsichtlich des elektrischen Feldes bedeutet <u>homogen und isotrop</u>, daß das Medium eine konstante und richtungsunabhängige Dielektrizitätzahl ε_r aufweist. Aus historischen Gründen zeigen $\vec{D}$ und $\vec{E}$ von positiven zu negativen Ladungen hin.

<u>Elektrische Polarisation nichtleitender Dielektrika</u>

Im idealen, nichtleitenden Dielektrikum gibt es keinen Ladungstransport und daher auch keinen Leitungsstrom. Ein äußeres elektrisches Feld, z.B. zwischen den Platten des Kondensators nach Bild 4.1, wirkt aber auf die nichtleitenden Ladungsträger des Dielektrikums. Man hat dabei zwei verschiedene Arten von Dielektrika zu unterscheiden: Zum einen unpolarisierte Materie, zum anderen ursprünglich schon Dipole enthaltende (=polarisierte) Materie. Ohne äußeres $\vec{E}$-Feld sei der nach außen hin wirksame Mittelwert der Elementardipole gleich null.

Durch das von außen angelegte elektrische Feld erfährt sowohl die zunächst unpolarisierte, wie auch die anfänglich schon polarisierte Materie, elastische Verschiebungen ihrer Ladungsschwerpunkte: Das unpolarisierte Dielektrikum wird polarisiert, während das schon polarisierte Dielektrikum eine Ausrichtung seiner anfänglich regellosen Elementardipole erfährt.

Diese Elementarvorgänge werden durch die Maxwelltheorie nur modellhaft durch makroskopische Mittelwerte und ein kontinuierliches Dielektrikum beschrieben.

Gegeben sei nun ein äußeres, elektrostatisches $\vec{D}$-Feld im materiefreien Raum, z.B. zwischen zwei Kondensatorplatten. Dort ist $\vec{E}_o = \vec{D}/\varepsilon_o$. Wird ein homogenes und richtungsunabhängiges Dielektrikum in das von außen eingeprägte $\vec{D}$-Feld eingebracht, so ist im Dielektrikum: $\vec{E} = \vec{D}/\varepsilon_o\varepsilon_r$, also $\vec{E} < \vec{E}_o$. Diese Reduzierung von $\vec{E}_o$ auf $\vec{E}$ kann makroskopisch durch das feldschwächende Polarisationsfeld $\vec{P}/\varepsilon_o$ des Dielektrikums ausgedrückt werden: $\vec{D}/\varepsilon_o - \vec{E} = \vec{P}/\varepsilon_o$ oder

$$\vec{D} = \varepsilon_o \vec{E} + \vec{P}. \qquad (4.1\text{-}9a)$$

Dies ist die meist verwendete Definitionsgleichung für $\vec{P}$. $\vec{P}$ ist die elektrische Polarisation als makroskopischer Mittelwert der von der Volumeneinheit bestimmten, mikroskopisch ausgerichteten Elementardipole. $\vec{E}$ ist die resultierende Feldstärke im Dielektrikum.

Da $\vec{P}$ nicht direkt meßbar ist, werden Quellen von $\vec{E}$ und Wirbel von $\vec{D}$, soweit sie durch Polarisation entstehen, aus den Feldgrößen und den meßbaren Dielektrizitätszahlen berechnet (siehe Beispiele).

4.1.2 WIRBELFREIHEIT DER ELEKTRISCHEN FELDSTÄRKE

Für den elektrischen Feldvektor $\vec{E}$ gilt nach Gl.(4.1-3) unter anderem:

$$\text{rot}\,\vec{E} = 0 \qquad \text{Rot}\,\vec{E} = 0 \qquad (4.1\text{-}10)$$

Es gibt keine Wirbelursachen rechts des Gleichheitszeichens. Die Wirbeldichte oder Rotation ist deswegen null. Es gibt folglich in der Elektrostatik auch keine in sich geschlossenen elektrischen Feldlinien. Denn der Stokes'sche Satz, angewandt auf rot $\vec{E}$=0, liefert die Zirkulation, die hier nichts anderes ist, als die elektrische Umlaufspannung:

$$\iint \text{rot}\ \vec{E}\ d\vec{f} = \oint \vec{E}\ d\vec{s} = 0 \quad \text{also} \quad Z = \mathring{U} = 0 \tag{4.1-11}$$

Das elektrostatische $\vec{E}$-Feld ist also nie ein Wirbelfeld.

Die Sprungrotation, Rot $\vec{E} = 0$, sagt weiter aus, daß die Tangentialkomponente E_t des elektrischen Feldvektors $\vec{E}$ an Trennflächen nicht springt, sondern stetig von der einen zur anderen Seite übergeht; denn es ist ja (siehe Abschnitt 3.5):

$$\begin{aligned} &\text{Rot}\ \vec{E} = \vec{n}_{12} \times (\vec{E}_2 - \vec{E}_1) \\ &\text{aus Rot}\ \vec{E} = 0 \ \text{folgt:}\ E_{2t} = E_{1t} \end{aligned} \tag{4.1-12}$$

Deswegen ist an Trennflächen von Dielektrika stets $E_{1t} = E_{2t}$. Daraus aber folgt für die Tangentialkomponenten von $\vec{D}$ an Grenzflächen mit $\varepsilon_{r1} \neq \varepsilon_{r2}$, daß $D_{1t} \neq D_{2t}$, also Rot $\vec{D} \neq 0$ ist: Es existieren Wirbel von $\vec{D}$. Diese folgen auch aus der Definitionsgleichung (4.1-9a) der Polarisation; denn wegen rot $\vec{E} = 0$ ist mit $\vec{E} = (\vec{D}-\vec{P})/\varepsilon_o$:

$$\text{rot}\ \vec{D} = \text{rot}\ \vec{P} \qquad \text{und} \qquad \text{Rot}\ \vec{D} = \text{Rot}\ \vec{P}. \tag{4.1-12a}$$

Man erkennt, daß nicht die Polarisation selbst, sondern ihre Wirbeldichte bzw. ihr Sprungwirbel Wirbel- oder Querursache eines dadurch veränderten $\vec{D}$-Feldes ist.

4.1.3 QUELLEN DER ELEKTROSTATIK

Die einfachste Quelle eines elektrostatischen Feldes ist eine elektrische Punktladung. Sie ist realisierbar durch ein oder mehrere Elektronen mit der Elementarladung $e = 1{,}602 \cdot 10^{-19}$ As:

$$Q = -\ n \cdot e, \qquad n \ \text{ganzzahlig} \tag{4.1-13}$$

oder auch durch ein oder mehrere Atome, die positiv oder negativ geladen sind, weil ihnen Elektronen entzogen oder zusätzliche Elektronen aufgebürdet wurden. Überwiegt die positive Ladung, so gilt an Stelle von (4.1-13):

$$Q = +\ n \cdot e, \qquad n \ \text{ganzzahlig.} \tag{4.1-14}$$

Auch wenn die geladenen Atome oder die Elektronen oder deren Träger, mikroskopisch betrachtet, eine endliche Ausdehnung haben, so kann die Anordnung bei makroskopischer Betrachtung mittels der Maxwelltheorie dennoch als Punktladung gelten. Voraussetzung dafür ist allerdings, daß die Ladungsträger möglichst kugelförmig und die Abstände zu anderen Körpern sehr groß sind im Vergleich zum Durchmesser des Ladungsträgers.

Schließen elektrische Ladungen derart räumlich aneinander an, daß sie bei makroskopischer Betrachtung als endlich ausgedehntes Kontinuum gelten können, obwohl sie mikroskopisch durch eine Fülle diskreter Elementarladungen realisiert werden, so hat man zwischen räumlicher und flächenhafter Ladungsverteilung zu unterscheiden. Nach Gl. (4.1-3) ist

$$\operatorname{div} \vec{D} = \eta \qquad \text{und} \qquad \operatorname{Div} \vec{D} = \sigma \tag{4.1-15}$$

Die volumenspezifische Ladung oder <u>Raumladungsdichte</u> $\eta = \Delta Q/\Delta v$ für $\Delta v \to 0$ ist Quellendichte oder Divergenz (= Ergiebigkeit pro Volumenelement) der elektrischen Flußdichte $\vec{D}$. Die flächenspezifische Ladung oder <u>Flächenladungsdichte</u> $\sigma = \Delta Q/\Delta f$ für $\Delta f \to 0$ ist Sprungquellendichte oder Sprungdivergenz der elektrischen Flußdichte $\vec{D}$.

Wir wollen die drei Gleichungen (4.1-13) bis (4.1-15) noch näher beleuchten: Dort wo Punktladungen oder Raumladungsdichten $\eta(x,y,z)$ oder Flächenladungsdichten $\sigma(x,y,z)$ vorkommen, entspringt oder endet ein Quellenfeld oder Teile davon. Da η die Einheit von Ladung pro Volumen hat, erhält man durch Integration über ein endliches Volumen, welches räumliche Ladungsdichten einschließt, eine ergänzende, zusammenfassende oder integrale Aussage über die Summe der eingeschlossenen Ladungen:

$$\boxed{\iiint \operatorname{div} \vec{D}\, dv = \iiint \eta\, dv = \sum_{v} Q} \tag{4.1-16}$$

Das Ergebnis dieser Integration ist die im Volumen v eingeschlossene positive oder negative Überschuß- oder Differenzladung $\sum_{v} Q$. Sie wirkt aus v heraus nach außen hin als Quelle oder Senke. Wendet man auf (4.1-16) den Gaußschen Satz an, so erhält man das Hüllenintegral und wieder die Ergiebigkeit:

$$\oint\!\!\!\oint_{f_H} \vec{D}\, d\vec{f} = \sum Q$$ Elektrischer Hüllenfluß (4.1-17)

Dieser elektrische Hüllenfluß liefert als Flächenintegral über die geschlossene Hüllfläche f_H oft einfacher als ein Dreifachintegral die im Volumen v eingeschlossenen Quellen. Gl.(4.1-17) wird auch "Satz vom elektrischen Hüllenfluß" genannt.

Wir betrachten noch die Sprungdivergenz nach Gl.(4.1-3):

$$\mathrm{Div}\,\vec{D} = \sigma(x,y,z) \tag{4.1-18}$$

Die Sprungdivergenz ist im Abschnitt 2.2.4 grundsätzlich erklärt. Sie lautet als Rechenvorschrift:

$$\mathrm{Div}\,\vec{D} = D_{2n} - D_{1n}, \quad \text{daher ist} \tag{4.1-19}$$

$$D_{2n} - D_{1n} = \sigma(x,y,z) \tag{4.1-20}$$

An Trennflächen mit Ladungsdichten σ springt die Normalkomponente der elektrischen Flußdichte $\vec{D}$ um den Wert σ. Da σ die Einheit von Ladung pro Fläche hat, ergibt das Integral über diejenige Fläche, auf der σ vorkommt, die darauf vorhandene Ladung Q:

$$\iint \sigma \, df = Q \tag{4.1-21}$$

Trenn- oder Grenzflächen ohne Ladungen als Quellen für $\vec{E}$

Ist eine Trennfläche durch das Aneinanderstoßen zweier Medien mit verschiedenen Dielektrizitätszahlen ε_r gekennzeichnet, und sind keine Ladungen in dieser Trennfläche vorhanden, so ist die Sprungdivergenz gleich null:

$$\mathrm{Div}\,\vec{D} = 0 \qquad \text{oder} \qquad D_{2n} = D_{1n} \tag{4.1-22}$$

Die Folge ist ein Sprung der Normalkomponente des elektrischen Feldvektors: $E_{2n} \neq E_{1n}$; denn wegen Gl.(4.1-22) ist:

$$\varepsilon_{r2} E_{2n} = \varepsilon_{r1} E_{1n} \tag{4.1-23}$$

also $$\mathrm{Div}\,\vec{E} = E_{2n} - E_{1n} = E_{2n}\left(1 - \frac{\varepsilon_{r2}}{\varepsilon_{r1}}\right) \tag{4.1-24}$$

Besteht ein Dielektrikum aus einer dünnen Scheibe, so können, aus gößerer Entfernung gesehen, deren Stirnflächen als elektrische Doppelschicht betrachtet werden.

Denn wegen der elastischen Verschiebung von Ladungsträgern, oder wegen der Ausrichtung von Dipolen durch das äußere Feld, werden an der einen Stirnfläche mehr positive, an der anderen Stirnfläche mehr negative Ladungen "in den Vordergrund" gerückt.

Ohne freie Ladungen im Dielektrikum, Div $\vec{D} = 0$, ist die Sprungquelle an einer Stirnfläche, ausgedrückt durch die Polarisation nach Gl.(4.1-9a):

$$\mathrm{Div}(\varepsilon_o \vec{E}) = -\mathrm{Div}\,\vec{P} \qquad \text{bzw.} \qquad \varepsilon_o\,\mathrm{Div}\,\vec{E} = -\mathrm{Div}\,\vec{P}. \tag{4.1-25}$$

Also nicht die Polarisation selbst, sondern ihre negative Sprungänderung ist an Stirnflächen von Dielektrika Quelle von $\varepsilon_o\vec{E}$ bzw. von $\vec{E}$.

Trennflächen mit aufgebrachten Ladungen als Quellen

Natürlich springt im allgemeinen die Normalkomponente von $\vec{E}$ an einer Trennfläche zwischen gleichartigen Medien $\varepsilon_{r1} = \varepsilon_{r2}$ schon dann, wenn elektrische Ladungen, mit der Ladungsdichte σ, auf der Trennfläche vorkommen.

Beispiel:

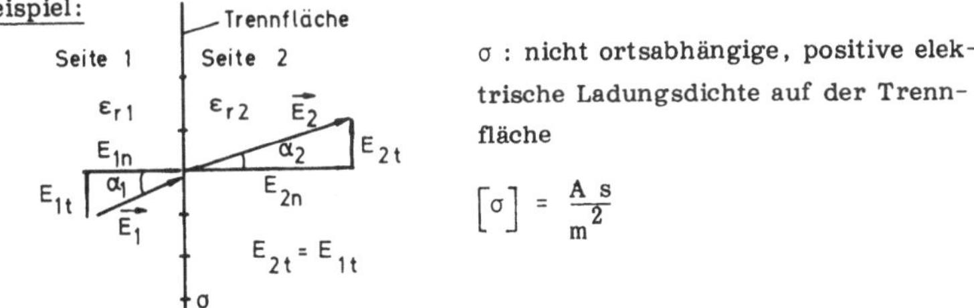

σ : nicht ortsabhängige, positive elektrische Ladungsdichte auf der Trennfläche

$$[\sigma] = \frac{\mathrm{A\,s}}{\mathrm{m}^2}$$

Bild 4.3: Trennfläche zwischen verschiedenen Medien mit Flächenladungsdichte σ

Die Trennfläche sei eine Ebene. Links, auf der Seite 1, möge ein homogenes elektrisches Feld $\vec{E}_1$ ankommen. Auf der Seite 2 geht $\vec{E}_2$ ab. Dafür gilt:

$$\mathrm{Div}\,\vec{D} = \sigma; \qquad \sigma = \mathrm{const} \tag{4.1-27}$$

$$\sigma = D_{2n} - D_{1n}$$

$$D_{2n} = \sigma + D_{1n} \tag{4.1-28}$$

$$E_{2n}\,\varepsilon_o\varepsilon_{r2} = \sigma + E_{1n}\,\varepsilon_o\varepsilon_{r1}$$

$$E_{2n} = \frac{\sigma}{\varepsilon_o\varepsilon_{r2}} + E_{1n}\frac{\varepsilon_{r1}}{\varepsilon_{r2}} \tag{4.1-29}$$

Im allgemeinen wird hier $E_{2n} \neq E_{1n}$ und damit auch Div $\vec{E} \neq 0$ sein.

Brechungsgesetz für elektrische Feldlinien an Grenzflächen

Gemäß Bild 4.3 und mit Gl.(4.1-29) lautet das Brechungsgesetz für $\vec{E}$:

$$\frac{\tan \alpha_1}{\tan \alpha_2} = \frac{E_{1t}}{E_{1n}} \cdot \left(\frac{\sigma}{\varepsilon_o \varepsilon_{r2} E_{2t}} + \frac{E_{1n}}{E_{2t}} \cdot \frac{\varepsilon_{r1}}{\varepsilon_{r2}}\right) \qquad \text{mit } E_{1t} = E_{2t}:$$

$$\boxed{\frac{\tan \alpha_1}{\tan \alpha_2} = \frac{\sigma}{\varepsilon_o \varepsilon_{r2} E_{1n}} + \frac{\varepsilon_{r1}}{\varepsilon_{r2}}} \qquad (4.1\text{-}30)$$

Ohne Flächenladungsdichte ($\sigma = 0$) verschwindet der Quotient mit σ, so daß das einfache Brechungsgesetz für elektrische Feldvektoren übrigbleibt:

$$\boxed{\frac{\tan \alpha_1}{\tan \alpha_2} = \frac{\varepsilon_{r1}}{\varepsilon_{r2}}} \qquad (4.1\text{-}31)$$

Quellen für $\vec{E}$ im inhomogenen Dielektrikum

Nach der Definitionsgleichung (4.1-9a) für die elektrische Polarisation ist

$$\varepsilon_o \operatorname{div} \vec{E} = \operatorname{div} \vec{D} - \operatorname{div} \vec{P} \qquad (4.1\text{-}32)$$

Es müssen also entweder Raumladungsdichten oder ein inhomogen polarisiertes Dielektrikum oder beides als Quellen für $\vec{E}$ vorliegen. Ohne Raumladungsdichten ist der Innenraum eines homogen polarisierten Dielektrikums quellenfrei.
Praktischer Rechengang dazu:

$\varepsilon = \varepsilon_o \varepsilon_r$ sei durch $\varepsilon_r(x,y,z)$ eine stetige Funktion des Ortes. Dann ist mit der elektrischen Flußdichte $\vec{D} = \varepsilon \vec{E}$:

$$\operatorname{div} \vec{D} = \vec{E} \operatorname{grad} \varepsilon + \varepsilon \operatorname{div} \vec{E}$$

mit $\operatorname{div} \vec{D} = \eta$ wird weiter:

$$\operatorname{div} \vec{E} = \frac{1}{\varepsilon} (\eta - \vec{E} \operatorname{grad} \varepsilon) \qquad (4.1\text{-}33)$$

4.1.4 SPANNUNG UND POTENTIAL IN DER ELEKTROSTATIK

Eine elektrische Spannung ist stets nur zwischen zwei Punkten (Körpern) meßbar: $U = U_{12}$. Sie kann ausgedrückt werden durch das Linienintegral über die elektrische Feldstärke:

$$U_{12} = \int_1^2 \vec{E}\, d\vec{s} \qquad (4.1\text{-}34)$$

Elektrische Spannung nimmt demnach zu in jener Richtung, in der die elektrische Feldstärke zunimmt. Senkrecht zur Richtung der elektrischen Feldlinien ist die Spannungsänderung gleich null (Innenprodukt: $\vec{E}\cdot d\vec{s}$); solche Linien oder Flächen von konstantem elektrischem Potential bezeichnet man als Äquipotentiallinien oder Äquipotentialflächen. Da innerhalb der Äquipotentialflächen keine Feldstärke- und keine Potentialänderung erfolgt, ist die elektrostatische Spannung zwischen zwei Raumpunkten allein von deren Potentialunterschied abhängig. Das absolute Potential φ eines Raumpunktes ist immer unbekannt. Man kann jedoch willkürlich ein Bezugspotential, genauer: einen Bezugspunkt wählen und ihm ein Bezugspotential zuschreiben.

In der Meßtechnik verwendet man häufig die Wasserleitung, einen Tiefenerder oder die Metallarmierung eines großen Gebäudes als Bezugspunkt und definiert diesen Bezugspunkt (Bezugskörper mit Äquipotentialfläche) als Nullpotential. Wasserleitung, Heizungsrohre oder dergleichen werden deswegen bevorzugt, weil ihr Potential durch ihre große körperliche Ausdehnung weitgehend konstant bleibt; dies gilt auch für Experimente mit größeren Stromstärken, die aber nicht hierher, in die Elektrostatik, gehören.

Die Potentiale verschiedener Raumpunkte sind beim gleichen Experiment auf den gleichen Bezugspunkt P_B (allgemeiner: auf das gleiche Potentialniveau) zu beziehen. Hier wird die enge Verwandtschaft zwischen den Größen Spannung und Potential deutlich. Spannung ist in der Elektrostatik stets gleich Potentialdifferenz. (Wegen der Vorzeichen siehe Bemerkung im Anschluß an Gl.(4.1-39)):

$$U_{12} = \varphi_1 - \varphi_2 \qquad (4.1\text{-}35)$$

Wird $\varphi_2 = \varphi_B$ als Bezugspotential konstant gehalten, z.B. durch gleichbleibenden Bezugspunkt, dann ist die Spannung U_{12} proportional dem Potential φ_1. Oder: Das elektrische Potential eines Raumpunktes im elektrostatischen Feld ist gleich der elektrischen Spannung zwischen dem Raumpunkt und einem beliebigen Bezugspunkt. Das heißt, auch dann, wenn das Bezugspotential φ_B kein Nullpotential ist (was man ja nie weiß), werden die Potentiale z.B. der Punkte P_1, P_2, P_3, P_4,.... relativ zueinander richtig angegeben. Und die elektrische Spannung zwischen P_1 und P_2, ausgedrückt durch Bezugspfeile (nicht durch Vektoren; denn U ist ein Skalar), ist:

$$U_{12} = U_{1B} - U_{2B} \qquad (4.1\text{-}36)$$

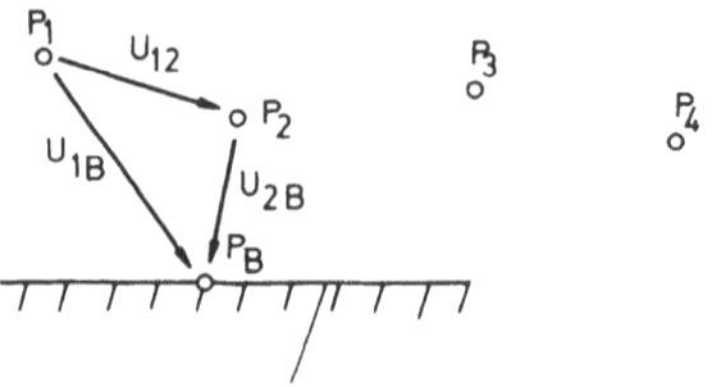

Bild 4.4: Spannung als Potentialdifferenz

Drückt man U_{1B} und U_{2B} durch Potentiale aus, so folgt:

$$U_{1B} = \varphi_1 - \varphi_B$$

$$U_{2B} = \varphi_2 - \varphi_B \tag{4.1-37}$$

und die gesuchte Spannung U_{12} ist, wie erwartet:

$$U_{12} = (\varphi_1 - \varphi_B) - (\varphi_2 - \varphi_B)$$

$$= \varphi_1 - \varphi_2 \tag{4.1-38}$$

Der Absolutwert eines Potentials ist für die Differenz zweier Potentiale zur Spannungsbildung ohne Bedeutung.

Die Potentialunterschiede im Raum, verursacht durch ein inhomogenes elektrostatisches Feld, seien in Bild 4.5 veranschaulicht.

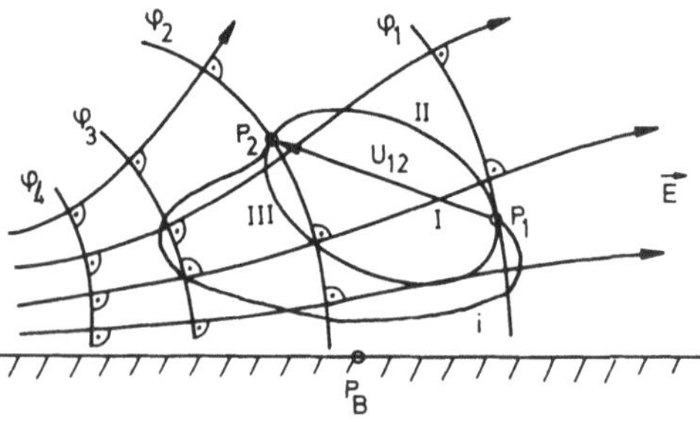

Bild 4.5: Elektrische Spannung im wirbelfreien elektrostatischen Feld mit Äquipotentiallinien φ_1, φ_2, φ_3, φ_4 und Feldlinien E

Wegen der Wirbelfreiheit des elektrostatischen Feldes ist die elektrische Spannung U_{12} wegunabhängig (siehe Abschnitt 3.7). Daher gilt über verschiedene Wege I, II, III, oder i, nach Bild 4.5:

$$U_{12} = \int_{1\,(I)}^{2} \vec{E}\, d\vec{s} = \int_{1\,(II)}^{2} \vec{E}\, d\vec{s} = \int_{1\,(III)}^{2} \vec{E}\, d\vec{s} = \int_{1\,(i)}^{2} \vec{E}\, d\vec{s} \qquad (4.1\text{-}39)$$

$$\boxed{\begin{aligned} U_{12} &= -\int_{1}^{2} \operatorname{grad}\varphi\, d\vec{s} \\ &= -(\varphi_2 - \varphi_1) \\ &= \varphi_1 - \varphi_2 \end{aligned}}$$

Die Spannung U_{12} ist Potential an der Stelle 1 minus Potential an der Stelle 2, und nicht umgekehrt, weil die elektrische Feldstärke vom höheren zum geringeren Potential hin positiv definiert ist: $\vec{E} = -\operatorname{grad}\varphi$.

Der Feldvektor $\vec{E}$ steht stets senkrecht auf Äquipotentiallinien und Äquipotentialflächen ($\varphi = \text{const}$). Wäre das nicht der Fall, dann hätte die Projektion von $\vec{E}$ innerhalb der Äquipotentialflächen oder -Linien einen endlichen Wert; es gäbe dort ein Potentialgefälle. Das wäre ein Widerspruch zum Begriff des Äquipotentials und hätte in metallischen Äquipotentialflächen einen Stromfluß zur Folge. Dies aber wäre ein Widerspruch zur Elektrostatik.

Arbeit des elektrostatischen Feldes

Wird eine positive elektrische Ladung q_+ durch eine auf sie einwirkende elektrostatische Feldstärke (in und nicht gegen die Richtung von) $\vec{E}$ räumlich verschoben, so wird dem gemeinsamen elektrischen Feld durch die aufgewendete Arbeit W_{e12} Energie entzogen: $W_{e2} = W_{e1} - W_{e12}$, wobei gilt:

$$dW_e = q_+(\vec{E}\, d\vec{s}); \qquad W_{e12} = q_+ \int_1^2 \vec{E}\, d\vec{s} \qquad (4.1\text{-}40)$$

Wird die Ladung q_+ jedoch durch äußere Kräfte gegen die Richtung von $\vec{E}$ bewegt, so ist das Innenprodukt $\vec{E}\cdot d\vec{s}$ und damit die Arbeit dW_e, W_{e12} negativ: Dem elektrischen Feld wird Energie zugeführt, so daß das resultierende Feld energiereicher wird (Beispiel hierzu: Ladungstransport von P_1 nach P_2 nach Bild 4.5). Da aber das Linienintegral über $\vec{E}\cdot d\vec{s}$ in der Elektrostatik wegunabhängig ist, kann es durch die Potentialdifferenz $\varphi_2 - \varphi_1$ ersetzt werden. Statt Gl.(4.1-40) kann man schreiben: $W_{e12} = q_+ \cdot U_{12} = q_+ (\varphi_1 - \varphi_2)$.

4.1.5 LAPLACESCHE UND POISSONSCHE DIFFERENTIALGLEICHUNGEN

Wegen der Wirbelfreiheit des elektrostatischen Feldes, rot $\vec{E} = 0$, ist die elektrische Feldstärke $\vec{E}$ mathematisch darstellbar als Gradient eines Skalarpotentials $\varphi(x,y,z)$ (siehe Abschnitt 3.6).

$$\vec{E} = -\operatorname{grad}\varphi \qquad \text{denn es ist} \tag{4.1-41}$$

$$\begin{aligned} \operatorname{rot}\vec{E} &= \operatorname{rot}(-\operatorname{grad}\varphi) \\ &= \nabla \times (-\nabla\varphi) \\ &= (\nabla \times \nabla)\cdot(-\varphi) \equiv 0 \end{aligned} \tag{4.1-42}$$

Die Wirbeldichte ist, wie es sein muß, gleich null. Wir bilden jetzt die Quellendichte dieses Gradientenfeldes:

$$\operatorname{div}(\underbrace{-\operatorname{grad}\varphi}_{\vec{E}}) \equiv \nabla\cdot(-\nabla\varphi) = -\nabla^2\varphi = -\Delta\varphi \tag{4.1-43}$$

Δ ist der <u>Laplacesche Operator</u>. Nur in rechtwinkligen Koordinaten gilt:

$$\Delta = \nabla^2 = \frac{\partial^2}{\partial x^2} + \frac{\partial^2}{\partial y^2} + \frac{\partial^2}{\partial z^2} \tag{4.1-44}$$

Wir betrachten solche elektrischen Felder, die durch vorhandene Raumladungen (z.B. um die Kathode einer Kathodenstrahlröhre herum) mit der Raumladungsdichte $\eta(x,y,z)$ entstehen. Dann gilt für die elektrische Flußdichte $\vec{D}$ die uns bekannte Beziehung

$$\operatorname{div}\vec{D} = \eta. \tag{4.1-45}$$

Für Medien (Dielektrika) mit örtlich konstantem Wert ε kann man wegen $\vec{D} = \varepsilon\vec{E}$ schreiben:

$$\operatorname{div}\vec{D} = \varepsilon \operatorname{div}\vec{E} \tag{4.1-46}$$

Hieraus und aus den Gln. (4.1-43) und (4.1-45) folgt:

$$\varepsilon\cdot(-\Delta\varphi) = \eta$$

oder:

$$\boxed{\Delta\varphi = \frac{-\eta}{\varepsilon}} \tag{4.1-47}$$

Dies ist die Poissonsche Differentialgleichung.

Ausführlich, in rechtwinkligen Koordinaten, lautet sie:

$$\frac{\partial^2\varphi}{\partial x^2} + \frac{\partial^2\varphi}{\partial y^2} + \frac{\partial^2\varphi}{\partial z^2} = \frac{-\eta(x,y,z)}{\varepsilon} \qquad (4.1\text{-}48)$$

Für Zylinder- und Kugelkoordinaten oder andere krummlinige Koordinaten sieht diese Differentialgleichung formal anders aus (s. Anhang). Liegen keine Raumladungen vor, so ist $\eta = 0$ und diese Poissonsche Differentialgleichung vereinfacht sich zur Laplaceschen Differentialgleichung:

$$\Delta\varphi = 0 \qquad (4.1\text{-}49)$$

Daß auch ohne Raumladungen ($\eta = 0$) ein elektrostatisches Feld existieren kann, wird verständlich, wenn man an Ladungen, z.B. auf metallischen Körpern, denkt. Sie wirken als Quellen und Senken. Der übrige Verlauf des Feldes kann ladungs- und daher quellenfrei sein. Für solche Felder gilt die Laplacesche Differentialgleichung.

Beispiel zur Laplaceschen Differentialgleichung

Gegeben sei eine elektrische Ladung + Q auf einer Metallkugel vom Radius r_o. Durch Integration der Laplaceschen Differentialgleichung soll das elektrische Potential φ für Radien $r \geq r_o$ in homogenem Dielektrikum berechnet werden.

Lösung: Aus der Formelsammlung entnehmen wir den hier naheliegend anzuwendenden Laplaceschen Differentialoperator in Kugelkoordinaten. Er berücksichtigt die Kugelgeometrie und beschreibt die Ortsabhängigkeiten des elektrischen Potentials $\varphi(r,\vartheta,\alpha)$:

$$\Delta\varphi = \frac{1}{r^2}\,\frac{\partial}{\partial r}\left(r^2\,\frac{\partial\varphi}{\partial r}\right) + \frac{1}{r^2\sin\vartheta}\cdot\frac{\partial}{\partial\vartheta}\left(\sin\vartheta\,\frac{\partial\varphi}{\partial\vartheta}\right) + \frac{1}{r^2\,\sin^2\vartheta}\cdot\frac{\partial^2\varphi}{\partial\alpha^2} \qquad (4.1\text{-}50)$$

Differentialausdrücke nach den Winkeln α oder ϑ sind null, da kein Winkel α oder ϑ bevorzugt ist (Symmetrie). Übrig bleibt die Radiusabhängigkeit:

$$\Delta\varphi = \frac{1}{r^2}\,\frac{\partial}{\partial r}\left(r^2\,\frac{\partial\varphi}{\partial r}\right) \qquad (4.1\text{-}51)$$

Da Ladungen als Quellen des elektrischen Feldes nur auf der Kugel selbst vorkommen, ist der Raum $r > r_o$ frei von Ladungen. Dort gilt: $\Delta\varphi = 0$, also bleibt von Gl.(4.1-50) übrig:

$$\frac{1}{r^2}\,\frac{\partial}{\partial r}\left(r^2\,\frac{\partial\varphi}{\partial r}\right) = 0 \text{ und } \frac{\partial}{\partial r}\left(r^2\,\frac{\partial\varphi}{\partial r}\right) = 0\cdot r^2 = 0 \tag{4.1-52}$$

Daraus folgt durch erste Integration:

$$r^2\,\frac{\partial\varphi}{\partial r} = c_1 \quad \text{und} \quad \frac{\partial\varphi}{\partial r} = \frac{c_1}{r^2} \tag{4.1-53}$$

und weiter als Ergebnis der zweiten Integration:

$$\varphi = \int \frac{c_1}{r^2}\,dr = \frac{-\,c_1}{r} + c_2 \tag{4.1-54}$$

Nun müßten noch die Integrationskonstanten c_1 und c_2 bestimmt werden. Aber die ganze Rechnung geht bei diesem Beispiel einfacher mit dem Satz vom elektrischen Hüllenfluß. Die naheliegende Laplacesche Differentialgleichung wurde nur verwendet, um ihre Anwendung daran zu demonstrieren.

$$Q = \oiint \vec{D}\,d\vec{f} \tag{4.1-55}$$

$\vec{D}$ und $\vec{E}$ sind wegen der positiven Kugelladung radial nach außen gerichtet, und zwar winkelunabhängig, solange keine störenden Körper oder Ladungen in der Nachbarschaft vorkommen:

$$\underline{r > r_o}: \quad \vec{D}(r) = \varepsilon\vec{E}(r) = \frac{Q}{4\pi r^2}\,\vec{e}_r \tag{4.1-56}$$

Hieraus läßt sich das Potential leicht berechnen; denn in Kugelkoordinaten lautet der die elektrische Feldstärke bestimmende Gradientenvektor:

$$\vec{E} = -\frac{\partial\varphi}{\partial r}\,\vec{e}_r - \frac{1}{r}\cdot\frac{\partial\varphi}{\partial\vartheta}\,\vec{e}_\vartheta - \frac{1}{r\sin\vartheta}\cdot\frac{\partial\varphi}{\partial\alpha}\,\vec{e}_\alpha \tag{4.1-57}$$

Wegen der Winkelunabhängigkeit ist nur die Radialkomponente ungleich null; daher gilt:

$$\begin{aligned}\varphi &= -\int \vec{E}(r)\,d\vec{r} \qquad \text{mit } \vec{E} \upuparrows d\vec{r}\\ &= -\frac{Q}{4\pi\varepsilon}\int\frac{dr}{r^2}\\ &= \frac{+Q}{4\pi\varepsilon r} + c_2\end{aligned} \tag{4.1-58}$$

Der Vergleich dieses Ergebnisses mit Gl. (4.1-54) liefert die Integrationskonstante c_1:

$$c_1 = \frac{-Q}{4\pi\varepsilon} \tag{4.1-59}$$

Das absolute Potential ist nie exakt bestimmbar, daher ist auch c_2 von Gl. (4.1-54) oder (4.1-58) nicht absolut angebbar. Wenn man aber das Potential eines bestimmten Ortes als Bezugspotential wählt, kann c_2 definiert werden. Beispiel: Für $r = \infty$ sei $\varphi = 0$. Daraus folgt $c_2 = 0$.

4.1.6 LÖSUNG DER POISSONSCHEN DIFFERENTIALGLEICHUNG

Eine punktförmige elektrische Ladung +q erzeugt ein Quellenfeld, das radialsymmetrisch (winkelunabhängig) nach außen zeigt. Dabei ist die elektrische Flußdichte im Abstand r von der Punktladung exakt gleich der dort scheinbar wirkenden Ladungsdichte:

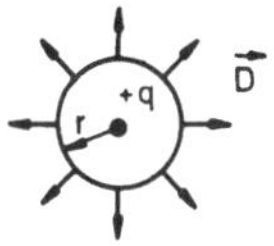

+q
r
$\vec{D}$

$$\vec{D} = \frac{+q}{4\pi r^2}\,\vec{e}_r \tag{4.1-60}$$

Wir setzen voraus, es sei im ganzen umgebenden Raum $\varepsilon = \varepsilon_o\varepsilon_r$ konstant und unabhängig von $\vec{E}$. Dann ist die elektrische Feldstärke

$$\vec{E} = \frac{+q}{4\pi\varepsilon r^2}\,\vec{e}_r \tag{4.1-61}$$

Wegen der Winkelunabhängigkeit des $\vec{E}$-Feldes reduziert sich der Gradient in Kugelkoordinaten, Gl.(4.1-57), auf:

$$\vec{E} = -\frac{\partial\varphi}{\partial r}\,\vec{e}_r \tag{4.1-62}$$

Und umgekehrt erhalten wir das Potential φ, wobei wir zulässigerweise den Bezugspunkt ins Unendliche legen ($r = \infty$: $\varphi = 0$):

$$\varphi = -\int_{\infty}^{r} \vec{E}(r)\, d\vec{r} \tag{4.1-63}$$

$$\vec{E} \uparrow\uparrow d\vec{r}:\quad \varphi = \frac{-q}{4\pi\varepsilon}\int_{\infty}^{r}\frac{dr}{r^2} = \frac{+q}{4\pi\varepsilon r} \tag{4.1-64}$$

Weil die Poissonsche Differentialgleichung eine lineare Differentialgleichung ist, überlagern sich die von mehreren Punktladungen im Testpunkt P(x,y,z) erzeugten Potentiale linear:

$$\varphi = \frac{1}{4\pi\varepsilon} \sum_{i=1}^{n} \frac{q_i}{r_i} \qquad (4.1\text{-}65)$$

r_i sind die Radien von der jeweiligen Punktladung zum Meßpunkt. Sind aber keine einzelnen, also diskreten Ladungen, sondern eine stetig im Raum verteilte Ladungsdichte $\eta(\xi, g, \psi)$ vorhanden, so kann man das elektrische Skalarpotential als Summe aller stetig einander dicht benachbarten kleinen Teilladungen $\Delta Q = \eta_i \cdot \Delta v_i$ mit den zugehörigen Abständen r_i zum Meß- oder Test-Punkt $P(x,y,z)$ berechnen zu:

$$\varphi = \frac{1}{4\pi\varepsilon} \sum_{i=1}^{n} \frac{\eta_i \cdot \Delta v_i}{r_i} \qquad (4.1\text{-}66)$$

Δv_i ist das i-te Volumenelement mit der Raumladungsdichte η_i.

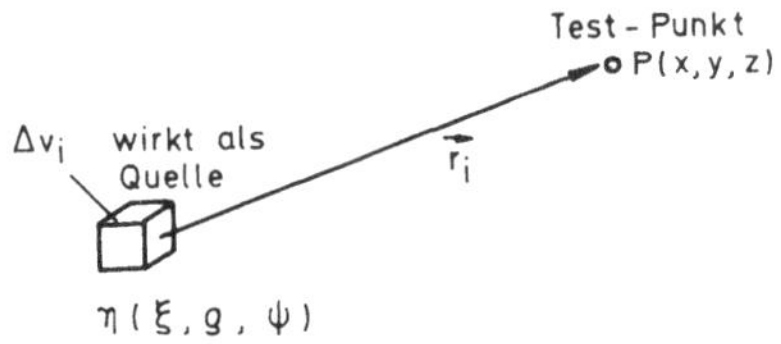

Bild 4.6: Volumenelement mit Raumladungsdichte η und Test-Punkt P

$$r_i = \sqrt{(x-\xi)^2 + (y-g)^2 + (z-\psi)^2} = |\vec{r}_i| \qquad (4.1\text{-}67)$$

r_i : Abstand von Δv_i zum Test-Punkt P

Der Zeitaufwand zur Berechnung von φ mittels einer derartigen Summe, wie sie in Gl. (4.1-66) angegeben ist, wäre zu groß. Es ist einfacher, in Gedanken die Volumenteile Δv_i kleiner und kleiner zu machen bis hin zu dv, und dann obige Summe durch ein Integral zu ersetzen. In rechtwinkligen Koordinaten ist:

$$\boxed{\varphi = \frac{1}{4\pi\varepsilon} \iiint \frac{\eta(\xi, g, \psi)}{\sqrt{(x-\xi)^2+(y-g)^2+(z-\psi)^2}}\, dv(\xi, g, \psi)} \qquad (4.1\text{-}68)$$

Dieses Integral ist die Lösung der Poissonschen Differentialgleichung.

Oft wird dieses Lösungsintegral (4.1-68) deutlicher, wenn man die im Bild 4.7 eingeführten Ortsvektoren $\vec{r}_q$ (vom Koordinatenursprung zum Quellenelement) und $\vec{r}_t$ (vom Koordinatenursprung zum Test-Punkt P) verwendet. Überdies ist die Schreibweise dann kürzer. Die unterschiedlichen Indizes der Vektoren deuten auf die unterschiedlichen Koordinaten $(x,y,z) \neq (\xi,\varrho,\psi)$ des gleichen, z.B. rechtwinkligen Koordinatensystems hin. Diese verschiedenen Koordinaten sind notwendig, weil die Ladungsdichte eines Raumpunktes $\eta(\xi,\varrho,\psi)$ unverändert erhalten bleibt (invariant ist), beim Verschieben des Testpunktes P in den Koordinaten $P(x,y,z)$. Auch ist zu integrieren über den von η erfüllten Raum $v(\xi,\varrho,\psi)$.

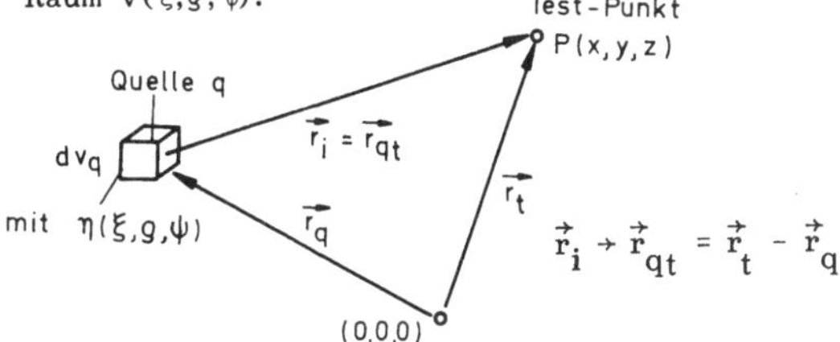

Bild 4.7: Quellenelement, Testpunkt und Ortsvektoren

Mit der Indizierung schreibt sich das Lösungsintegral (4.1-68) wie folgt:

$$\boxed{\varphi = \frac{1}{4\pi\varepsilon} \iiint \frac{\eta_q}{|\vec{r}_{qt}|} \cdot dv_q} \tag{4.1-69}$$

Dies ist die Lösung der Poissonschen Differentialgleichung in vektorieller Form. Für die Anwendungen ist es oft zweckmäßig, zum Beispiel Zylinder- oder Kugel- oder rechtwinklige Koordinaten zu verwenden. Die Schreibweise in rechtwinkligen Koordinaten ist durch Gleichung (4.1-68) gegeben.

Wir werden im Abschnitt 5.4.2 die vektorielle Lösung Gl.(4.1-69) benötigen, um in mathematischer Analogie zur Poissonschen Differentialgleichung, die Lösung der Differentialgleichung des Vektorpotentials anzugeben.

4.2 MAGNETOSTATIK

Magnetostatik erstreckt sich auf das magnetische Feld der Permanentmagnete. Wir werden sehen, wie dieses Feld mit der Maxwellschen Theorie beschrieben werden kann. Zuvor jedoch sollen die Größen $\vec{H}$, magnetische Feldstärke, und $\vec{B}$, magnetische Flußdichte, definiert werden. Ihre und die mit ihnen zusammenhängenden Einheiten sind:

$$[\vec{H}] = \frac{A}{m}$$

$$[\vec{B}] = \frac{Vs}{m^2} \qquad \frac{1Vs}{m^2} = 1 \text{ Tesla}$$

$$[\mu] = [\mu_o] = \frac{[B]}{[H]} = \frac{Vs}{m^2} \cdot \frac{m}{A} = \frac{Vs}{Am}; \qquad \mu_o = \frac{4\pi}{10^7} \frac{Vs}{Am} \text{ exakt}$$

$$[\operatorname{div} \vec{B}] = \frac{[B]}{[\ell]} = \frac{Vs}{m^3}$$

$$[\operatorname{Div} \vec{B}] = [B] = \frac{Vs}{m^2}$$

$$[\operatorname{rot} \vec{H}] = \frac{[H]}{[\ell]} = \frac{A}{m^2}$$

$$[\operatorname{Rot} \vec{H}] = [H] = \frac{A}{m}$$

$$[F] = [B][I][\ell] = \frac{Vs}{m^2} A\, m = \frac{VAs}{m}; \qquad \frac{1VAs}{m} = \frac{1J}{m} = 1 \text{ Newton}$$

$$[\phi] = Vs \qquad 1\, Vs = 1 \text{ Weber}$$

4.2.1 DEFINITIONEN FÜR MAGNETISCHE FELDSTÄRKE UND FLUSSDICHTE

Die gängigen Definitionen für $\vec{H}$ und $\vec{B}$ benutzen Gleichstrom als Meßgröße. Gleichstrom aber gehört nicht in die Magnetostatik, sondern in das Kapitel des streng stationären Strömungsfeldes. Wir begehen also bewußt eine Inkonsequenz, indem wir hier, in einem vorgezogenen Abschnitt, die wichtigsten magnetischen Feldgrößen mit Hilfe von Gleichstrom definieren.

$\vec{H}$ wird oft als "Quantitätsgröße" bezeichnet. Man fragt: Wieviel Gleichstrom I ist in einer langen Zylinderspule erforderlich, damit die Homogen-Feldstärke $\vec{H}_i$ im Innenraum der langen Zylinderspule ein im Raum vorhandenes Magnetfeld $\vec{H}_a$, z.B. das erdmagnetische Feld, kompensieren kann?

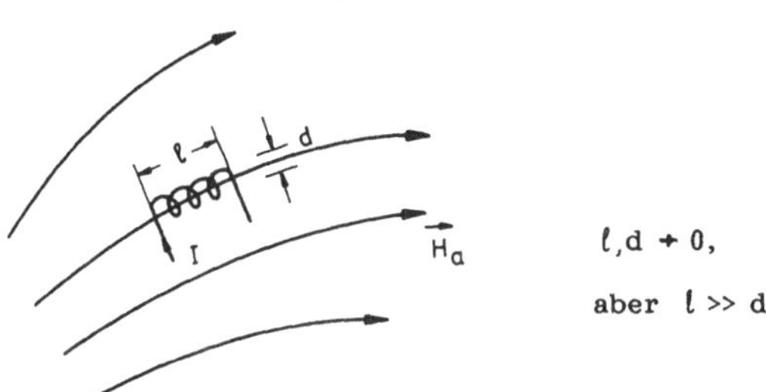

Bild 4.8: Lange Zylinderspule zur Kompensation eines Magnetfeldes

Die Zylinderspule wird solange im Raum gedreht und zugleich wird ihre Stromstärke I verändert, bis das äußere Feld $\vec{H}_a$ nach Betrag und Richtung durch das eigene Homogenfeld $\vec{H}_i$, innerhalb der Spule, kompensiert wird. Der Innenraum der Spule ist dann feldfrei. Eine Kompaßnadel zeigt keine Vorzugsrichtung mehr an. Dadurch wird die <u>magnetische Feldstärke definiert</u> zu:

$$\boxed{\vec{H}_a = -\vec{H}_i = \frac{wI}{l}\cdot(-\vec{e}_{H_i})} \qquad \vec{e}_{H_i} = \text{Einsvektor des Spulenfeldes } \vec{H}_i \tag{4.2-1}$$

Dabei müssen die Abmessungen der Zylinderspule so klein sein, daß auch ein inhomogenes äußeres Magnetfeld im Innenraum der Zylinderspule als angenähert homogen betrachtet und kompensiert werden kann. Neben dieser "magnetischen Feldstärke" $\vec{H}$ gibt es als weitere magnetische Feldgröße die sogenannte "magnetische Flußdichte" $\vec{B}$.

$\vec{B}$ wird definiert aus der Kraftwirkung auf stromdurchflossene Leiter oder auf bewegte Ladungen im Magnetfeld. Die Stromstärke I oder die Geschwindigkeit $\vec{v}_q$ des Ladungsträgers sei zeitlich konstant. Dann ist die <u>Lorentzkraft:</u>

$$\begin{aligned} \vec{F} &= I(\vec{l} \times \vec{B}) \\ &= v(\vec{J} \times \vec{B}) \qquad v\ :\ \text{Stromdurchflossenes Leitervolumen} \end{aligned} \tag{4.2-2}$$

Die Leitungsstromdichte $\vec{J}$ gibt die Richtung des metallischen Leiters $\vec{l}$ vor. Denn es ist $I\,\vec{l} = \vec{J}\,\vec{f}\,\vec{l} = \vec{J}\,v$ mit v als stromführendem Volumen und $\vec{f}$ als Querschnitt des Leiters. (Die unterschiedliche Zusammenfassung von je zwei Vektoren zum Skalarprodukt, einmal $\vec{J}\,\vec{f} = I$, das andere Mal $\vec{f}\,\vec{l} = v$, ist hier erlaubt, weil $\vec{J} \uparrow\uparrow \vec{l}$ gerichtet ist.) Eine andere Schreibweise der Lorentzkraft, die zur Definition von $\vec{B}$ herangezogen werden kann, lautet:

$$\vec{F} = Q(\vec{v}_q \times \vec{B}) \tag{4.2-3}$$

Sie beschreibt Ladungen Q (z.B. Q=-e·n, den Elektronenstrahl in einer Fernsehröhre oder Ladungsträger mit der Ladung Q), die mit der Geschwindigkeit $\vec{v}_q$ in einem äußeren Magnetfeld bewegt werden. Der Beobachter ruht. Beide Kraftgesetze finden dann ihren gemeinsamen Ursprung in:

$$\begin{aligned} \vec{F} &= \frac{\partial}{\partial t}(Q\,\vec{\ell}\,) \times \vec{B} \\ &= \frac{\partial Q}{\partial t}(\vec{\ell} \times \vec{B}) + Q(\frac{\partial \vec{\ell}}{\partial t} \times \vec{B}) \\ &= I\,(\vec{\ell} \times \vec{B}) + Q(\vec{v}_q \times \vec{B}) \end{aligned} \tag{4.2-4}$$

Auch hier kann man das Produkt $I\,\vec{\ell}$ wie in Gl.(4.2-2) durch $v\,\vec{J}$ ersetzen, wobei v wieder das von der Stromdichte $\vec{J}$ durchflossene Volumen ist:

$$\vec{F} = v(\vec{J} \times \vec{B}) + Q(\vec{v}_q \times \vec{B}) \tag{4.2-5}$$

Die Größen $\vec{\ell}$, $\vec{B}$, $\vec{F}$ oder $\vec{J}$, $\vec{B}$, $\vec{F}$ ebenso wie $\vec{v}_q$, $\vec{B}$, $\vec{F}$ bilden in dieser Reihenfolge ein Rechtssystem.

Stehen im Falle des vom Leitungsstrom I durchflossenen Drahtes $\vec{\ell}$ und $\vec{B}$ bzw. $\vec{J}$ und $\vec{B}$ senkrecht aufeinander, dann kann als Betragsdefinition für die magnetische Flußdichte $\vec{B}$ algebraisch angeschrieben werden:

$$\boxed{B = \frac{F}{I\,\ell}} \tag{4.2-6}$$

Die magnetische Flußdichte B ist diejenige Kraft, die in einem äußeren Magnetfeld auf einen im Laborraum ruhenden stromdurchflossenen Leiter einwirkt, bezogen auf Stromstärke I und Länge ℓ dieses zylindrischen Leiters. Und nach der anderen Schreibweise, wobei Ladungen oder ein Ladungsträger mit den Ladungen Q im Magnetfeld mit der Geschwindigkeit $\vec{v}_q$ bewegt werden, gilt für $\vec{v} \perp \vec{B}$:

$$\boxed{B = \frac{F}{Q\,v_q}} \tag{4.2-7}$$

Die magnetische Flußdichte B ist auch diejenige Kraft, die in einem äußeren Magnetfeld auf den Träger einer Ladung Q oder auf die bewegte Ladung selbst (z.B. Konvektionsstrom) einwirkt, bezogen auf diese Ladung Q und auf die Geschwindigkeit v_q der Bewegung.

4.2.2 DAS MAGNETOSTATISCHE FELD UND PERMANENTMAGNETE

Die Gleichungen (4.1-4) sagen aus, daß es weder Quellen für $\vec{B}$, noch Wirbel für $\vec{H}$ gibt:

$$\begin{aligned} \operatorname{div} \vec{B} &= 0 \qquad & \operatorname{rot} \vec{H} &= 0 \\ \operatorname{Div} \vec{B} &= 0 \qquad & \operatorname{Rot} \vec{H} &= 0 \end{aligned} \tag{4.2-9}$$

Als Beispiel für das Fehlen von isolierbaren magnetischen Einzelladungen diene der Stabmagnet. Man kann ihn beliebig oft zerbrechen (Bild 4.9), es entstehen stets neue, vollständige Stabmagnete, von denen jeder wieder einen Nord- und einen Südpol aufweist; einen Nord- oder einen Südpol alleine als Quelle oder Senke für $\vec{B}$ abzubrechen, das gelingt nicht!

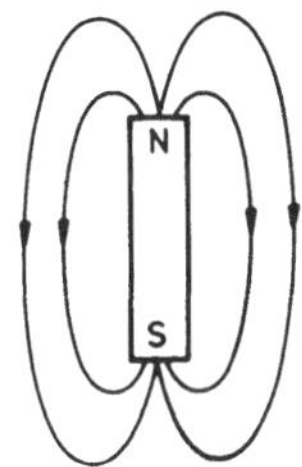

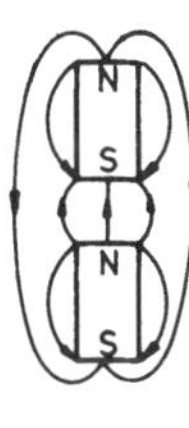

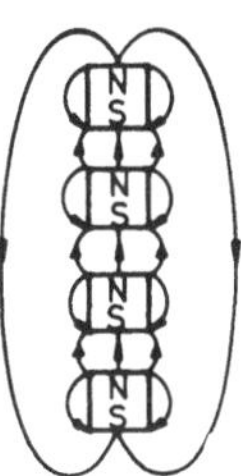

Bild 4.9: Schematische Darstellung der Quellenfreiheit von $\vec{B}$

Eingeprägt sei nun ein äußeres, magnetostatisches $\vec{B}$-Feld im materiefreien Raum. Dort ist $\vec{H}_o = \vec{B}/\mu_o$. Wird ein homogenes und richtungsunabhängiges Ferromagnetikum eingebracht, so ist darin $\vec{H} = \vec{B}/\mu_o\mu_r$, also $\vec{H} < \vec{H}_o$. Die Reduzierung von $\vec{H}_o$ auf $\vec{H}$ kann makroskopisch durch das schwächende Feld $\vec{M}$ des Ferromagnetikums beschrieben werden: $\vec{H} = \vec{H}_o - \vec{M} = \vec{B}/\mu_o - \vec{M}$. Daraus erhält man die Definitionsgleichung für die Magnetisierung $\vec{M}$:

$$\vec{B} = \mu_o(\vec{H} + \vec{M}) \tag{4.2-10}$$

$\vec{M}$ ist die Magnetisierung als makroskopischer Mittelwert der von der Volumeneinheit bestimmten, mikroskopisch ausgerichteten Elementarmagnete; $\vec{H}$ ist die resultierende Feldstärke im Ferromagnetikum und $\vec{B}$ ist die noch unverändert eingeprägte, magnetische Flußdichte.

Gl. (4.2-10) gilt auch für Permanentmagnete. Bei diesen bleibt nach dem Abschalten des sie erzeugenden Magnetfeldes eine dauernde magnetische Polarisation bestehen. Sie wirkt sich als Quelle von $\vec{H}$ (siehe Bild 2.6 auf S. 12) hauptsächlich an den Polflächen aus, dort wo sich die Magnetisierung $\vec{M}$ in Längsrichtung des Feldes am stärksten, nämlich sprunghaft ändert.

Diese Quellen an den Polflächen verursachen ein Magnetfeld $\vec{H}$, das innerhalb des Permanentmagneten dem äußeren Magnetfeld entgegengerichtet ist: $B > 0$, $H < 0$ (Hystereseschleife im 2. Quadranten). So ist erklärbar, daß außer div $\vec{B} = 0$ und Div $\vec{B} = 0$, wegen rot $\vec{H} = 0$ auch $\oint \vec{H}\, d\vec{s} = 0$ ist.

Auch wegen rot $\vec{H} = 0$ kann $\vec{H}$ selbst bei Permanentmagneten formal als Gradientenfeld eines magnetischen Skalarpotentials ausgedrückt werden.

Gl.(4.2-10) gilt also für Permanentmagnete und für nicht permanent magnetisierte Ferromagnetika. In beiden Fällen ist wegen div $\vec{B} = 0$ auch div$(\vec{H}+\vec{M}) = 0$ oder

$$\text{div}\,\vec{H} = -\text{div}\,\vec{M} \qquad \text{und} \qquad \text{Div}\,\vec{H} = M_{1n} - M_{2n} \qquad (4.2\text{-}11)$$

Man sieht: Nur dort, wo sich die makroskopische Magnetisierung $\vec{M}$ in ihrer Längsrichtung im kleinen ändert, sind diese Längsänderungen Quellendichten bzw. Sprungquellen von $\vec{H}$. Nicht $\vec{M}$ selbst ist die Quelle von $\vec{H}$. $\vec{H}$ ist ein Quellenfeld.

Werden Ferromagnetika in ihrem Innenraum <u>ortsabhängig</u> magnetisiert, z.B. weil sie aus magnetisch inhomogenem Material mit $\mu_r = \mu_r(x,y,z)$ bestehen, so gilt: Örtliche Änderungen der makroskopischen Magnetisierung in Längsrichtung von $\vec{H}$ erzeugen ein div $\vec{H} \neq 0$. Diese Stellen sind Quellendichten von $\vec{H}$.

Aus Gl.(4.2-10) folgt auch: $\vec{H} = \vec{B}/\mu_o - \vec{M}$. Da aber rot $\vec{H} = 0$ ist, wird ebenso rot$(\vec{B}/\mu_o - \vec{M}) = 0$. Somit ist, wenn man mit μ_o multipliziert hat:

$$\text{rot}\,\vec{B} = \mu_o\,\text{rot}\,\vec{M} \qquad \text{und} \qquad \text{Rot}\,\vec{B} = \mu_o\,\text{Rot}\,\vec{M} \qquad (4.2\text{-}11a)$$

Man sieht: Nur dort, wo Wirbeldichten oder Sprungwirbel der Magnetisierung $\vec{M}$ auftreten, sind diese, mit μ_o multipliziert, Wirbelursachen von $\vec{B}$. Das mit μ_o multiplizierte $\vec{M}$ selbst ist nicht Wirbelursache von $\vec{B}$. $\vec{B}$ ist ein Wirbelfeld.

Da $\vec{M}$ nicht direkt meßbar ist, werden die Quellen von $\vec{H}$ und die Wirbel von $\vec{B}$ aus den Feldgrößen und den meßbaren Permeabilitätszahlen berechnet.

Wird ein Ferromagnetikum in seinem Innenraum <u>gleichmäßig</u> magnetisiert, dann wirken nur die Pole als Quellen von $\vec{H}$ und nur die Mantelflächen als Wirbel von $\vec{B}$.

Wir erkennen ferner, daß innerhalb von gleichmäßig magnetisierten Ferromagnetika (Randflächen ausgeschlossen), ebenso wie im äußeren Luftfeld, für $\vec{H}$ und $\vec{B}$ Wirbel- und Quellenfreiheit herrscht:

$$\text{rot}\,\vec{H} = 0, \quad \text{rot}\,\vec{B} = 0, \quad \text{div}\,\vec{H} = 0, \quad \text{div}\,\vec{B} = 0 \qquad (4.2\text{-}12)$$

4.2.3 MAGNETISCHE FELDLINIEN AN TRENNFLÄCHEN

Wir setzen magnetische Isotropie voraus, das heißt, μ_r sei richtungsunabhängig: Für jede Richtung im Ferromagnetikum gilt gleichermaßen: $\vec{B} = \mu_o \mu_r \vec{H}$. Ferner sei das Ferromagnetikum bereichsweise homogen und innerhalb jedes Halbraumes von Bild 4.11 gleichmäßig magnetisiert. Nur an der Grenzfläche zwischen den Halbräumen 1 und 2 mögen sich die Magnetisierung und die Permeabilitätszahlen ändern. Dort gelten die schon bekannten Gleichungen der Sprungdivergenz und der Sprungrotation:

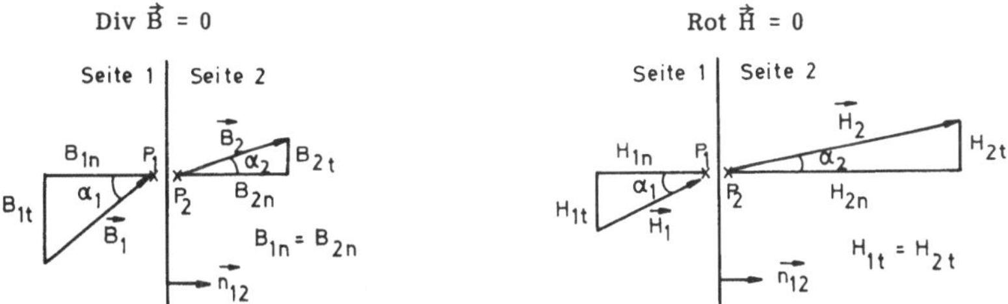

Bild 4.11: Grenzfläche zwischen zwei verschiedenen Ferromagnetika

Die wegen Div $\vec{B} = 0$ an Grenzflächen auftretenden Sprungquellen der Normalkomponenten von $\vec{H}$ wurden auf Seite 27 schon berechnet (siehe Gl.(2.2-42)).

Wegen Rot $\vec{H} = 0$ gilt für die Tangentialkomponenten der magnetischen Feldstärke: $H_{2t} = H_{1t}$ oder $B_{2t}/\mu_{r2} = B_{1t}/\mu_{r1}$. Daher ist auch

$$|\text{Rot}\,\vec{B}| = |B_{2t} - B_{1t}| = |B_{2t}(1 - \frac{\mu_{r1}}{\mu_{r2}})| \neq 0 \quad \text{für} \quad \mu_{r1} \neq \mu_{r2} \qquad (4.2\text{-}13)$$

Die magnetische Flußdichte $\vec{B}$ ändert, wie man sieht, beim Übergang vom Ferromagnetikum zu Luft und umgekehrt sprunghaft ihre Tangentialkomponente: Es existieren Sprungwirbel von $\vec{B}$. Das $\vec{B}$-Feld ist ein Wirbelfeld.

Wir wollen jetzt das (auch für Bild 4.11 gültige) Brechungsgesetz für magnetische Feldlinien an Grenzflächen berechnen:

$$B_{1n} = B_{2n} \qquad H_{1t} = H_{2t} \tag{4.2-14}$$

$$\mu_{r1} H_{1n} = \mu_{r2} H_{2n} \tag{4.2-15}$$

Daraus folgt das Brechungsgesetz für magnetische Feldlinien:

$$\boxed{\frac{\tan \alpha_1}{\tan \alpha_2} = \frac{H_{1t}}{H_{1n}} \cdot \frac{H_{2n}}{H_{2t}} = \frac{\mu_{r1}}{\mu_{r2}}} \tag{4.2-16}$$

Beispiel: Pole eines Permanentmagneten

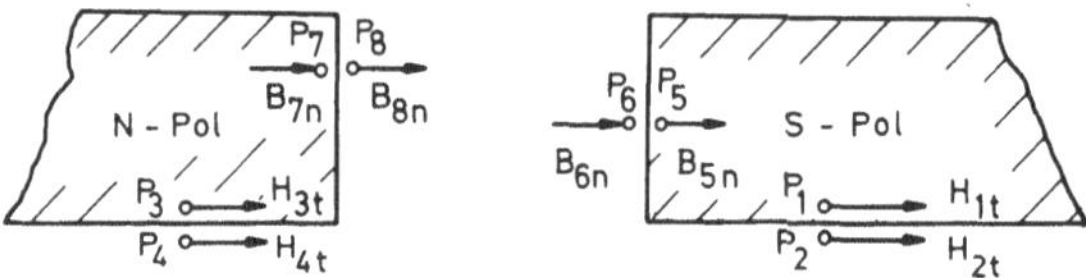

Bild 4.12: Auswirkung von Quellen- und Wirbelfreiheit an den Polen eines Permanentmagneten

Bild 4.12 zeigt Beispiele für den Übergang von Normal- und Tangentialkomponenten an den Polen eines Permanentmagneten. Daß die Sprungrotation von $\vec{H}$ und die Sprungdivergenz von $\vec{B}$ jeweils gleich null sind, darf nicht zu der falschen Annahme führen, das Feld sei homogen. Das magnetische Feld zwischen den Magnetpolen und in ihrer Umgebung ist inhomogen.
Rot $\vec{H} = 0$ sagt lediglich aus, daß die Tangentialkomponenten von $\vec{H}$, zum Beispiel in P_1 und P_2 oder in P_3 und P_4, also in zwei Punkten, die der Trennfläche dicht benachbart sind, gleiche Werte haben: $H_{1t} = H_{2t}$ oder $H_{3t} = H_{4t}$. Entsprechendes gilt wegen Div $\vec{B} = 0$ für die Normalkomponenten von $\vec{B}$ in P_5 gegenüber P_6: $B_{5n} = B_{6n}$ oder in P_7 gegenüber P_8: $B_{7n} = B_{8n}$ etc. Entfernt man sich aber vom einen oder vom anderen Rand, so wird man sehr wohl feststellen, daß $\vec{B}$ und $\vec{H}$ ortsabhängige Vektoren sind, was durch Feldlinienbilder an Permanentmagneten aus dem Physikunterricht hinreichend bekannt sein dürfte.

4.2.4 MAGNETISCHES SKALARPOTENTIAL UND MAGNETISCHE SPANNUNG

Da die Wirbeldichte des magnetostatischen Feldes stets null ist, läßt sich die magnetische Feldstärke aus einem magnetischen Skalarpotential φ_m gewinnen:

$$\vec{H} = -\mathrm{grad}\,\varphi_m \tag{4.2-17}$$

Die Bedingung rot $\vec{H} = 0$ wird hier, ebenso wie in der Elektrostatik, aus mathematischen Gründen erfüllt, denn es ist:

$$\begin{aligned} \mathrm{rot}\,\vec{H} &= \mathrm{rot}\,(-\mathrm{grad}\,\varphi_m) \\ &= (\nabla \times \nabla)\cdot(-\varphi_m) \equiv 0 \end{aligned} \tag{4.2-18}$$

Der Gradient $-\mathrm{grad}\,\varphi_m$ zeigt in die Richtung des stärksten magnetischen Potentialgefälles. Die so gewonnenen $\vec{H}$-Linien sind Quellen-Feldlinien. Wegen rot $\vec{H} = 0$, ist auch $\iint \mathrm{rot}\,\vec{H}\cdot d\vec{f} = 0$. Wendet man darauf den Satz von Stokes an, so wird deutlich: Die magnetische Umlaufspannung

$$\mathring{V} = \oint \vec{H}\, d\vec{s} \tag{4.2-19}$$

ist in der Magnetostatik stets null. Daraus folgt wie in den Abschnitten 3.6 und 4.1.4, daß die Spannung, hier die magnetische Spannung, wegunabhängig ist:

$$V_{12} = \int_1^2 \vec{H}\, d\vec{s} = \varphi_{m1} - \varphi_{m2} \tag{4.2-20}$$

V_{12} zwischen zwei Orten 1 und 2 ist, ebenso wie die Spannung in der Elektrostatik, allein durch die Differenz der hier magnetischen Skalarpotentiale von Ort 1 und Ort 2 gegeben. Die Einheit des magnetischen Skalarpotentials ist die gleiche wie die der magnetischen Spannung: Ampere, denn magnetische Feldstärke hat die Einheit A/m.

Beispiel

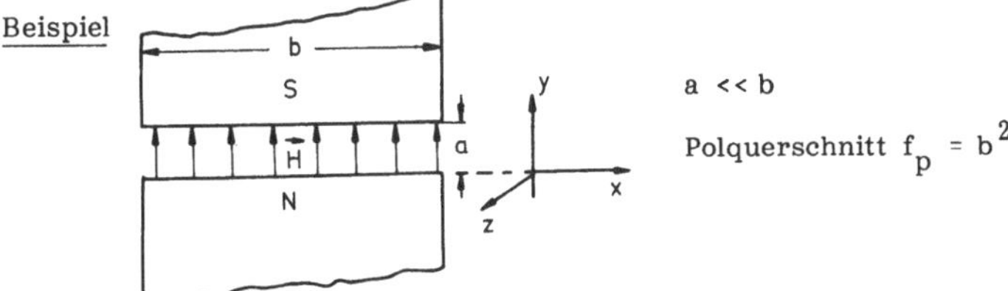

Bild 4.13: Magnetfeld im engen Luftspalt

Im engen Luftspalt eines Permanentmagneten sei ein nahezu homogenes Magnetfeld vorhanden:

$$\vec{H} = H_o \vec{j} \tag{4.2-21}$$

Der Polabstand sei a. Man berechne
a) die magnetische Spannung V_{NS}, b) die Potentialdifferenz, c) das Skalarpotential zwischen den Polen.

Lösung a): Wegen des Homogenfeldes ist die magnetische Spannung V_{NS} besonders einfach zu berechnen:

$$V_{NS} = \int_N^S \vec{H}\, d\vec{s} = H_o \vec{j} \cdot a \vec{j} \tag{4.2-22}$$

$$= H_o a$$

Lösung b): Die magnetische Potentialdifferenz ist gleich der magnetischen Spannung:

$$\varphi_{mN} - \varphi_{mS} = H_o a \tag{4.2-23}$$

Lösung c): Der Gradient, Gl.(4.2-17), lautet in rechtwinkligen Koordinaten:

$$\vec{H} = - \frac{\partial \varphi_m}{\partial x} \vec{i} - \frac{\partial \varphi_m}{\partial y} \vec{j} - \frac{\partial \varphi_m}{\partial z} \vec{k} . \tag{4.2-24}$$

Hieraus und aus der gegebenen magnetischen Feldstärke, Gl.(4.2-21), läßt sich durch Gleichsetzen das Skalarpotential berechnen; denn $\vec{H}$ hat hier einfacherweise nur eine $\vec{j}$-Komponente:

$$- \frac{\partial \varphi_m}{\partial y} = H_o \tag{4.2-25}$$

$$\varphi_m = - H_o \int dy + \text{Konst}$$

$$\varphi_m = - H_o y + \text{Konst} \tag{4.2-26}$$

Der Absolutwert eines Potentials ist nie bestimmbar. Daher kann die Integrationskonstante Konst nur nach willkürlicher Festlegung eines Potential-Nullpunktes angegeben werden.

5. DAS STRENG STATIONÄRE STRÖMUNGSFELD

Streng stationär bedeutet: Exakt keine zeitlichen Änderungen, wohl aber im Gegensatz zur Statik, wie das Wort "Strömungsfeld" andeutet, Gleichstromfluß und Energieumsatz. Die beschreibenden Maxwellgleichungen und Nebengleichungen sind:

$$\frac{\partial}{\partial t} = 0, \qquad \vec{J} = \kappa \vec{E} \tag{5.0 - 1}$$

$$\text{div } \vec{B} = 0; \qquad \text{Div } \vec{B} = 0 \tag{5.0 - 2}$$

$$\text{rot } \vec{E} = 0; \qquad \text{Rot } \vec{E} = 0 \tag{5.0 - 3}$$

$$\text{rot } \vec{H} = \vec{J}; \qquad \text{Rot } \vec{H} = \vec{J}_s \tag{5.0 - 4}$$

Nach wie vor gilt die Quellenfreiheit der magnetischen Flußdichte $\vec{B}$. Neu gegenüber der Statik sind die beiden Gleichungen (5.0-4). Sie sind die einfachsten nichttrivialen Formen der 1. Maxwellgleichung. rot $\vec{H} = \vec{J}$ sagt aus: Leitungsstromdichte $\vec{J}$ ist die Wirbelursache für das von ihr erzeugte Magnetfeld mit der Feldstärke $\vec{H}$.

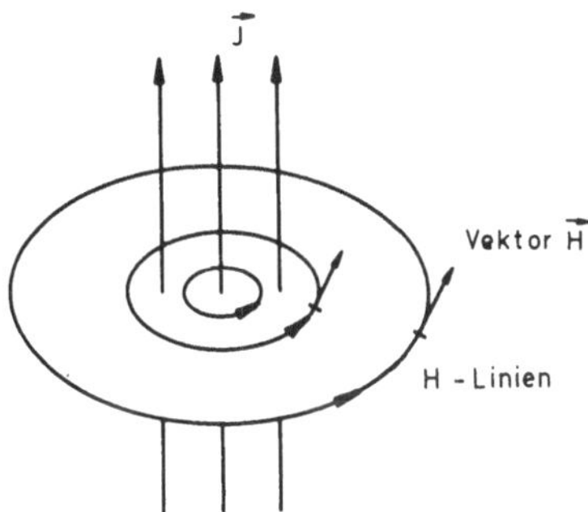

Bild 5.1: Magnetisches Feld, rechtswendig zugeordnet zur Stromdichte $\vec{J}$

Dort wo die Leitungsstromdichte $\vec{J}$ vorkommt (z.B. im Draht oder in einem Blech), ist dieses Magnetfeld $\vec{H}$ völlig von diesen erregenden Wirbelursachen $\vec{J}$ durchsetzt, also wirbelhaft. Außerhalb der metallischen Leiter ist auch ein vom Leitungsstrom I erzeugtes Magnetfeld vorhanden, jedoch gilt dort $\vec{J} = 0$ und deswegen auch rot $\vec{H} = 0$: Die magnetische Feldstärke außerhalb metallischer Leiter ist wirbelfrei, obwohl sie von den Wirbelursachen $\vec{J}$ im Leiter erzeugt wird.

Der Zusammenhang zwischen Leitungsstromdichte $\vec{J}$ und (Gesamt-)Stromstärke I im Leiter ist gegeben durch das Flächenintegral

$$\boxed{I = \iint \vec{J}\, d\vec{f}} \tag{5.0-5}$$

Da es sich hier um Gleichstrom handelt, hat die elektrische Leitungsstromdichte $\vec{J}$ an jeder Querschnittsstelle eines zylindrischen homogenen Leiters den gleichen konstanten Wert. Daher kann man für solche Leiter Gl. (5.0-5) auch ohne Integral anschreiben:

$$I = \vec{J}\,\vec{f} \tag{5.0-6}$$

und, wann immer $\vec{J}$ gleichsinnig parallel zu $\vec{f}$ vorausgesetzt werden darf, erhält man die Leitungsstromdichte zu:

$$\boxed{\vec{J} \uparrow\uparrow \vec{f}: \qquad J = \frac{I}{f}} \tag{5.0-7}$$

Bei gegebener Geometrie des Leiters und bekanntem Strom I kann die magnetische Feldstärke $\vec{H}$ aus der Lösung der Maxwellgleichung rot $\vec{H} = \vec{J}$ berechnet werden. Sie ist eine Differentialgleichung, in der $\vec{H}$ nicht explizit, sondern nur in örtlichen Ableitungen vorkommt. Die gegebenen Randbedingungen des Einzelproblems sind zu berücksichtigen. Das Vorgehen wird an einem wichtigen Beispiel deutlich.

Beispiel: Ein Runddraht mit dem Radius r_o werde von der Leitungsstromdichte $\vec{J}$ und vom Gesamtstrom I durchflossen. Der Draht sei sehr weit linear ausgedehnt. Man berechne die magnetische Feldstärke a) $\vec{H}_i$ im Leiter und b) $\vec{H}_a$ außerhalb des Leiters.

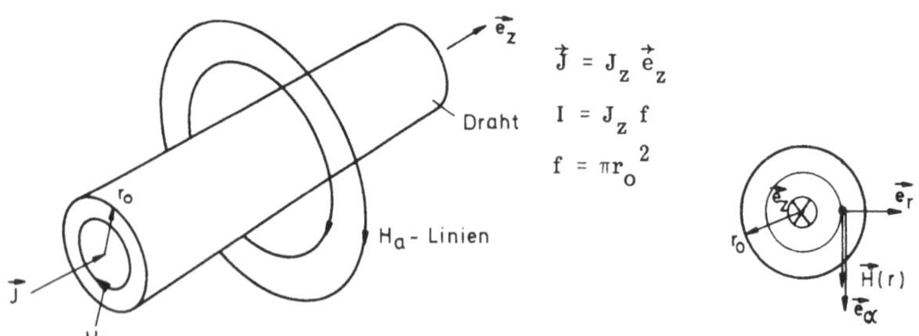

Bild 5.2: Runddraht mit Gleichstrom I , auch im Querschnitt

Lösung: Da der Leiter ein Runddraht ist, schreibt man zweckmäßigerweise die 1. Maxwellgleichung rot $\vec{H} = \vec{J}$ in Zylinderkoordinaten an. Ferner legen wir fest: $\vec{J} = J_z \cdot \vec{e}_z$. Daher ist nur die z-Komponente von rot $\vec{H}$ von null verschieden und anzuwenden. Sie lautet:

$$\text{rot } \vec{H} \Big|_z = \frac{1}{r} \frac{\partial (r \cdot H_\alpha)}{\partial r} - \frac{1}{r} \frac{\partial H_r}{\partial \alpha} = J_z \qquad (5.0\text{-}8)$$

Der Summand mit $\partial H_r / \partial \alpha$ ist null, weil aus Symmetriegründen keine Winkelabhängigkeit $H_r(\alpha)$ vorliegt. Aber schon die Komponenten H_r und H_z treten nicht auf; denn sie wären einem hier nicht vorhandenen Quellenfeld zuzuordnen.

$$\frac{1}{r} \cdot \frac{\partial (r\, H_\alpha)}{\partial r} = J_z\,; \qquad \frac{\partial (r\, H_\alpha)}{\partial r} = J_z\, r \qquad (5.0\text{-}9)$$

Die Randwerte sind festzulegen:

a) für $r \leqq r_o$ gibt es magnetische Feldstärke innerhalb des Drahtes. Der Deutlichkeit halber ersetzen wir H_α durch $H_{\alpha i}$. Die zugehörige Stromdichte J_z existiert in den Grenzen: $0 \leqq r \leqq r_o$. Obere Integrationsgrenze ist r, weil $H_{\alpha i}(r)$ gesucht wird:

$$r\, H_{\alpha i} = J_z \int_{r=0}^{r} r\, dr = J_z \frac{r^2}{2} \qquad (5.0\text{-}10)$$

$$H_{\alpha i}(r) = \frac{J_z}{2}\, r\,; \qquad \vec{H}_i = H_{\alpha i}(r) \cdot \vec{e}_\alpha$$

Die magnetische Feldstärke $\vec{H}_i$ ist rechtswendig zur Stromdichte $\vec{J}$ zugeordnet; daher ist die Richtung der Feldstärke gleich $+\vec{e}_\alpha$.

b) Für $r \geqq r_o$, außerhalb des Drahtes, ist rot $\vec{H} = 0$. Diese Dgl. ist jetzt, entsprechend der Gl.(5.0-9), ebenfalls bereichsweise zu lösen:

$$\text{rot } \vec{H} \Big|_z = \frac{1}{r} \frac{\partial (r\, H_{\alpha a})}{\partial r} + 0 = 0 \qquad (5.0\text{-}11)$$

Lösung: $r\, H_{\alpha a} = \text{const}$ somit $H_{\alpha a}(r) = \frac{\text{const}}{r}$

Da an der Drahtoberfläche Rot $\vec{H} = 0$ ist, schließen $H_{\alpha i}(r_o)$ und $H_{\alpha a}(r_o)$ mit gleichem Betrag aneinander an. Der Vergleich beider Werte miteinander liefert die Integrationskonstante: $\text{const} = J_z r_o^2/2$. Somit wird schließlich:

$$H_{\alpha a}(r) = \frac{J_z r_o^2}{2} \frac{1}{r} = \frac{J_z \pi\, r_o^2}{2\, \pi\, r} = \frac{I}{2\, \pi\, r}\,; \qquad \vec{H}_a = H_{\alpha a}\, \vec{e}_\alpha \qquad (5.0\text{-}12)$$

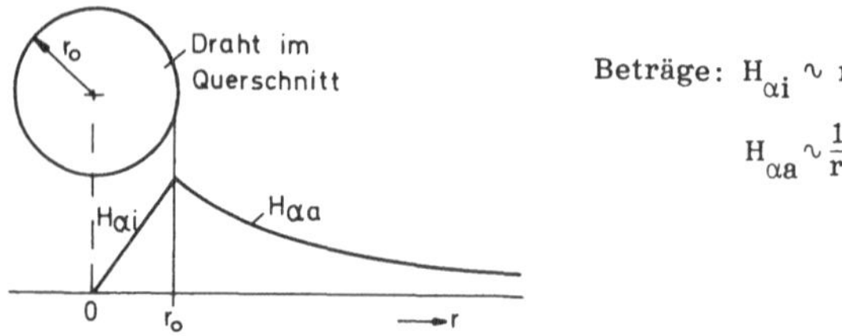

Bild 5.3: Abhängigkeit der magnetischen Feldstärke vom Radius beim linear ausgedehnten Runddraht. Aufgezeichnet sind die Beträge $H_{\alpha i}, H_{\alpha a}$

5.1 DAS DURCHFLUTUNGSGESETZ

Nicht bei jedem stromführenden Leiter muß zur Berechnung der magnetischen Feldstärke die 1. Maxwellsche Differentialgleichung rot $\vec{H} = \vec{J}$ aufs neue gelöst werden. Es gibt auch die Möglichkeit einer allgemeinen Integration, so daß bei bestimmten einfachen Geometrien eine Integralgleichung (das Durchflutungsgesetz) verwendet werden kann. Zur Herleitung integrieren wir die 1. Maxwellgleichung über eine endliche Fläche f:

$$\iint \text{rot}\, \vec{H}\, d\vec{f} = \iint \vec{J}\, d\vec{f} \qquad (5.1\text{-}1)$$

und wenden auf die linke Seite dieser Gleichung den Satz von Stokes an. Er lautet (siehe Abschnitt 3.4):

$$\iint \text{rot}\, \vec{H}\, d\vec{f} = \oint \vec{H}\, d\vec{s} \qquad (5.1\text{-}2)$$

Gl.(5.1-2) eingesetzt in (5.1-1) ergibt das Durchflutungsgesetz in seiner einfachsten Form für Gleichstrom:

$$\boxed{\oint \vec{H}\, d\vec{s} = \iint \vec{J}\, d\vec{f}} \qquad (5.1\text{-}3)$$

Dieses Gesetz sagt aus: Die magnetische Umlaufspannung

$$\mathring{V} = \oint \vec{H}\, d\vec{s} \qquad (5.1\text{-}4)$$

längs der geschlossenen Randkurve $\mathring{s}$ ist gleich derjenigen Stromstärke $\iint \vec{J}\, d\vec{f}$, die den Umlauf $\mathring{s}$, also diese Randkurve, durchdringt. Dabei ist

$\overset{\circ}{s}$ diejenige geschlossene Kurve, längs der die magnetischen Teilspannungen $\vec{H}\,d\vec{s}$ gebildet werden und welche die Fläche f berandet, die von Leitungsstromdichte $\vec{J}$ durchsetzt wird. Allerdings tragen nur die Flächenelemente $d\vec{f}$ mit $J \neq 0$ zum Innenprodukt $\vec{J}\cdot d\vec{f}$ bei, wenn sie tatsächlich von Stromdichte $\vec{J}$ durchdrungen werden. Dort wo $\vec{J} = 0$ ist, ist auch das Skalarprodukt $\vec{J}\cdot d\vec{f}$ null. Das wird deutlich, falls mehrere Drähte mit möglicherweise unterschiedlichen Strömen die vom Umlauf $\overset{\circ}{s}$ berandete Fläche durchdringen, um die herum die magnetische Umlaufspannung gebildet wird:

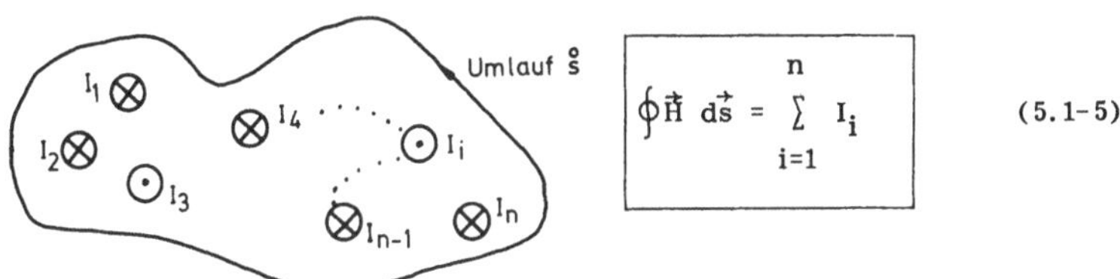

$$\oint \vec{H}\,d\vec{s} = \sum_{i=1}^{n} I_i \qquad (5.1\text{-}5)$$

Bild 5.4: Durchflutungsgesetz bei mehreren umfaßten stromführenden Leitern

Gl.(5.1-5) ist das Durchflutungsgesetz, angeschrieben für mehrere stromdurchflossene Leiter, die vom Umlauf $\overset{\circ}{s}$ umfaßt werden. Die Schwierigkeit ist: Kennt man die Stromstärken, so liefert dieses Gesetz zwar die magnetische Umlaufspannung $\oint \vec{H}\cdot d\vec{s}$, nicht aber $\vec{H}$ selbst. Die Umlaufspannung ist gleich der elektrischen Durchflutung. Unter elektrischer Durchflutung Θ der Randkurve $\overset{\circ}{s}$ versteht man die rechte Seite von Gl. (5.1-3) oder (5.1-5), also die Summe jener Ströme, die durch die von $\overset{\circ}{s}$ umrandete Fläche hindurchtreten:

$$\Theta = \begin{cases} \iint \vec{J}\,d\vec{f} & \text{oder} \\ \sum_{i=1}^{n} I_i \end{cases} \qquad \Theta = \text{elektrische Durchflutung} \qquad (5.1\text{-}6)$$

Nur bei gewissen, besonders einfachen Geometrien, läßt sich mittels des Durchflutungsgesetzes die magnetische Feldstärke $\vec{H}$ berechnen.

1. Beispiel: Wir berechnen nochmals die magnetische Feldstärke innerhalb und außerhalb eines weit linear ausgedehnten kreiszylindrischen Einzeldrahtes vom Radius r_0, jetzt aber mit dem Durchflutungsgesetz. Der Draht möge vom Gleichstrom I mit der Stromdichte $J = I/(\pi r_0^2)$ durchflossen werden, nach Bild 5.2.

<u>Lösung:</u> Der Trick besteht darin, die magnetische Umlaufspannung längs eines solchen Weges zu bilden, längs dessen H selbst konstant bleibt. So gelingt es, die magnetische Umlaufspannung als Produkt von magnetischer Feldstärke und Umlaufweg $\mathring{s}$ anzuschreiben, so daß die Gleichung dann nach dem Betrag der magnetischen Feldstärke H aufgelöst werden kann.

Als geeigneten Integrationsweg für die magnetische Umlaufspannung wählt man bei diesem Beispiel konzentrische Kreise um die Drahtachse. Auf ihnen ist beim weit linear ausgedehnten Draht $|\vec{H}|$ zwar radiusabhängig, aber konstant für einen festen Radius.

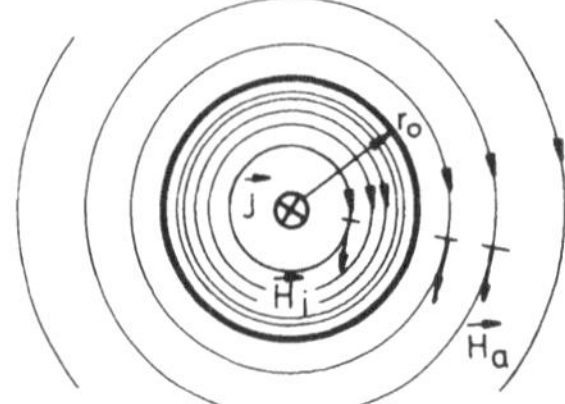

$$\oint \vec{H}\, d\vec{s} = \iint \vec{J}\, d\vec{f}$$

Stromdichte im Draht zeigt in die Zeichenebene hinein

Bild 5.5: Stromdurchflossener Runddraht mit Feldlinien H_i im Draht und H_a außerhalb des Drahtes

Man unterscheide die <u>Vektoren</u> $\vec{H}_i$ und $\vec{H}_a$ von den kreisförmigen <u>Feldlinien</u> H_i bzw. H_a. Diese H_i- und H_a-Linien sind wegen ihrer rechtswendigen Zuordnung zur Leitungsstromdichte $\vec{J}$ nur als H_α-Linien vorhanden. Das muß man zur Anwendung des Durchflutungsgesetzes wissen. Der Vektor $d\vec{f}$ wird zweckmäßigerweise gleichsinnig parallel zu $\vec{J}$ gewählt, ebenso wählt man $d\vec{s}$ gleichsinnig parallel zum $\vec{H}$-Vektor. Dann gehen die Innenprodukte des Durchflutungsgesetzes in algebraische Produkte über.

<u>a) für $r \leqq r_o$, im Drahtinnern, gilt mit $H_\alpha = H_{\alpha i}$:</u>

$$\left.\begin{matrix} \vec{H} \uparrow\uparrow d\vec{s} \\ \vec{J} \uparrow\uparrow d\vec{f} \end{matrix}\right\} \quad \oint H_{\alpha i}\, ds = \iint J\, df\,; \qquad \begin{matrix} d\vec{f} = 2\pi r\, dr\, \vec{e}_z \\ d\vec{s} = r\, d\alpha\, \vec{e}_\alpha \end{matrix} \tag{5.1-7}$$

Ferner ist auf einem konzentrischen Kreis mit dem Radius r_1 = const auch $H_{\alpha i}(r_1)$ konstant. Daher gilt Schritt für Schritt:

$$\left.\begin{matrix} H_{\alpha i}(r_1) = \text{const} \\ J = \text{const} \end{matrix}\right\} \quad H_{\alpha i}(r_1)\, r_1 \oint d\alpha = J \int_{r=0}^{r_1} 2\pi r\, dr$$

$$H_{\alpha i}\; 2\pi r_1 = J\, \pi r_1^{\,2}$$

$$H_{\alpha i}(r_1) = \frac{J}{2}\, r_1$$

Da $r_1 \le r_o$ beliebig gewählt werden konnte, darf man dafür verallgemeinernd anschreiben: $r_1 = r$, also

$$\underline{H_{\alpha i}(r) = \frac{J}{2} r \ ; \ \vec{H}_i = H_{\alpha i}(r)\, \vec{e}_\alpha} \qquad \text{denn } \vec{e}_r \times \vec{e}_\alpha = \vec{e}_z \qquad (5.1\text{-}9)$$

b) für $r \ge r_o$, außerhalb des Drahtes, gilt mit $H_\alpha = H_{\alpha a}$:

Hier sind die zur Berechnung der magnetischen Umlaufspannung einzusetzenden Radien $r \ge r_o$, während die stromdurchflossene Fläche auf πr_o^2 beschränkt bleibt, so daß der Gesamtstrom $I = J \cdot \pi r_o^2$ ist; man verfolge Schritt für Schritt:

$$\left.\begin{matrix} \vec{H}_a \uparrow\uparrow d\vec{s} \\ \vec{J} \uparrow\uparrow d\vec{f} \end{matrix}\right\} \text{daher} \quad \oint H_{\alpha a}\, ds = \iint J\, df\,, \qquad d\vec{s} = r\, d\alpha\, \vec{e}_\alpha, \qquad d\vec{f} = 2\pi r\, dr\, \vec{e}_z$$

$$H_{\alpha a}(r_1),\ J = \text{const}: \qquad H_{\alpha a}(r_1)\, r_1 \cdot \oint d\alpha = J \cdot \int_{r=0}^{r_o} 2\pi r\, dr$$

$$H_{\alpha a}(r_1) \cdot 2\pi r_1 = J\, \pi r_o^2 \qquad (5.1\text{-}10)$$

$$H_{\alpha a}(r_1) = \frac{I}{2\pi r_1}$$

r_1 kann wieder ein beliebiger Radius gewesen sein, der aber $\ge r_o$ sein muß; daher darf man auch hier verallgemeinernd schreiben:

$$\underline{H_{\alpha a}(r) = \frac{I}{2\pi r} \quad \text{und} \quad \vec{H}_a = H_{\alpha a}(r)\, \vec{e}_\alpha} \qquad (5.1\text{-}11)$$

Die Berechnung der magnetischen Feldstärke mittels des Durchflutungsgesetzes war hier, am Beispiel des Runddrahtes, deswegen möglich, weil $H_{\alpha i}$ und $H_{\alpha a}$ auf konzentrischen Kreisen konstant sind. Dies trifft nur zu bei sehr weit (exakt: unendlich weit) linear ausgedehnten Drähten, da jedes Stromleiterelement zur magnetischen Feldstärke beiträgt. Der Einzelbeitrag ist aber umso geringer, je weiter ein Stromelement vom festgelegten Meß- oder Testpunkt entfernt ist.

2. Beispiel zur Anwendung des Durchflutungsgesetzes

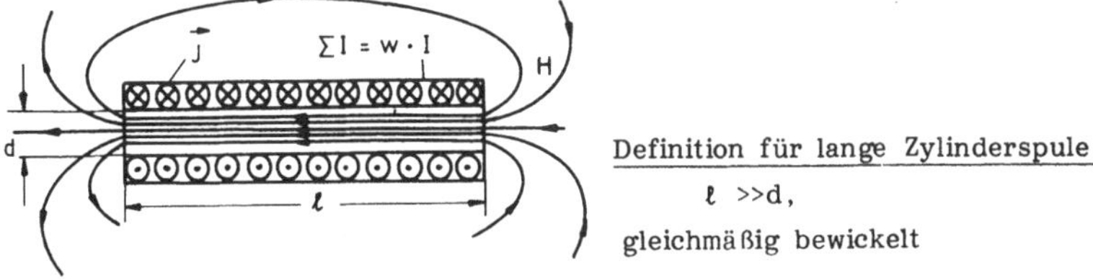

Definition für lange Zylinderspule:

$\ell \gg d$,

gleichmäßig bewickelt

Bild 5.6: Lange Zylinderspule mit einigen Feldlinien

Die lange, gleichmäßig bewickelte Zylinderspule hat in ihrem Innenraum ein homogenes Magnetfeld, das umso homogener ist, je länger die Zylinderspule im Vergleich zu ihrem Durchmesser ist. Dagegen laufen die magnetischen Feldlinien im Außenraum so weit auseinander, daß die Feldstärke $|\vec{H}|$ ebenso wie die Feldliniendichte außen nahezu null ist.

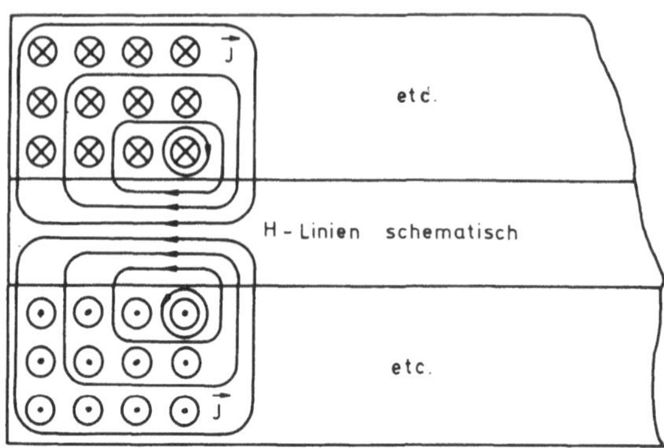

Bild 5.7: Bündelung der Feldlinien im Spuleninnern: Bündelfluß

Bild 5.7 erläutert die Ursache schematisch: Im Innenraum der langen Zylinderspule bündeln sich die Feldlinien zum gemeinsamen sogenannten Bündelfluß. Außen herum ist dagegen genügend Platz für weit ausladende Feldlinien (siehe Bild 5.6). Auch die meßtechnische Erfahrung zeigt, daß die magnetische Feldstärke im Außenraum der langen Zylinderspule in guter Näherung gleich null ist. Daher liefert nur der Spuleninnenraum längs ℓ magnetische Spannung als Beitrag zur Umlaufspannung:

$$\left.\begin{array}{l}\vec{H} \uparrow\uparrow d\vec{s} \\ H = H_i\end{array}\right\} \quad \begin{array}{l}\oint \vec{H}\, d\vec{s} = wI \\ H_i\, \ell + 0 \approx wI\end{array} \qquad (5.1\text{-}12)$$

$$H_i \approx \frac{wI}{\ell} \; ; \quad H_a \approx 0$$

Die Richtung des Vektorfeldes $\vec{H}_i$ ist durch die Spulenachse und durch rechtswendige Zuordnung der magnetischen Feldlinien zur Stromdichte der Wicklung gegeben.

3. Beispiel : Das Durchflutungsgesetz soll auf eine gleichmäßig bewickelte lange Zylinderspule angewandt werden, die jedoch teilweise (längs s) einen ferromagnetischen Kern enthält.

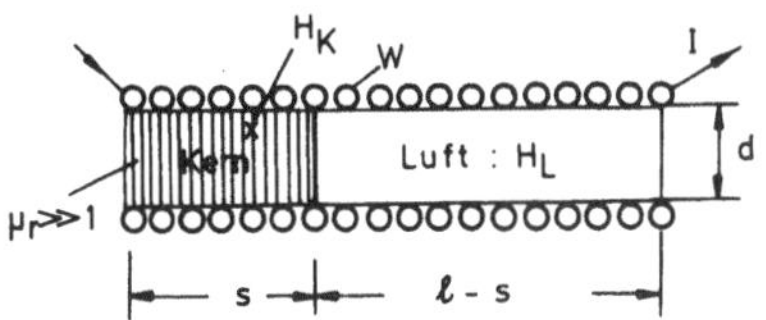

Bild 5.8: Zylinderspule mit Kern der Länge s

Hier gilt:

$$\oint \vec{H}\, d\vec{s} = wI \qquad \underline{\text{und}} \qquad \text{Div}\, \vec{B} = 0 \tag{5.1-13}$$

Div $\vec{B} = 0$ wird an der Trennfläche Kern-Luft innerhalb der Spule angewandt und bedeutet dort für die Normalkomponenten von $\vec{B}$ (Index L für Luftteil, Index K für Kern):

$$B_{nL} = B_{nK} \quad \text{oder mit } B_{nL} = \mu_o H_L \text{ und } B_{nK} = \mu_o \mu_r H_K:$$

$$1 \cdot \mu_o H_L = \mu_r \cdot \mu_o H_K \quad \text{also } H_L = \mu_r H_K \tag{5.1-14}$$

Der Feldstärkebetrag im Luftteil ist nach Gl. (5.1-14) das μ_r-fache der Feldstärke im Kern. Dieser Zusammenhang wird bei der Auswertung des Durchflutungsgesetzes benötigt, um nach einer der beiden Feldstärken auflösen zu können; aus Gl. (5.1-13) erhält man für die beiden Spulenteile:

$$H_L \cdot (\ell - s) + H_K \cdot s = wI \qquad \text{mit } H_L = \mu_r H_K:$$

$$\mu_r H_K \cdot (\ell - s) + H_K \cdot s = wI \tag{5.1-15}$$

$$H_K = \frac{wI}{s + \mu_r(\ell - s)}$$

und nochmals mit Gl.(5.1-14):

$$H_L = \mu_r H_K = \frac{wI}{\frac{s}{\mu_r} + (\ell - s)} \tag{5.1-16}$$

Aus (5.1-16) ist ersichtlich, daß bei hoher Permeabilitätszahl der Nennersummand s/μ_r gegenüber $(\ell - s)$ vernachlässigt werden kann. Daraus und aus Gl.

(5.1-14) folgt, daß die magnetische Feldstärke und Spannung im hochpermeablen Kernteil der Spule gegenüber deren Luftteil ebenfalls oft vernachlässigbar klein ist. Ähnlich diesem Beispiel kann man bei einem Transformatorkern mit Luftspalt vorgehen.

4. Beispiel: Durchflutungsgesetz angewandt auf Toroidspule

Die Toroidspule habe die Form einer mit Draht bewickelten Ananasscheibe:

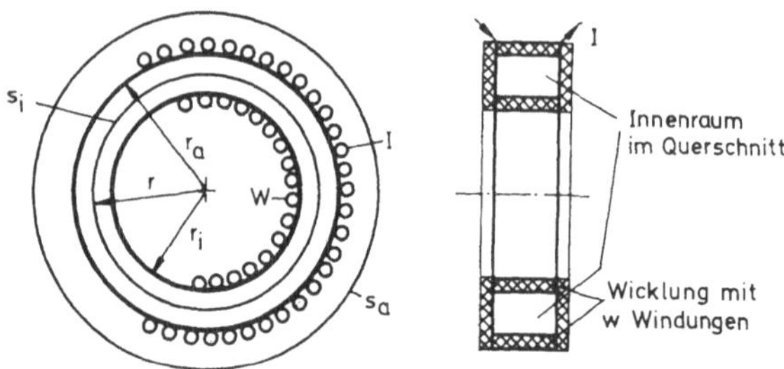

Bild 5.9: Toroidspule mit gleichmäßiger Wicklung

Diese Toroidspule, nach Bild 5.9, sei gleichmäßig längs ihres Umfangs bewickelt. Dann verläuft praktisch das ganze, vom Strom I erzeugte Magnetfeld $\vec{H} = \vec{H}_i$ gebündelt im Innenraum der Spule. Der Außenraum ist feldfrei. Weil die Summe der umfaßten Ströme gleich null ist, gilt:

$$s = \mathring{s}_a: \qquad \oint \vec{H}_a \, d\vec{s}_a = 0 \tag{5.1-17}$$

Da zusätzlich Rotationssymmetrie, also Winkelunabhängigkeit herrscht, folgt aus Gl.(5.1-17), daß $H_a = 0$ ist.
Dagegen ist innerhalb des Toroidkerns bei

$$s = \mathring{s}_i: \qquad \oint \vec{H}_i \, d\vec{s}_i = wI \tag{5.1-18}$$

$\mathring{s}_i$ hängt ab vom Radius $r_i \leq r \leq r_a$; längs $\mathring{s}_i$ gilt wegen $\vec{H}_i \uparrow\uparrow d\vec{s}_i$ für die Beträge

$$H_i \, 2\pi r = wI$$

$$H_i = \frac{wI}{2\pi r} \tag{5.1-19}$$

Anwendungsmöglichkeit des Durchflutungsgesetzes

Man will mit dem Durchflutungsgesetz magnetische Feldstärke berechnen. Das geht nur dann, wenn das Umlaufintegral $\oint \vec{H} \cdot d\vec{s}$ ausgewertet werden kann. Dazu muß man Umlaufwege $\mathring{s}$ finden, längs derer die magnetische Feldstärke H zumindest jeweils abschnittsweise konstant ist, so daß man das Umlaufintegral auswerten und nachher das Ergebnis algebraisch nach H auflösen kann.

5.2 ÜBERGANG ZU FLÄCHENHAFTEM STROMBELAG

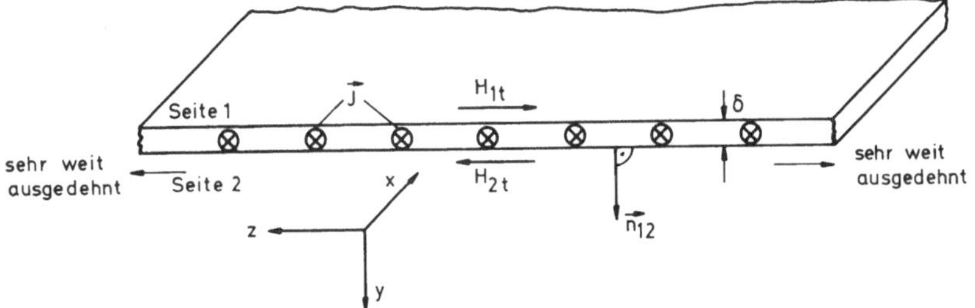

Bild 5.10: Stromdichte in einem weit eben ausgedehnten Blech

Ein in x- und z-Richtung sehr weit eben ausgedehntes Blech habe die Dicke $\delta = \Delta y$. Solange Δy noch als Ausdehnung betrachtet wird, kann mit der gewohnten Stromdichte $\vec{J}$ in A/m^2 gerechnet werden. Die Wirbeldichte in rechtwinkligen Koordinaten ist die Determinante nach Gl. (5.2-1):

$$\text{rot}\,\vec{H} = \begin{vmatrix} \vec{e}_x & \vec{e}_y & \vec{e}_z \\ \frac{\partial}{\partial x} & \frac{\partial}{\partial y} & \frac{\partial}{\partial z} \\ H_x & H_y & H_z \end{vmatrix} \quad \text{mit allgemein:} \quad \vec{H} = H_x\vec{e}_x + H_y\vec{e}_y + H_z\vec{e}_z \tag{5.2-1}$$

Da die Leitungsstromdichte nur in x-Richtung vorkommt, gibt es auch von rot $\vec{H}$ nur die x-Komponente:

$$\vec{e}_x \left(\frac{\partial H_z}{\partial y} - \frac{\partial H_y}{\partial z}\right) = J_x\,\vec{e}_x \tag{5.2-2}$$

Wegen der vorausgesetzten sehr weiten (ideal: unendlich ebenen) Ausdehnung in z-Richtung ist H_y und $\partial H_y/\partial z = 0$, so daß zu integrieren bleibt:

$$\frac{\partial H_z}{\partial y} = J_x \tag{5.2-3}$$

auch H_x ist null, da diese Feldstärke nicht rechtswendig zu $\vec{J}$ zugeordnet sein kann. Somit lautet das Ergebnis für die magnetische Feldstärke:

$$H_z = J_x\,y + \text{Konst} \tag{5.2-4}$$

Gl. (5.2-4) sagt aus, daß innerhalb des Bleches, dort wo die Leitungsstromdichte $\vec{J}$ vorkommt (über die auch integriert wurde), die magnetische Feldstärke $\vec{H} = H_z \vec{e}_z$ linear mit y zunimmt. Ist kein weiteres äußeres Magnetfeld vorhanden, so scheint die größte Feldstärke für $y = \delta$ erreicht zu sein:

$$H_z = J_x \cdot \delta + \text{Konst} \qquad (5.2\text{-}5)$$

Die Integrationskonstante kann aber aus Symmetriegründen so gewählt werden, daß $H_z/2$ auf der Seite 2 und $-H_z/2$ auf der Seite 1 vorkommt: Konst = $-J_x\delta/2$. Dann ist für

$$0 \leq y \leq \delta: \quad H_z = J_x\, y - J_x \frac{\delta}{2} \qquad (5.2\text{-}6)$$

Randwerte:

$$y = 0 \quad \text{Seite 1:} \quad H_{z1} = -J_x\, \delta/2 = H_{1t} \qquad (5.2\text{-}7)$$

$$y = \delta \quad \text{Seite 2:} \quad H_{z2} = +J_x\, \delta/2 = H_{2t}$$

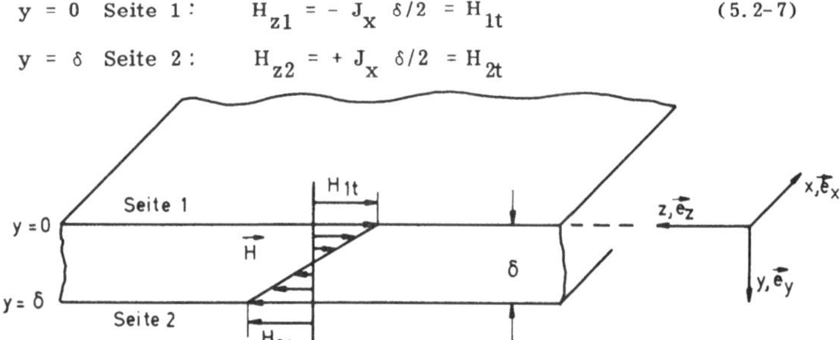

Bild 5.11: Magnetische Feldstärke innerhalb des sehr weit eben ausgedehnten Bleches

Geht schließlich Δy gegen null, wird also das endlich dicke Material dünn wie z.B. eine Alufolie, bei gleichbleibender Stromstärke, so kann die Determinante nach Gl. (5.2-1) nicht mehr angewandt werden, weil die jetzt sprunghafte Änderung von $\vec{H}$ keinen stetig differenzierbaren Vorgang mehr darstellt, so daß auch eine Integration wie sie in Gl.(5.2-4) geschehen ist, nicht möglich ist. Wir müssen nach Gl. (5.0-4) die 1. Maxwellgleichung für flächenhafte Stromdichte $\vec{j}_s$ verwenden. Ihre Einheit ist nicht A/m^2, sondern Ampere pro Längeneinheit der Fläche (z.B. eines Bleches) in z-Richtung. Siehe Bild 5.12. Die Stromstärke in dem jetzt sehr dünnen Material ist aus dem Strombelag $\vec{j}_s$ durch das Linienintegral (dies ist kein Schreibfehler!) zu berechnen:

$$I = \int \vec{j}_s \, d\vec{s}\,, \qquad \left[\vec{j}_s\right] = \mathrm{A/m} \tag{5.2-8}$$

$d\vec{s}$ hat den Einheitsvektor des ursprünglichen Flächenelementes $d\vec{f}$; das ist hier $\vec{e}_x$. Die geänderte Einheit für die Stromdichte $\vec{j}_s$ (die auch Strombelag genannt wird) ist auch wegen Übereinstimmung mit der Sprungrotation notwendig:

$$\mathrm{Rot}\ \vec{H} = \vec{n}_{12} \times (\vec{H}_2 - \vec{H}_1) \quad \text{und} \quad \left[\mathrm{Rot}\ \vec{H}\right] = \left[\vec{H}\right] = \frac{\mathrm{A}}{\mathrm{m}} \tag{5.2-9}$$

Weil ein Normalenvektor die Einheit eins hat, stimmt die Einheit der Sprungrotation mit der Einheit von $\vec{H}$ überein: Sie ist A/m ebenso wie die Einheit des flächenhaften Strombelags $\vec{j}_s$.

Das Grundsätzliche der Sprungrotation wurde in Abschnitt 3.5 erklärt. Wir wenden sie hier auf den stromdurchflossenen Flächenleiter nach Bild 5.12 an. Ein zusätzlich überlagertes äußeres Magnetfeld anderen Ursprungs sei nicht vorhanden. Dann existiert in der Umgebung des Flächenleiters nur das vom Strombelag $\vec{j}_s$ erzeugte Magnetfeld:

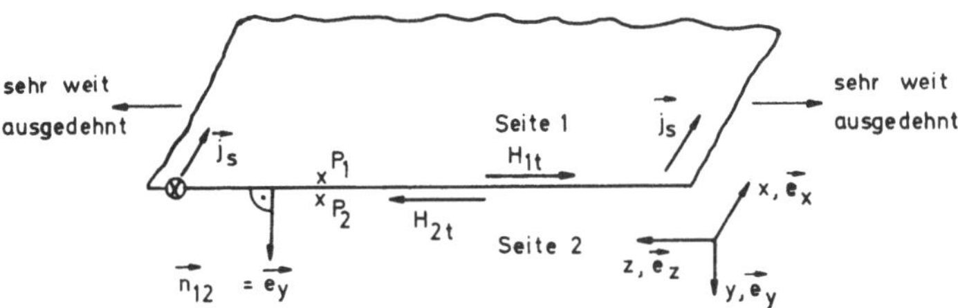

Bild 5.12: Sprunghafte Feldstärkeänderung am dünnen stromführenden Blech

Es sei $\vec{j}_s = j_s\,\vec{e}_x$. Für die Punkte P_1 und P_2 beidseitig dicht neben dem Flächenleiter gilt:

$$\mathrm{Rot}\ \vec{H} = \vec{n}_{12} \times (\vec{H}_2 - \vec{H}_1) = \vec{j}_s \tag{5.2-10}$$

Um Gl. (5.2-10) zu erfüllen, muß mit $\vec{n}_{12} = +\vec{e}_y$ für die magnetischen Feldstärken $\vec{H}_1$ und $\vec{H}_2$ gelten:

$$\begin{aligned} \vec{H}_1 &= H_1(-\vec{e}_z) = H_{1t} \cdot (-\vec{e}_z) \\ \vec{H}_2 &= H_2\,\vec{e}_z \quad\ = H_{2t} \cdot \vec{e}_z \end{aligned} \tag{5.2-11}$$

eingesetzt in Gl. (5.2-10) erhält man:

$$\vec{e}_y \times (H_2 \cdot \vec{e}_z - H_1 \cdot (-\vec{e}_z)) = j_s \cdot \vec{e}_x . \qquad (5.2\text{-}12)$$

Für die Beträge gilt aus Symmetriegründen:
$H_2 = H_1 = H_t$. Daher wird aus Gl. (5.2-12):

$$\vec{e}_x \cdot 2H_t = j_s \cdot \vec{e}_x \qquad (5.2\text{-}13)$$

$$\boxed{H_t = \frac{j_s}{2}}$$

Die Richtung der magnetischen Feldstärke springt beim Überschreiten des Flächenleiters von Seite 1 nach Seite 2 um 180°, ihr Betrag bleibt $j_s/2$.

Über die Veränderung des magnetischen Feldvektors in y-Richtung, beim Weggehen vom Flächenleiter, darüber sagt die Sprungrotation nichts aus.
Man kann aber festhalten:
Solange die y-Abstände der Punkte P_1 und P_2 vom Flächenleiter klein sind gegenüber seiner z-Ausdehnung, solange gilt auch die berechnete tangentiale Feldstärke.

5.3 MAGNETISCHE FELDSTÄRKE LINEAR AUSGEDEHNTER LEITER BELIEBIGEN QUERSCHNITTS

Zunächst betrachten wir einen dünnen, fadenförmigen, unendlich weit in z-Richtung ausgedehnten, vom Gleichstrom I durchflossenen Leiter. In einem Testpunkt P(x,y) erzeugt seine Stromstärke nach dem Durchflutungsgesetz den Betrag der magnetischen Feldstärke:

$$|\vec{H}| = \frac{I}{2\pi r} \qquad (5.3\text{-}1)$$

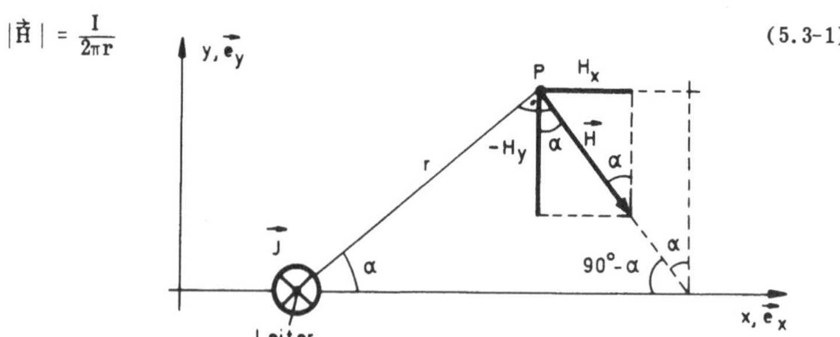

Bild 5.13: Komponenten der magnetischen Feldstärke

Die Komponenten in x- und y-Richtung sind:

$$H_x = \frac{I}{2\pi r} \sin \alpha \tag{5.3-2}$$

$$H_y = \frac{-I}{2\pi r} \cos \alpha \tag{5.3-3}$$

Da die 1. Maxwellgleichung, die den Zusammenhang zwischen Stromdichte und magnetischer Feldstärke liefert, eine lineare Differentialgleichung ist, können magnetische Feldstärken, die von mehreren fadenförmigen Einzelleitern herrühren, vektoriell überlagert werden:

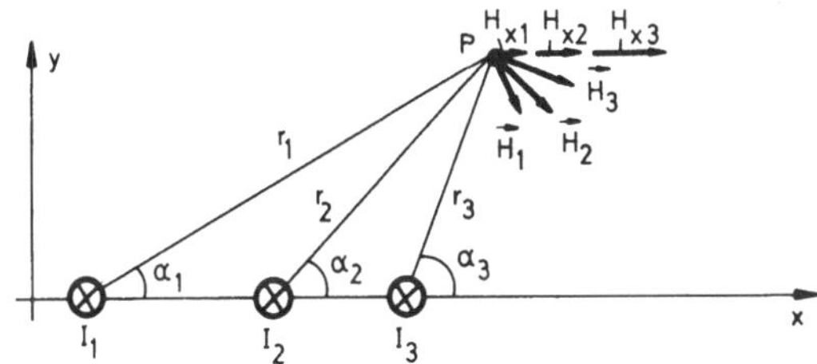

Bild 5.14: Drei Einzelleiter tragen zur Feldstärke bei; die Komponenten H_{y1}, H_{y2}, H_{y3} sind nicht eingezeichnet

Die nach Bild 5.14 in x-Richtung resultierende Feldstärke ist

$$H_x = \frac{1}{2\pi} \left\{ \frac{I_1}{r_1} \sin \alpha_1 + \frac{I_2}{r_2} \sin \alpha_2 + \frac{I_3}{r_3} \sin \alpha_3 \right\} \tag{5.3-4}$$

und in y-Richtung gilt analog:

$$H_y = \frac{-1}{2\pi} \left\{ \frac{I_1}{r_1} \cos \alpha_1 + \frac{I_2}{r_2} \cos \alpha_2 + \frac{I_3}{r_3} \cos \alpha_3 \right\} \tag{5.3-5}$$

Man kann die Komponenten auch dann linear überlagern, wenn die Linienleiter nicht in einer Ebene verlaufen.

Werden die Abstände r_1, r_2, r_3 sehr groß gegenüber den Abständen der Linienleiter voneinander, dann ist

$r_1 \approx r_2 \approx r_3 \approx r$ und $\alpha_1 \approx \alpha_2 \approx \alpha_3 \approx \alpha$ und daher:

$$H_x \approx \frac{1}{2\pi r} \{ I_1 + I_2 + I_3 \} \sin \alpha \tag{5.3-6}$$

$$H_y \approx \frac{-1}{2\pi r} \{ I_1 + I_2 + I_3 \} \cos \alpha \tag{5.3-7}$$

Der Betrag der magnetischen Feldstärke in der großen Entfernung r ist angenähert:

$$H = \sqrt{H_x^2 + H_y^2} \approx \frac{1}{2\pi r}(I_1 + I_2 + I_3), \qquad (5.3\text{-}8)$$

weil $\sin^2\alpha + \cos^2\alpha = 1$ ist.

Dieses Prinzip der Überlagerung erlaubt die Berechnung magnetischer Feldstärken von linear ausgedehnten Leitern, die parallel zueinander laufen, bei beliebigem, aber in z-Richtung gleich bleibendem Querschnitt.

Beispiel: Wir wollen am Beispiel eines Leiters von Rechteckquerschnitt die Formeln angeben, die die Berechnung der magnetischen Feldstärke ermöglichen. Sie gelten auch für zylindrische Leiter von anderem Querschnitt, wenn man die Integrationsgrenzen so verändert, daß wieder über den stromführenden Querschnitt integriert wird.

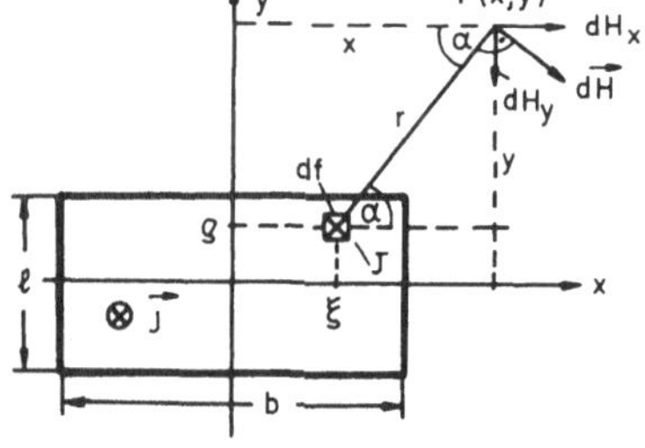

Bild 5.15: Rechteckiger stromdurchflossener Leiter

In Gedanken zerlegen wir den rechteckigen Leiter in unendlich viele parallele, fadenförmige Teilleiter der Querschnitte df mit den Koordinaten ξ und ϱ; diese Koordinaten (ξ,ϱ) der Linienleiter müssen andere sein als die des Testpunktes $P(x,y)$; denn werden die Testpunktkoordinaten (x,y) variiert, so müssen doch (ξ,ϱ) als Koordinaten des ruhenden Teilleiters konstant bleiben. Jeder Teillinenleiter trägt zur Feldstärke in Punkt $P(x,y)$ die Anteile bei:

$$dH_x = \frac{J\,df}{2\pi r}\sin\alpha\,; \qquad \sin\alpha = \frac{y-\varrho}{r} = \frac{y-\varrho}{\sqrt{(y-\varrho)^2 + (x-\xi)^2}} \qquad (5.3\text{-}9)$$

und

$$dH_y = \frac{-J\,df}{2\pi r}\cos\alpha; \qquad \cos\alpha = \frac{x-\xi}{r} = \frac{x-\xi}{\sqrt{(y-\varrho)^2 + (x-\xi)^2}} \qquad (5.3\text{-}10)$$

Daher erhält man H_x und H_y durch Integration über den gesamten stromdurchflossenen Leiterquerschnitt $f_I = \ell \cdot b$, der durch die Koordinaten (ξ, ϱ) beschrieben wird. Integrationsvariablen sind daher ebenfalls ξ und ϱ :

$$H_x = \frac{J}{2\pi} \iint\limits_{f_I} \frac{\sin \alpha}{r} \, df = \frac{J}{2\pi} \iint\limits_{f_I} \frac{y-\varrho}{(y-\varrho)^2+(x-\xi)^2} \, d\xi \, d\varrho \qquad (5.3\text{-}11)$$

$$H_y = \frac{-J}{2\pi} \iint\limits_{f_I} \frac{\cos \alpha}{r} \, df = \frac{-J}{2\pi} \iint\limits_{f_I} \frac{x-\xi}{(y-\varrho)^2+(x-\xi)^2} \, d\xi \, d\varrho \qquad (5.3\text{-}12)$$

5.4 DARSTELLUNG VON WIRBELFELDERN AUS EINEM VEKTORPOTENTIAL

Von Quellenfeldern wissen wir, daß sie stets wirbelfrei sind und daher aus einem Skalarpotential $\varphi(x,y,z)$ abgeleitet werden dürfen; $\vec{E}$ sei eine Quellenfeldstärke, dann gilt:

$$\vec{E} = -\operatorname{grad} \varphi \; , \qquad (5.4\text{-}1)$$

denn mathematisch notwendig ist die Wirbeldichte davon stets gleich null:

$$\begin{aligned} \operatorname{rot} \vec{E} &= \operatorname{rot} (-\operatorname{grad} \varphi) \\ &= \nabla \times (-\nabla \varphi) \qquad (5.4\text{-}2) \\ &= (\nabla \times \nabla) \cdot (-\varphi) \equiv 0 \end{aligned}$$

Wir wissen, die Gradientendarstellung beschreibt Quellenfelder. Sie kann auch für wirbelfreie Wirbelfelder angewandt werden. Beispiel: Das wirbelfreie Magnetfeld außerhalb eines stromführenden Leiters. Allerdings muß man dort eine Sperrfläche α = const einziehen, so daß keine geschlossenen Umläufe um den Leiter herum möglich sind. Denn mit der Sperrfläche gilt für alle noch möglichen Wege stets: $\oint \vec{H} \cdot d\vec{s} = 0$ und $\vec{H} = -\operatorname{grad} \varphi_m$.

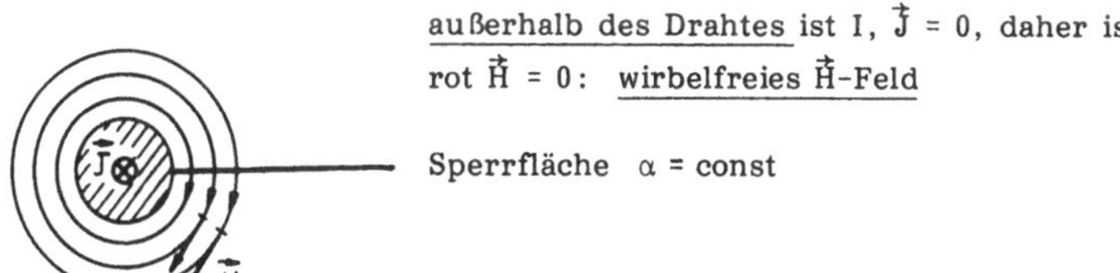

Bild 5.16: Draht mit Sperrfläche bei wirbelfreiem $\vec{H}$-Feld

Es stellt sich die Frage, ob es eine Möglichkeit gibt, wirbelhafte Vektorfelder ebenfalls aus einem übergeordneten Potential abzuleiten, also mathematisch darzustellen. Da Gradientenbildung aus einem Skalarpotential stets ein wirbelfreies Feld liefert, kommt sie nicht in Frage. Dagegen eignet sich ein sogenanntes Vektor-Potential: eine gerichtete Potentialfunktion.

Meist wird das Vektorpotential als magnetisches Vektorpotential dargestellt, was auch hier geschehen soll, obwohl es auch für wirbelhafte elektrische Feldstärken $\vec{E}$ benutzbar wäre. Wir beschränken das Vektorpotential auf streng stationäre Vorgänge: Zeitliche Änderungen werden demnach nicht zugelassen. Dann gelten die Grundgleichungen:

$$\operatorname{div} \vec{B} = 0, \qquad \operatorname{rot} \vec{H} = \vec{J} \tag{5.4-3}$$

mit

$$\vec{B} = \mu\vec{H}: \qquad \operatorname{rot} \vec{B} = \mu\vec{J} \tag{5.4-4}$$

Überdies müssen wir voraussetzen, daß die Materie homogen und isotrop sei, d.h. für den Zusammenhang zwischen $\vec{B}$ und $\vec{H}$ wird gefordert, daß die Permeabilitätszahl μ_r im ganzen betrachteten Raum konstant und nicht richtungsabhängig ist. Dann kann man für $\vec{B}$ den Lösungsansatz anschreiben:

$$\boxed{\vec{B} = \operatorname{rot} \vec{A}} \tag{5.4-5}$$

Dieser Ansatz mit $\vec{A}$ als Vektorpotential ist nur dann sinnvoll, wenn die Nebenbedingung div $\vec{B} = 0$ erfüllt bleibt; denn isolierte magnetische Ladungen als Einzelnordpol (Quelle) oder Einzelsüdpol (Senke) können experimentell nicht realisiert werden:

$$\begin{aligned} \operatorname{div} \vec{B} &\overset{!}{=} 0 \\ &= \operatorname{div}(\operatorname{rot} \vec{A}) \equiv \nabla (\nabla \times \vec{A}) \\ &= (\nabla \times \nabla) \vec{A} \equiv 0 \end{aligned} \tag{5.4-6}$$

Die Nebenbedingung ist erfüllt. Wirbelfelder mit in sich geschlossenen Feldlinien können aus einem magnetischen Vektorpotential $\vec{A}$ abgeleitet werden. Allerdings ist es zweckmäßig eine weitere Bedingung zu erfüllen, nämlich:

$$\operatorname{div} \vec{A} = 0, \tag{5.4-7}$$

Sie bedeutet, daß das Vektorpotential $\vec{A}$ nicht um einen Gradientenvektor grad χ (mit $\chi(x,y,z)$ als beliebiger Skalarfunktion) erweitert sein darf, ansonsten wären mit:

$$\vec{A}' = \vec{A} + \operatorname{grad} \chi \tag{5.4-8}$$

$$\left.\begin{aligned}\operatorname{div} \vec{B}' &= \operatorname{div} (\operatorname{rot} \vec{A}') \\ &= \nabla \{\nabla \times (\vec{A} + \nabla \chi)\} \\ &= (\nabla \times \nabla)\vec{A} + \nabla (\nabla \times \nabla \chi) \\ &\equiv 0\end{aligned}\right\} \quad (5.4\text{-}9)$$

sowohl $\vec{A}$ als auch $\vec{A}' = \vec{A} + \operatorname{grad} \chi$ Lösungen, also mögliche Vektorpotentiale. Wegen der unendlichen Vielfalt denkbarer Gradientenvektoren grad χ wäre $\vec{A}'$ selbst nicht eindeutig, sondern auch unendlich vieldeutig. Daher wird $\operatorname{div}(\operatorname{grad}\chi) = \Delta\chi \neq 0$, d.h. $\eta \neq 0$ durch die Bedingung $\operatorname{div} \vec{A} = 0$ ausgeschlossen.(Gelegentlich kann eine festgelegte Funktion $\operatorname{grad}\chi(x,y,z)$ zur Eichung des Vektorpotentials hinzugenommen werden.)

Zum besseren Verständnis des Lösungsansatzes $\vec{B} = \operatorname{rot} \vec{A}$ kann man ihn mit der 1. Maxwellgleichung vergleichen:

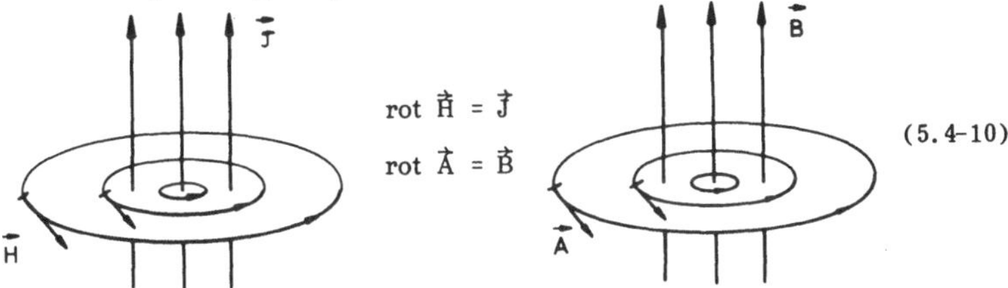

$$\operatorname{rot} \vec{H} = \vec{J} \qquad \operatorname{rot} \vec{A} = \vec{B} \quad (5.4\text{-}10)$$

Bild 5.17: Zuordnungen $\vec{H}$ zu $\vec{J}$ und dementsprechend $\vec{A}$ zu $\vec{B}$

Die Leitungsstromdichte $\vec{J}$ ist Wirbeldichte und Wirbelursache für das von ihr hervorgerufene Magnetfeld $\vec{H}$. Analog gilt: Die magnetische Flußdichte $\vec{B}$ ist Wirbeldichte und Wirbelursache für das ihr zuzuordnende Vektorpotential $\vec{A}$. Wie $\vec{H}$ rechtswendig zu $\vec{J}$, so ist auch $\vec{A}$ rechtswendig zu $\vec{B}$ zugeordnet (Bild 5.17).

5.4.1 DIE DIFFERENTIALGLEICHUNG DES VEKTORPOTENTIALS

Wir setzen $\vec{B} = \operatorname{rot} \vec{A}$ ein in rot $\vec{H}$ oder genauer in: $\operatorname{rot} (\vec{B}/\mu)$ und erhalten:

$$\begin{aligned}\operatorname{rot} \frac{\vec{B}}{\mu} &= \operatorname{rot} (\frac{1}{\mu} \operatorname{rot} \vec{A}) = \nabla \times (\frac{1}{\mu} \nabla \times \vec{A}) \\ &= \nabla \frac{1}{\mu} \times (\nabla \times \vec{A}) + \frac{1}{\mu} \nabla \times (\nabla \times \vec{A}) \\ &= \operatorname{grad} \frac{1}{\mu} \times \operatorname{rot} \vec{A} + \frac{1}{\mu} \operatorname{rot} (\operatorname{rot} \vec{A}).\end{aligned} \quad (5.4\text{-}11)$$

Da homogenes Medium vorausgesetzt wurde, ist der Gradient aus $1/\mu$ gleich null, so daß auf der rechten Seite von Gl. (5.4-11) nur $(1/\mu)\cdot\text{rot}(\text{rot}\,\vec{A})$ übrigbleibt. Aus der Vektorrechnung ist aber bekannt, daß

$$\text{rot}(\text{rot}\,\vec{A}) = \text{grad}\,(\text{div}\,\vec{A}) - \Delta\vec{A} \qquad (5.4\text{-}12)$$

ist. Bedenkt man noch, daß im vorangehenden Abschnitt 5.4 $\text{div}\,\vec{A} = 0$ gefordert wurde, so bleibt stehen:

$$\text{rot}\,\frac{\vec{B}}{\mu} = \frac{1}{\mu}\,(-\Delta\vec{A}) \quad \text{oder} \quad \text{rot}\,\vec{B} = -\Delta\vec{A} \qquad (5.4\text{-}13)$$

Andererseits aber ist wegen $\text{rot}\,\vec{H} = \vec{J}$:

$$\text{rot}\,\vec{B} = \mu\vec{J}, \qquad (5.4\text{-}14)$$

so daß schließlich die <u>Differentialgleichung für das Vektorpotential</u> folgende allgemeine Form hat (nur in rechtwinkligen Koordinaten gilt $\Delta = \nabla^2$):

$$\boxed{\Delta\vec{A} = -\mu\vec{J},} \qquad (5.4\text{-}15)$$

gültig für die getroffenen Vereinbarungen und Einschränkungen.

Ausführlich, in kartesischen Koordinaten, erhält man für die Vektorgleichung (5.4-15) drei skalare Differentialgleichungen:

$$\boxed{\begin{aligned} \frac{\partial^2 A_x}{\partial x^2} + \frac{\partial^2 A_x}{\partial y^2} + \frac{\partial^2 A_x}{\partial z^2} &= -\mu J_x \\ \frac{\partial^2 A_y}{\partial x^2} + \frac{\partial^2 A_y}{\partial y^2} + \frac{\partial^2 A_y}{\partial z^2} &= -\mu J_y \\ \frac{\partial^2 A_z}{\partial x^2} + \frac{\partial^2 A_z}{\partial y^2} + \frac{\partial^2 A_z}{\partial z^2} &= -\mu J_z \end{aligned}} \quad \text{mit} \quad \vec{A} = A_x\vec{e}_x + A_y\vec{e}_y + A_z\vec{e}_z \qquad (5.4\text{-}16)$$

Alle drei Gleichungen (5.4-16) sind dann Differentialgleichungen des Vektorpotentials, wenn die Leitungsstromdichten $J_x \neq 0 \wedge J_y \neq 0 \wedge J_z \neq 0$ sind. Ist aber beispielsweise nur $J_z \neq 0$, während $J_x = J_y = 0$ ist, so sind die Differentialgleichungen mit A_x und A_y Laplacesche Potentialgleichungen und nur diejenige mit A_z ist eine Differentialgleichung des Vektorpotentials.

5.4.2 LÖSUNG DER DIFFERENTIALGLEICHUNG DES VEKTORPOTENTIALS

Im Abschnitt 4 wurde die in rechtwinkligen Koordinaten angeschriebene Poissonsche Differentialgleichung:

$$\frac{\partial^2 \varphi}{\partial x^2} + \frac{\partial^2 \varphi}{\partial y^2} + \frac{\partial^2 \varphi}{\partial z^2} = \frac{-\eta_q}{\varepsilon} \qquad \text{oder } \Delta \varphi = \frac{-\eta_q}{\varepsilon} \tag{5.4-17}$$

gelöst. Gl.(4.1-69) war die Lösung in vektorieller Schreibweise:

$$\varphi = \frac{1}{4\pi\,\varepsilon} \iiint\limits_V \frac{\eta_q}{|\vec{r}_{qt}|}\, dv_q \tag{5.4-18}$$

η_q ist die quellenhafte Raumladungsdichte, dv_q das Volumenelement mit η_q und $\vec{r}_{qt}$ ist der Vektor vom Volumenelement der Quelle (q = Quelle) zum Meß- oder Testpunkt P(x,y,z).

Der formale Aufbau der drei Differentialgleichungen (5.4-16) stimmt mit der Poissonschen Differentialgleichung (5.4-17) überein. Daher kann deren Lösung (5.4-18) formal für die Differentialgleichungen (5.4-16) übernommen werden; dabei ist zu beachten:

$-\eta_q$	entspricht	$-J_x, -J_y, -J_z$	
$1/\varepsilon$	"	μ	(5.4-19)
A_x, A_y, A_z	"	φ	

Auf Grund der Analogie kann man die Lösungsintegrale sofort anschreiben:

$$\boxed{\begin{aligned} A_x &= \frac{\mu}{4\pi} \iiint \frac{J_{xq}}{|\vec{r}_{qt}|}\, dv_q \\ A_y &= \frac{\mu}{4\pi} \iiint \frac{J_{yq}}{|\vec{r}_{qt}|}\, dv_q \\ A_z &= \frac{\mu}{4\pi} \iiint \frac{J_{zq}}{|\vec{r}_{qt}|}\, dv_q \end{aligned}} \tag{5.4-20}$$

Diese drei Komponenten des Vektorpotentials können auch in einer einzigen zusammenfassenden Schreibweise vektoriell angegeben werden:

$$\vec{A} = \frac{\mu}{4\pi} \iiint \frac{\vec{J}_q}{|\vec{r}_{qt}|} dv_q \tag{5.4-21}$$

Die Analogie der Lösungen von Poissonscher Differentialgleichung und Vektorpotential ist rein mathematischer Natur. Sie darf nicht den physikalischen Unterschied verschleiern: Die Poissonsche Differentialgleichung beschreibt Quellenfelder der Elektrostatik mit Anfang und Ende bei vorhandenen Raumladungsdichten η. Die Differentialgleichung des Vektorpotentials dagegen beschreibt Wirbelfelder mit in sich geschlossenen Feldlinien, die durch Leitungsstromdichten verursacht werden. Der Deutlichkeit halber sei Gl. (5.4-21) ausführlicher mit rechtwinkligen Koordinaten angeschrieben:

$$\vec{A} = \frac{\mu}{4\pi} \iiint \frac{\vec{J}_q(\xi, \varrho, \psi)}{\sqrt{(x-\xi)^2+(y-\varrho)^2+(z-\psi)^2}} dv_q(\xi, \varrho, \psi) \tag{5.4-22}$$

(ξ, ϱ, ψ) sind die Koordinaten der verursachenden Leitungsstromdichte und deren Volumenelemente, (x,y,z) diejenigen des Meß- oder Testpunkts $P(x,y,z)$. Zu integrieren ist über den von Leitungsstromdichte erfüllten Raum v_q.

Tritt Leitungsstromdichte nicht räumlich, sondern nur in einer dünnen Fläche (z.B. in Blech) als Strombelag mit der <u>flächenhaften Stromdichte</u> $\vec{j}_q$ in A/m auf, so vereinfacht sich das Dreifachintegral nach Gl. (5.4-21) zu einem Zweifachintegral:

$$\vec{A} = \frac{\mu}{4\pi} \iint \frac{\vec{j}_{sq} \, df_q}{|\vec{r}_{qt}|} \tag{5.4-23}$$

Noch einfacher wird das Lösungsintegral in dem häufig auftretenden Fall von fadenartigem Stromfluß in einem dünnen Leiter (Draht), also bei normalem Stromfluß im ausgedehnten Draht, der auch als dünner Faden idealisiert werden kann. Für ihn gilt das Umlaufintegral längs des Drahtes; $\vec{J}_q \cdot dv_q \rightarrow I \cdot d\vec{s}_q$:

$$\vec{A} = \frac{\mu I}{4\pi} \oint \frac{d\vec{s}_q}{|\vec{r}_{qt}|} \tag{5.4-24}$$

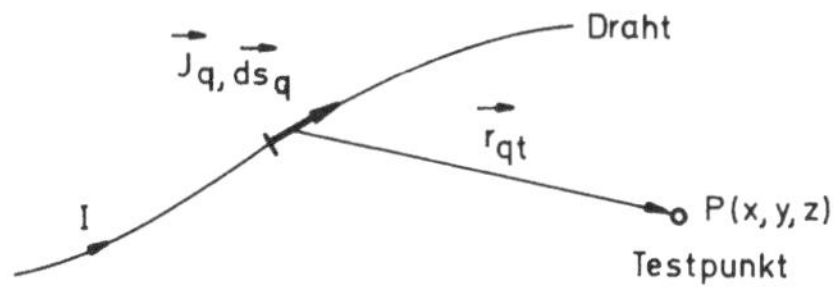

Bild 5.18: Vektorpotential bei fadenförmigem Strom

$\vec{A}$ ist das berechnete Vektorpotential im Testpunkt P(x,y,z). Alle Linienelemente des stromdurchflossenen Drahtes tragen zu $\vec{A}$ bei. Dieser Beitrag ist umso gewichtiger, je näher der Testpunkt P(x,y,z) beim Draht liegt, denn umso kleiner ist dann r_{qt} im Nenner von Gl. (5.4-24).

Beispiel zum Vektorpotential

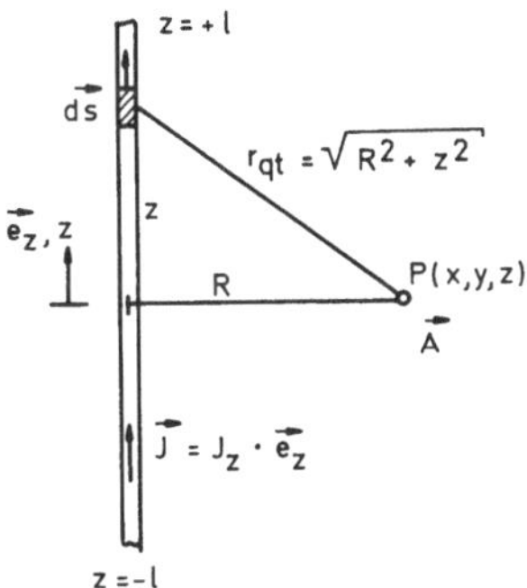

Bild 5.19: Sehr weit linear ausgedehnter Draht ohne Rückleiter

Der linear ausgedehnte Einzelleiter

Alle Leiterelemente $\vec{ds}$ zeigen in z-Richtung: $\vec{ds} = dz \cdot \vec{e}_z$, ebenso: $\vec{J} = J_z \cdot \vec{e}_z$. Daher bleibt von der Differentialgleichung des Vektorpotentials nur die Komponente in z-Richtung übrig. In rechtwinkligen Koordinaten ist:

$$\frac{\partial^2 A_z}{\partial x^2} + \frac{\partial^2 A_z}{\partial y^2} + \frac{\partial^2 A_z}{\partial z^2} = -\mu J_z \qquad (5.4\text{-}25)$$

Ist der Leiter dünn, bei fadenartigem Stromfluß, dann ist die Lösung allgemein:

$$\vec{A} = \frac{\mu I}{4\pi} \oint \frac{\vec{ds}_q}{r_{qt}} \qquad (5.4\text{-}26)$$

und speziell für $d\vec{s}_q = dz\,\vec{e}_z$, $\quad \vec{J} = J_z\,\vec{e}_z$

$$A_z = \frac{\mu I}{4\pi} \int_{z=-\ell}^{+\ell} \frac{dz}{r_{qt}} = \frac{\mu I}{4\pi} \int_{z=-\ell}^{+\ell} \frac{dz}{\sqrt{R^2+z^2}} \tag{5.4-27}$$

Integraltabelle: $$\int \frac{dz}{\sqrt{R^2+z^2}} = \ln(z + \sqrt{R^2 + z^2}) + C \tag{5.4-28}$$

angewandt:

$$\left.\begin{aligned} A_z &= \frac{\mu I}{4\pi} \cdot \ln(z+\sqrt{R^2 + z^2})\Bigg|_{-\ell}^{+\ell} = \frac{\mu I}{4\pi} \cdot \ln \frac{\ell + \sqrt{R^2+\ell^2}}{-\ell+\sqrt{R^2+\ell^2}} \\ A_z &= \frac{\mu I}{4\pi} \ln \frac{1 + \sqrt{(\frac{R}{\ell})^2 + 1}}{-1+\sqrt{(\frac{R}{\ell})^2 + 1}} \end{aligned}\right\} \tag{5.4-29}$$

Man erkennt, daß bei unendlich langem Draht: $\ell \to \infty$, der Nenner von A_z gegen null geht. Das Vektorpotential divergiert! Physikalischer Grund: Unendlich lange Linienleiter ohne Rückleiter gibt es nicht.

5.4.3 ANWENDUNGEN DES VEKTORPOTENTIALS

5.4.3.1 DAS AUS DEM VEKTORPOTENTIAL ABGELEITETE, VERALLGEMEINERTE GESETZ NACH BIOT-SAVART

Bei gegebener, räumlich verteilter Stromdichte beschreiben die Gln. (5.4-20,21, 22) die Berechnung des Vektorpotentials. Daraus wollen wir die magnetische Feldstärke berechnen. Es ist

$$\vec{H} = \frac{1}{\mu} \cdot \vec{B} \tag{5.4-30}$$ und $$\vec{B} = \text{rot}\,\vec{A}, \tag{5.4-31}$$

so daß die magnetische Feldstärke sich mit Gl.(5.4-21) anschreiben läßt zu:

$$\vec{H} = \frac{1}{\mu} \text{rot}\,\vec{A} = \frac{1}{\mu} \text{rot} \frac{\mu}{4\pi} \iiint \frac{\vec{J}_q}{|\vec{r}_{qt}|} dv_q \tag{5.4-32}$$

und bei zulässigem Vertauschen der Integrale mit rot, wird:

$$\vec{H} = \frac{1}{\mu} \cdot \frac{\mu}{4\pi} \iiint \text{rot} \frac{\vec{J}_q}{|\vec{r}_{qt}|} dv_q \tag{5.4-33}$$

Zwischenrechnung: Es ist aus Gl. (5.4-33)

$$\text{rot}\,\frac{\vec{J}_q}{|\vec{r}_{qt}|} = \nabla \times \frac{\vec{J}_q}{|\vec{r}_{qt}|}\,; \quad |\vec{r}_{qt}| = r_{qt} \tag{5.4-34}$$

Bei diesem Rechengang ist darauf zu achten, daß das Vektorpotential abhängig von den laufenden Koordinaten (x,y,z) von P berechnet wird. Die Koordinaten (ξ, ϱ, ψ) sind diesbezüglich Festwerte; sie geben den Ort q des stromführenden Leiters an. Die Leitungsstromdichte $\vec{J}_q$ ist daher bei der Anwendung von Nabla in Gl. (5.4-34) eine Konstante. Nabla wirkt auf den Testpunkt P(x,y,z) mit dem Index t. Daher gilt:

$$\nabla \times \frac{\vec{J}_q}{r_{qt}} = \underbrace{(\nabla \times \vec{J}_q)}_{\equiv\, 0} \frac{1}{r_{qt}} + \left(\nabla \frac{1}{r_{qt}}\right) \times \vec{J}_q \tag{5.4-35}$$

$$= \text{grad}\,\frac{1}{r_{qt}} \times \vec{J}_q$$

Der Gradient aus $1/r_{qt}$ hat die Richtung des Vektors $-\vec{r}_{qt}$.

$$= \frac{-\vec{r}_{qt}}{r_{qt}^3} \times \vec{J}_q$$

$$\text{rot}\,\frac{\vec{J}_q}{r_{qt}} = \vec{J}_q \times \frac{\vec{r}^{\,o}_{qt}}{r_{qt}^2}\,; \quad \vec{r}^{\,o}_{qt} = \frac{\vec{r}_{qt}}{|\vec{r}_{qt}|} \;:\; \text{Einheitsvektor} \tag{5.4-36}$$

Setzt man dieses Ergebnis der Zwischenrechnung in Gl. (5.4-33) ein, so erhält man die magnetische Feldstärke bei dreidimensionalem Stromfluß zu:

$$\boxed{\vec{H} = \frac{1}{4\pi}\iiint \frac{\vec{J}_q \times \vec{r}^{\,o}_{qt}}{r_{qt}^2}\,dv_q} \tag{5.4-37}$$

Dies ist das erweiterte Biot-Savartsche Gesetz mit v_q als leitungsstromführendem Volumen und $\vec{r}_{qt}$ als Vektor vom Volumenelement dv_q zum Testpunkt P(x,y,z), gemäß Bild 5.18, das auch hier gilt.

5.4.3.2 HERLEITUNG DES GESETZES NACH BIOT-SAVART FÜR FADENARTIGEN STROMFLUSS (DRÄHTE)

Die stromführenden Volumenelemente dv_q von fadenförmigen Drähten können ausgedrückt werden durch das Innenprodukt

$$dv_q = \vec{f}_q \, d\vec{s}_q \qquad (5.4\text{-}38)$$

Dann ist nach Gl.(5.4-37) für $\vec{J}_q = \text{const}_r$:

$$\begin{aligned}(\vec{J}_q \times \vec{r}^{\,o}_{qt})dv_q &= \underbrace{\vec{J}_q \cdot \vec{f}_q}\cdot d\vec{s}_q \times \vec{r}^{\,o}_{qt} \\ &= \quad I \cdot d\vec{s}_q \times \vec{r}^{\,o}_{qt}\end{aligned} \qquad (5.4\text{-}39)$$

Die vertauschte Zusammenfassung der Vektoren in Gl. (5.4-39) ist im allgemeinen verboten, da das Assoziativgesetz beim Skalarprodukt nicht gilt. Hier jedoch ist die Vertauschung zulässig, denn $\vec{J}_q$ und $d\vec{s}_q$ sind gleichsinnig parallel gerichtet. Setzt man das Ergebnis (5.4-39) für den Fall von fadenartigem Stromfluß in Gl.(5.4-37) ein, so erhält man das Biot-Savartsche Gesetz:

$$\boxed{\vec{H} = \frac{I}{4\pi} \oint \frac{d\vec{s}_q \times \vec{r}^{\,o}_{qt}}{r^2_{qt}}} \qquad (5.4\text{-}40)$$

Zwei Integralzeichen sind weggefallen, das restliche Integral ist deshalb als Umlaufintegral zu nehmen, weil es den ganzen vom Leitungsstrom I durchflossenen fadenförmigen Draht, von dessen Anfang bis zu dessen Ende, erfassen muß; denn grundsätzlich tragen alle stromdurchflossenen Linienelemente eines Drahtes zu dessen Magnetfeld bei.

Beispiel zum Biot-Savartschen Gesetz

Die in Bild 5.21 gezeichnete Drahtschleife wird vom Gleichstrom I durchflossen. Die vier Seiten der Schleife seien die Seiten eines in der Ebene liegenden Quadrates. Man berechne die magnetische Feldstärke im Mittelpunkt M dieses Quadrates.

Lösung: Die Stromzuführungen liefern keinen Beitrag zur magnetischen Feldstärke in M, da sie die Richtung einer Diagonalen haben. Das Durchflutungsgesetz ist zur Lösung nicht anwendbar, da die vier stromführenden Linienleiter nicht unendlich (sehr weit!) ausgedehnt sind. Bild 5.20 zeigt, daß für ein einziges, fiktives Stromleiterelement eine magnetische Teilfeldstärke berechnet werden kann. Physikalisch wirksam ist selbstverständlich der ganze stromführende Draht. Für den Rechengang ist es jedoch vorteilhaft, besonders bei komplizierteren Drahtgeometrien, mit Stromleiterelementen $d\vec{s}_q$ arbeiten zu können:

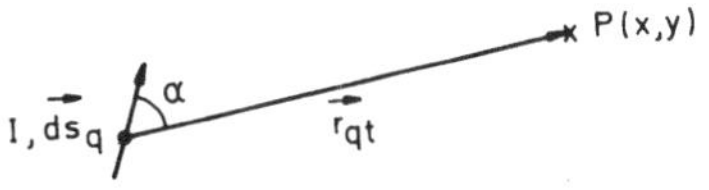

$$d\vec{H} = I \frac{d\vec{s}_q \times \vec{r}^{\,o}_{qt}}{4\pi r_{qt}^2} \qquad (5.4\text{-}41)$$

Bild 5.20: Beitrag eines Stromleiterelementes zur magnetischen Feldstärke in P(x,y)

Der Betrag der Teilfeldstärke $d\vec{H}$ ist:

$$dH = \frac{I \cdot ds_q \cdot \sin\alpha}{4\pi\, r_{qt}^2} \qquad (5.4\text{-}42)$$

α ist der Winkel zwischen Stromleiterelement $d\vec{s}_q$ und Vektor $\vec{r}_{qt}$. Bei unserer Stromschleife nach Bild 5.21 haben alle $d\vec{H}$ die Richtung senkrecht zur Zeichenebene, da M in einer Ebene mit der Quadratschleife liegt. Man darf daher die Teilfeldstärken algebraisch addieren.

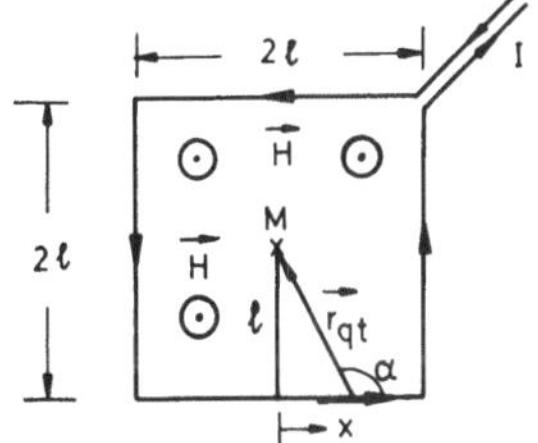

Bild 5.21: Quadratische Stromschleife zur Anwendung des Biot-Savartschen Gesetzes

Mit den in Bild 5.21 eingezeichneten Hilfslinien gilt für Gl. (5.4-42):

$$ds_q = dx; \quad \sin\alpha = \frac{\ell}{r_{qt}} = \frac{\ell}{\sqrt{\ell^2 + x^2}}; \quad r_{qt}^2 = \ell^2 + x^2$$

$$dH = \frac{I}{4\pi} \cdot \frac{\ell}{\sqrt{\ell^2 + x^2}} \cdot \frac{dx}{\ell^2 + x^2} \qquad (5.4\text{-}43)$$

Durch eine Halbseite der Länge ℓ entsteht der Beitrag:

$$H_\ell = \frac{I\ell}{4\pi} \int_0^\ell \frac{dx}{\sqrt{(\ell^2+x^2)^3}} \tag{5.4-44}$$

Weil es aber insgesamt acht Halbseiten gibt und sie alle den gleichen Feldstärkebeitrag liefern, ist die Gesamtfeldstärke in M:

$$H = 8 \cdot \frac{I\ell}{4\pi} \int_0^\ell \frac{dx}{\sqrt{(\ell^2 + x^2)^3}} \tag{5.4-45}$$

Einer Integraltabelle entnimmt man:

$$\int \frac{dx}{\sqrt{(\ell^2 + x^2)^3}} = \frac{x}{\ell^2\sqrt{x^2 + \ell^2}} + C \tag{5.4-46}$$

Wendet man diesen Integralwert an, so folgt schließlich die gesuchte Gesamtfeldstärke zu:

$$H = \frac{2I\ell}{\pi} \cdot \left. \frac{x}{\ell^2\sqrt{x^2 + \ell^2}} \right|_0^\ell = \frac{\sqrt{2}\, I}{\pi \ell} \tag{5.4-47}$$

Die Richtung von H folgt entweder aus der rechtswendigen Zuordnung zur Leitungsstromdichte oder aus dem Vektorprodukt: $\vec{ds}_q \times \vec{r}^{\,o}_{qt}$: In M zeigt $\vec{H}$ senkrecht aus der Zeichenebene heraus.

5.4.3.3 BERECHNUNG DES MAGNETISCHEN FLUSSES AUS DEM VEKTORPOTENTIAL

Der magnetische Fluß ϕ wird aus seiner Flußdichte über das Flächenintegral berechnet:

$$\phi = \iint \vec{B}\, \vec{df} \tag{5.4-48}$$

Ersetzt man hier $\vec{B}$ durch das Vektorpotential

$$\vec{B} = \text{rot}\, \vec{A}, \qquad \text{so gilt:} \tag{5.4-49}$$

$$\phi = \iint \text{rot}\, \vec{A} \cdot \vec{df} \tag{5.4-50}$$

Bei Anwendung des Satzes von Stokes geht Gl. (5.4-50) über in:

$$\phi = \oint \vec{A}\, d\vec{s} \qquad (5.4\text{-}51)$$

Der Umlauf $\mathring{s}$ ist die Randkurve, die vom Fluß ϕ durchsetzt wird. Sie spannt diejenigen Flächen f ein, über die in den Gleichungen (5.4-48) und (5.4-50) zu integrieren ist.

5.5 MAGNETISCHER DIPOL UND MAGNETISCHES MOMENT

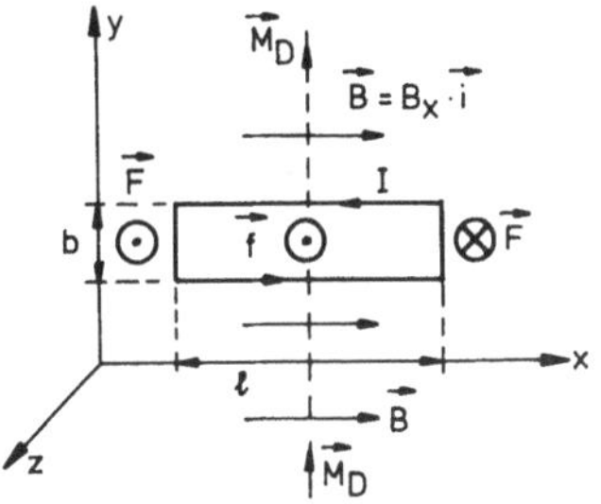

Bild 5.22: Magnetischer Dipol

Wir denken uns ein schmales Rechteck aus Draht ($b \ll \ell$) so in die x-y-Ebene gelegt, daß die Rechteckseiten parallel zu den Koordinatenachsen verlaufen. Der Draht sei vom Gleichstrom I durchflossen. Das Rechteck befinde sich im homogenen Magnetfeld der Flußdichte $\vec{B} = B_x \cdot \vec{i}$. Dann werden gemäß $\vec{F} = I(\vec{s} \times \vec{B})$ Kräfte nur auf die Rechteckseiten b ausgeübt. Es entsteht ein Drehmoment $\vec{M}_D$:

$$\vec{M}_D = 2\,\frac{\vec{\ell}}{2} \times \vec{F} = \vec{\ell} \times (\vec{b} \times \vec{B})I$$

$$= I(\vec{f} \times \vec{B}) = I\,\vec{f} \times \vec{B} \qquad (5.5\text{-}1)$$

wobei $\vec{\ell} \times \vec{b} = \vec{f}$ der Vektor der Draht-Rechteckfläche ist. Die Richtungen von $\vec{\ell}$ und $\vec{b}$ sind die der Leitungsstromdichte $\vec{J}$: $\vec{\ell}, \vec{b} \upuparrows \vec{J}$.

Man bezeichnet

$$\boxed{\vec{m} = I\,\vec{f}} \qquad (5.5\text{-}2)$$

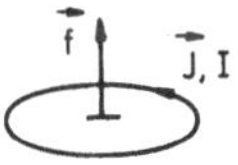

als magnetisches (Ampèresches) Dipolmoment der Drahtschleife, die als magnetischer Dipol wirkt, solange sie stromdurchflossen ist. Mit $\vec{m} = I\,\vec{f}$ kann man das Drehmoment auch wie folgt anschreiben:

$$\boxed{\vec{M}_D = \vec{m} \times \vec{B}} \qquad (5.5\text{-}3)$$

5.6 MAGNETISCHE KREISE MIT LUFTSPALT

5.6.1 ABSCHÄTZUNG DER MAGNETISCHEN FELDSTÄRKEN

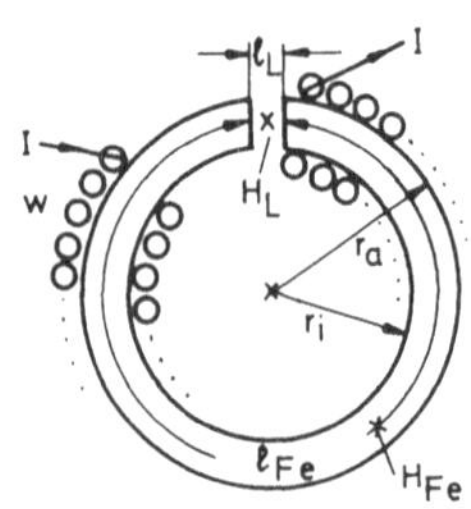

Bild 5.23: Magnetischer Kreis mit Luftspalt

Der ferromagnetische Kern von Spulen oder Transformatoren mit oder ohne Luftspalt kann, analog zu einem elektrischen Stromkreis, als magnetischer Kreis bezeichnet werden. Ein solcher magnetischer Kreis läßt sich meist angenähert in mehrere zylindrische Teile zerlegen. Dort wo der Querschnitt oder die Permeabilitätszahl sich ändern, beginnt jeweils ein neuer magnetischer Teilzylinder. Jedem dieser Teilzylinder kann ein magnetischer Widerstand zugeordnet werden. Dabei darf etwas großzügiger verfahren werden, als bei elektrischen Leitern; denn oft kennt man die Permeabilitätszahl μ_r eines Ferromagnetikums nur ungenau, oder sie verändert sich durch Vorgeschichte und/oder Vormagnetisierung des magnetischen Materials.

Als Beispiel verwenden wir die Toroidspule nach Bild 5.23. Der Kern sei ein Ferromagnetikum von konstantem Querschnitt mit ebenso konstanter Permeabilitätszahl. Ferner sei $r_a - r_i \ll r_i$, also $r_i \approx r_a$. Der Lufspalt sei klein: $\ell_L \ll r_a - r_i$, so daß man in erster Näherung sowohl im Luftspalt wie auch im Kern von einem homogenen magnetischen Feld, ohne Randverzerrungen sprechen darf. Wir setzen ferner homogenes und isotropes (richtungsunabhängiges) Kernmaterial voraus. $\mu_{rFe} = \mu_r$ sei die Permeabilitätszahl des Kerns, die des Luftspaltes ist 1. Dann gilt das Durchflutungsgesetz:

$$\oint \vec{H}\, d\vec{s} = w\, I \qquad (5.6\text{-}1)$$

$$H_{Fe}\, \ell_{Fe} + H_L\, \ell_L = w\, I$$

Wir wissen, wegen Div $\vec{B} = 0$ gilt:

$$1\, H_L = \mu_r\, H_{Fe} \quad \text{und daher} \qquad (5.6\text{-}2)$$

$$H_{Fe} = \frac{w\, I}{\ell_{Fe} + \mu_r\, \ell_L} \qquad (5.6\text{-}3)$$

Weiter erhält man aus den Gln.(5.6-2) und (5.6-3):

$$H_L = \frac{w\,I}{\ell_L + \ell_{Fe}/\mu_r} \qquad (5.6\text{-}4)$$

Man sieht, daß die Luftspaltfeldstärke H_L bei großer Permeabilitätszahl $\mu_r >> 1$ fast ausschließlich durch die Luftspaltlänge ℓ_L bestimmt wird. Denn oft gilt: $\ell_{Fe}/\mu_r << \ell_L$. Um also eine vorgegebene magnetische Feldstärke H_L im Luftspalt möglichst genau einzuhalten, muß der Luftspalt ℓ_L sorgfältig eingestellt werden.

Wäre kein Luftspalt vorhanden ($\ell_L = 0$), dann wäre die magnetische Feldstärke H_o im Kern:

$$H_o = \frac{w\,I}{\ell_{Fe}} \qquad (5.6\text{-}5)$$

Ein Vergleich der drei Feldstärken miteinander ergibt als Reihenfolge für die Beträge:

$$\boxed{H_{Fe} < H_o < H_L} \qquad (5.6\text{-}6)$$

5.6.2 OHMSCHES GESETZ MAGNETISCHER KREISE

Wir interessieren uns jetzt für das Verhältnis von magnetischem Fluß ϕ zur elektrischen Durchflutung $\Theta = w\,I$. Dazu betrachten wir beispielsweise den Luftspalt. Dort gilt unter Vernachlässigung von Randverzerrungen:

$$\phi_L = \iint \vec{B}\, d\vec{f} \approx B_L\, f_L \qquad (5.6\text{-}7)$$

mit f_L als Querschnittsfläche des Luftspaltes. Mit $B_L = \mu_o \cdot 1 \cdot H_L$ wird:

$$\phi_L \approx \mu_o\, H_L\, f_L \qquad (5.6\text{-}8)$$

und mit Gl. (5.6-4) erhält man:

$$\phi_L \approx \mu_o f_L \frac{w\,I}{\ell_L + \ell_{Fe}/\mu_r} \qquad (5.6\text{-}9)$$

Teilen wir schließlich Zähler und Nenner durch $\mu_o f_L$, so wird mit f_{Fe} als Kernquerschnitt, wobei $f_L \approx f_{Fe}$ sei:

$$\boxed{\phi_L \approx \frac{w\ I}{\dfrac{\ell_L}{f_L\ \mu_o} + \dfrac{\ell_{Fe}}{f_{Fe}\ \mu_o \mu_r}}} \tag{5.6-10}$$

Gl. (5.6-10) ist bereits der gesuchte Zusammenhang. Diese Gleichung kann als <u>Ohmsches Gesetz</u> für die zwei in Serie geschalteten <u>magnetischen Widerstände</u>

$$R_{mL} = \frac{\ell_L}{f_L\ \mu_o} \quad \text{und}$$

$$R_{mFe} = \frac{\ell_{Fe}}{f_{Fe}\ \mu_o \mu_r} \tag{5.6-11}$$

betrachtet werden. Diese magnetischen Widerstände sind völlig analog zum elektrischen Widerstand eines zylindrischen Stromleiters:

$$R_{el} = \frac{\ell}{f_q\ \kappa} \tag{5.6-12}$$

Gl. (5.6-10) läßt sich mit den Abkürzungen R_{mL} und R_{mFe} für die in Serie geschalteten magnetischen Widerstände wie folgt schreiben:

$$\boxed{\phi_L = \frac{w\ I}{R_{mL} + R_{mFe}}} \tag{5.6-13}$$

Bei geringer Streuung des magnetischen Feldes darf man annehmen, daß $\phi_L \approx \phi_{Fe}$ ist, so wie zwei in Serie geschaltete <u>elektrische</u> Widerstände vom gleichen Leitungsstrom durchflossen werden:

$$\boxed{I = \frac{U}{R_{el1} + R_{el2}}} \tag{5.6-14}$$

Elektrische Widerstände entsprechen also magnetischen Widerständen, aber der antreibenden Spannung U des elektrischen Stromkreises entspricht die Durchflutung $\Theta = w\,I$ des magnetischen Kreises, während der elektrischen Stromstärke I magnetisch der Fluß ϕ entspricht. Übersichtlich zusammengefaßt entsprechen einander:

elektrischer (Strom-)Kreis	magnetischer (Fluß-)Kreis
elektrischer Leitungsstrom I	magnetischer Fluß ϕ
elektrische Spannung U	Durchflutung (Erregung) $\Theta = w\,I$
elektrische Leitfähigkeit κ	Permeabilität $\mu = \mu_o \mu_r$
Querschnitt f_q	Querschnitt f_q
elektrischer Widerstand $\frac{\ell}{\kappa\, f_q}$	magnetischer Widerstand $\frac{\ell}{\mu_o \mu_r\, f_q}$
elektrischer Leitwert $\frac{\kappa\, f_q}{\ell}$	magnetischer Leitwert $\Lambda = \frac{\mu_o \mu_r\, f_q}{\ell}$

Unter der getroffenen Voraussetzung zylindrischer magnetischer Widerstände kann man verallgemeinernd für deren Serienschaltung mit $\Theta = w\,I$ als magnetische Erregung angeben:

$$\Theta = \phi \cdot \sum_{\nu} R_{m\nu} \tag{5.6-15}$$

Und für die Parallelschaltung magnetischer Widerstände gilt, mit Λ_ν als ν-tem magnetischen Leitwert:

$$\phi = \Theta \cdot \sum_{\nu} \Lambda_\nu \tag{5.6-16}$$

Beispiel

Bild 5.24 zeigt die Blechform eines M-Kernes. Genügend viele Bleche seien übereinander geschichtet. Die Wicklung kommt auf den mittleren Schenkel. Der magnetische Widerstand der Anordnung (ohne Luftspalt) soll berechnet werden.

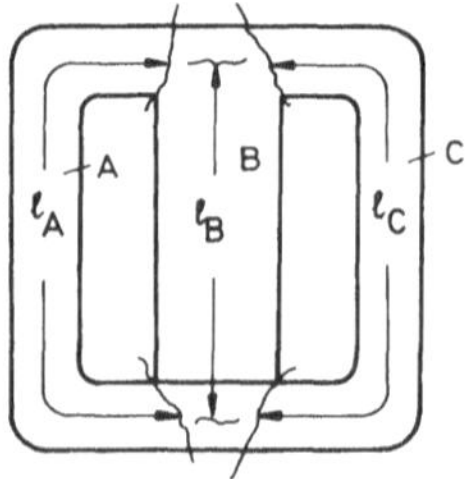

Bild 5.24: M-Schnitt

Die Brechungslinien zeigen das jeweilige Ende der abzuschätzenden Zylinderabschnitte an: $\ell_A = \ell_C$ und ℓ_B für deren Längen und $f_A = f_C$ sowie f_B für deren Querschnitte.

Da die Wicklung auf Schenkel B aufgebracht wird, ist der dazu gehörende magnetische Gesamtwiderstand:

$$R_{mges} = R_{mB} + 1/(\Lambda_A + \Lambda_C) \tag{5.6-17}$$

Da aber $\Lambda_A = \Lambda_C$ und daher $R_{mA} = R_{mC}$ ist, gilt:

$$R_{mges} = R_{mB} + \frac{1}{2} R_{mA}$$

$$= \frac{\ell_B}{\mu_o \mu_r f_B} + \frac{1}{2} \cdot \frac{\ell_A}{\mu_o \mu_r f_A} \tag{5.6-18}$$

5.6.3 SCHERUNG MAGNETISCHER KREISE

Wir interssieren uns noch dafür, wie sich der magnetische Gesamtwiderstand eines magnetischen Kreises verändert, wenn in einen Kern aus hochpermeablem Ferromagnetikum ein Luftspalt eingebracht wird. Man kann diese Frage auch wie folgt stellen: Welche magnetische Permeabilitätszahl μ_{reff} kann für den magnetischen Kreis als wirksam angesehen werden, wenn man den Luftspalt rechnerisch zwar berücksichtigt, aber nachher das Ergebnis so interpretiert, als wäre er nicht vorhanden. An Stelle des Luftspaltes resultiert eine entsprechend verringerte Permeabilitätszahl μ_{reff}.

Wir gehen von Bild 5.23 aus mit dem magnetischen Widerstand bei vorhandenem Luftspalt:

$$R_{mges} = \frac{\ell_L}{f_L \mu_o 1} + \frac{\ell_{Fe}}{f_{Fe} \mu_o \mu_r} \tag{5.6-19}$$

Dieser Ausdruck wird umgeformt, wobei näherungsweise $f_L = f_{Fe} \approx f$ gesetzt wird, was bei kleinem Luftspalt zulässig ist:

$$R_{mges} = \frac{\ell_{Fe}}{\mu_o \mu_r f} \left(1 + \frac{\ell_L}{\ell_{Fe}} \cdot \mu_r\right)$$

$$= \frac{\ell_{Fe}}{f\,\mu_o \dfrac{\mu_r}{1 + \dfrac{\ell_L}{\ell_{Fe}} \cdot \mu_r}} \qquad (5.6\text{-}20)$$

Gl.(5.6-20) kann wie folgt gelesen werden: Der durch einen Luftspalt unterbrochene ferromagnetische Kern wirkt, als sei er ein Kern ohne Luftspalt, homogen, von der Länge ℓ_{Fe}, dem Querschnitt f, mit der effektiven Permeabilitätszahl

$$\boxed{\mu_{reff} = \frac{\mu_r}{1 + \dfrac{\ell_L}{\ell_{Fe}} \cdot \mu_r}} \qquad (5.6\text{-}21)$$

Ist $\ell_L \cdot \mu_r / \ell_{Fe} >> 1$, was oft zutrifft, so gilt die Näherung:

$$\boxed{\mu_{reff} \approx \frac{\ell_{Fe}}{\ell_L}} \qquad (5.6\text{-}22)$$

Bei dieser Abschätzung geht die als groß vorausgesetzte Permeabilitätszahl μ_r nicht ins Ergebnis ein. Vielmehr ist die exakte Einhaltung der Luftspaltlänge ℓ_L von wesentlicher Bedeutung.

Bemerkung: Im Abschnitt 5.6 wurden magnetische Kreise mit Luftspalt im streng stationären Strömungsfeld (bei Gleichstromfluß) behandelt. Die hier gewonnenen Ergebnisse (Gleichungen) können, entsprechend ihrer praktischen Anwendung bei Wechselstrom, in den Abschnitt 6, also ins quasistationäre Strömungsfeld übernommen werden. Man hat dann zu ersetzen:

den Gleichstrom I durch den Wechselstrom i(t),
den Gleichfluß ϕ durch den Wechselfluß $\phi(t)$.

Betrachten wir beispielsweise die Gleichung (5.6-13). Dort entsprechen die Gleichgrößen I und ϕ einander. Werden sie durch Wechselgrößen ersetzt, so müssen auf beiden Seiten der betreffenden Gleichung jeweils einander entsprechende, gleichartige Größen stehen, wie: i(t) und $\phi(t)$, oder $\hat{I}$ und $\hat{\phi}$, oder I_{ef} und ϕ_{ef}.

6.0 DAS QUASISTATIONÄRE ELEKTROMAGNETISCHE FELD

"Quasistationär" bedeutet: Zeitliche Änderungen von Spannung, Strom und Feldgrößen verlaufen so langsam, daß diese Größen als quasi konstant (fast ortsfest) betrachtet werden dürfen. Es gelten daher fast noch die Gesetze des stationären Strömungsfeldes. Ergänzungen der beiden Maxwellgleichungen sind aber dennoch erforderlich. Anschaulich beschrieben bedeutet quasistationär: zeitliche Änderungen sind so langsam, daß keine (merkliche) Antennenstrahlung erfolgt. Formelmäßig ausgedrückt müssen Leitungs- und Drahtlängen l viel kleiner sein als ein Viertel der Wellenlänge λ. Sie ist

$$\lambda = \frac{v}{f} = \frac{1}{f} \cdot \frac{c}{\sqrt{\varepsilon_r \mu_r}} \qquad \begin{array}{l} c = \text{Lichtgeschwindigkeit} \\ f = \text{Frequenz} \end{array} \qquad (6.0\text{-}1)$$

Dann gelten die beschreibenden Gleichungen:

$$\frac{\partial}{\partial t} \approx 0; \qquad \vec{J} = \kappa\, \vec{E}: \text{ Ohmsches Gesetz in Differentialform} \qquad (6.0\text{-}2)$$

$$\operatorname{div} \vec{B} = 0; \quad \operatorname{Div} \vec{B} = 0 \qquad (6.0\text{-}3)$$

In den folgenden Kapiteln werden wir kennenlernen:

$$\text{1. Maxwellgleichung: } \operatorname{rot} \vec{H} = \vec{J} + \dot{\vec{D}} \qquad (6.0\text{-}4)$$

$$\text{2. \quad " \quad : } \operatorname{rot} \vec{E} = -\dot{\vec{B}} \qquad (6.0\text{-}5)$$

Hinweise:

Die 1. Maxwellgleichung erhält gegenüber dem stationären Strömungsfeld (Abschnitt 5) eine Ergänzung um das langsam zeitvariable $\dot{\vec{D}}$ (siehe Abschnitt 6.1). Dieses $\dot{\vec{D}}$ ist ebenso wie $\vec{J}$ Erregungsgröße für magnetische Feldstärken. Die 2. Maxwellgleichung hat hier erstmals Wirbelursachen: $-\dot{\vec{B}}$.
Siehe hierzu Abschnitt 6.4. Diese Wirbelursachen sind Erregungsgrößen für elektrische Feldstärken $\vec{E}$ und ermöglichen das Induktionsgesetz. Vom Anschreiben der Sprungrotationen für $\vec{E}$ und $\vec{H}$ wurde hier abgesehen, da flächenhafte Beläge von elektrischer und magnetischer Flußdichteänderung selten vorkommen. Überdies müßten die Einheiten A/m statt A/m^2 für $\dot{\vec{D}}$ und V/m statt V/m^2 für $\dot{\vec{B}}$ eingeführt werden, was nicht gängig ist.

Wir wollen jetzt die einzelnen Formeln und Gesetze des quasistationären Strömungsfeldes näher kennen lernen. Zunächst elektrische Stromdichte und Leitungsstrom (zeitvariable Spannungen und Ströme werden in kleinen Buchstaben geschrieben: $u(t), i(t)$):

$$\vec{J}(x,y,z,t) = \kappa\, \vec{E}(x,y,z,t) \qquad (6.0\text{-}6)$$

$$i(t) = \iint \vec{J}(x,y,z,t)\, d\vec{f} \qquad (6.0\text{-}7)$$

Bei der Leitungsstromdichte $\vec{J}$ tritt (z.B. durch Stromverdrängung -Kap.6.6- in einem Leiter) neben der Zeitabhängigkeit auch eine Ortsabhängigkeit auf. Sie ist auch vorhanden bei der aus der Stromdichte resultierenden elektrischen Feldstärke. Ferner hat bei Wechselstrom die noch nicht erweiterte 1. Maxwellgleichung, wenn man sie mit ihren Variablen anschreibt, die Form:

$$\mathrm{rot}\,\vec{H}(x,y,z,t) = \vec{J}(x,y,z,t) \qquad (6.0\text{-}8)$$

Die zeitvariable Leitungsstromdichte $\vec{J}$ und die davon erzeugte magnetische Feldstärke $\vec{H}$ sind phasengleich. Das heißt: an einem festen Ort $P_1(x_1,y_1,z_1)$ ist der Betrag $H(t)$ unverzerrt proportional zu $i(t)$. Das wird auch bei Anwendung des aus Abschnitt 5 bekannten Durchflutungsgesetzes auf Wechselstrom deutlich. Ohne vorhandenen Verschiebungsstrom (siehe Abschnitt 6.1) gilt:

$$\oint \vec{H}(x,y,z,t)\,d\vec{s} = \iint \vec{J}(x,y,z,t)\,d\vec{f} \qquad (6.0\text{-}9)$$

Beispiel: Wir betrachten die magnetischen Feldstärken innerhalb und außerhalb des sehr weit linear ausgedehnten kreiszylindrischen Drahtes (Radius r_o), der z.B. vom Wechselstrom

$$i(t) = \hat{i}\sin\omega t; \quad \omega = 2\pi f\text{: Kreisfrequenz}; \quad f\text{: Frequenz} \qquad (6.0\text{-}10)$$
$$\hat{i}\text{ : Stromamplitude}$$

durchflossen wird. Solange noch keine Stromverdrängung auftritt, ist die Leitungsstromdichte orts<u>un</u>abhängig und phasengleich mit $H(t)$:

$$J(t) = \frac{i(t)}{\pi r_o^2} = \frac{\hat{i}\sin\omega t}{\pi r_o^2} \qquad (6.0\text{-}11)$$

und die magnetischen Feldstärken sind analog Abschnitt 5.1:

$$\underline{r \leq r_o}: \quad H_\alpha(r,t) = \frac{J(t)}{2}\cdot r = \frac{\hat{i}\sin\omega t}{\pi r_o^2}\cdot\frac{r}{2} \qquad (6.0\text{-}12)$$

$$\underline{r \geq r_o}: \quad H_\alpha(r,t) = \frac{i(t)}{2\pi r} = \frac{\hat{i}\sin\omega t}{2\pi r} \qquad (6.0\text{-}13)$$

Wegen der im quasistationären Feld zugelassenen langsamen zeitlichen Änderungen müssen die erste Maxwellgleichung (6.0-8) und das Durchflutungsgesetz (6.0-9) ergänzt werden. Diese Ergänzungen kommen dort zum Tragen, wo außer Leitungsströmen auch Verschiebungsströme auftreten.

Auch das Vektorpotential $\vec{A}$ und das allgemeine sowie das spezielle Biot-Savartsche Gesetz gelten nicht nur für Gleichströme, sondern auch für zeitlich langsam veränderliche Ströme, wenn man nur deren Zeitgesetz berücksichtigt. Wir müssen daher auf diese beiden Gesetze nicht mehr näher eingehen.

6.1 DIE ERSTE MAXWELLGLEICHUNG IM QUASISTATIONÄREN FELD

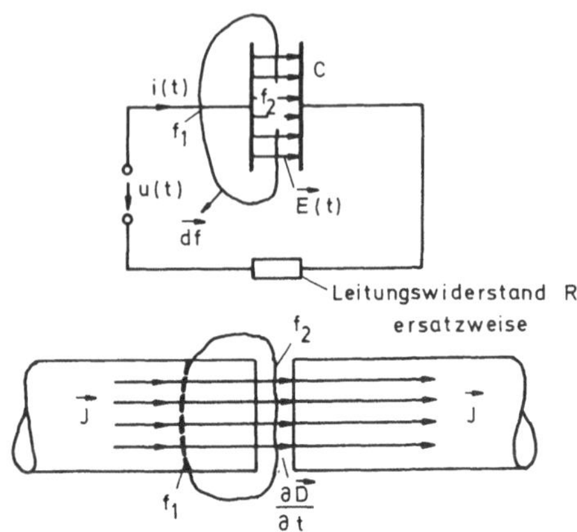

Bild 6.1.1: Kapazitiv unterbrochener Stromleiter bei Wechselstrom

Legt man in einen von Wechselspannung u(t) gespeisten Stromkreis (Bild 6.1.1 oben) einen Kondensator, so stellt man experimentell fest:

1) Der Leiter mit dem Leitungswiderstand R erwärmt sich.
   Ursache dafür ist trotz galvanischer Unterbrechung des Leiters ein meßbarer Wechselstrom $i(t) \neq 0$.

2) Im Innern des Kondensators ändert sich $\vec{E}(t)$ zeitlich.
   $\dot{\vec{D}}(t) = \varepsilon\,\dot{\vec{E}}(t)$ ist dort sogar phasengleich mit i(t).

3) Magnetische Kräfte und magnetische Feldstärken treten nicht nur in der Umgebung der Zuleitung, sondern phasengleich auch im Kondensator und in dessen Umgebung auf.

Theoretische Ergebnisse: Legt man eine Hüllfläche so, daß sie teils den Kondensatorinnenraum, teils die Zuleitung schneidet, so tritt bei f_1 Leitungsstrom i(t) in die Hülle ein, er tritt aber nirgends mehr aus! Ist dies eine Senke für i(t)?

Im zeitlich konstanten Strömungsfeld gilt: $\text{rot}\,\vec{H} = \vec{J}$ (6.1-1)

Fragen wir nach der Quellendichte, so finden wir für div $\vec{J}$:

$$\begin{aligned}\operatorname{div}(\operatorname{rot}\vec{H}) &\equiv \nabla\ (\nabla \times \vec{H})\\ &\equiv (\nabla \times^{\cdot} \nabla)\vec{H} \equiv 0\end{aligned} \qquad (6.1\text{-}2)$$

Die linke Seite von Gl.(6.1-1) ist offensichtlich quellenfrei. Folglich müßte auch die rechte Seite, also $\vec{J}$, quellenfrei sein. Das Experiment widerspricht dem aber, denn Leitungsstrom i(t) und Stromdichte $\vec{J}(t)$ treten bei f_1 in die Hülle ein, sie treten aber nirgends aus der Hülle aus. Wo liegt der Widerspruch? Offenbar wird die Hüllfläche (Bild 6.1.1) bei f_2 von einer Größe durchsetzt, die dem Leitungsstrom bzw. dessen Stromdichte entspricht und diese derart fortsetzt, daß auch die rechte Seite von Gl.(6.1-1) quellenfrei wird.

$$\operatorname{div}(\vec{J} + \text{Ergänzungsvektor}) \stackrel{!}{=} 0 \qquad (6.1\text{-}3)$$

So würde $\vec{J}$ bei f_1 von Bild 6.1.1 in die Hüllfläche eintreten, der Ergänzungsvektor würde bei f_2 austreten. Die Quellenfreiheit nach Gl.(6.1-2) fordert auch, daß die Ergiebigkeit null wird; Ergiebigkeit angewandt auf Gl.(6.1-2):

$$\iiint \underbrace{\operatorname{div}(\operatorname{rot}\vec{H})}_{\equiv\, 0}\ dv \equiv 0 \qquad (6.1\text{-}4)$$

Auch diese Folgeforderung kann bei Hinzunahme eines Ergänzungsvektors erfüllt werden. Mit dem Satz von Gauß wird aus Gl.(6.1-3):

$$\iiint \operatorname{div}(\vec{J} + \text{Ergänzungsvektor})\cdot dv = \oint\!\!\!\oint \left(\vec{J} + \begin{matrix}\text{Ergänzungs-}\\ \text{vektor}\end{matrix}\right) d\vec{f} = 0 \qquad (6.1\text{-}5)$$

Damit kann die 1. Maxwellgleichung die Form erhalten:

$$\boxed{\operatorname{rot}\vec{H} = \vec{J} + \text{Ergänzungsvektor}} \qquad (6.1\text{-}6)$$

Dieser Ergänzungsvektor zu $\vec{J}$ muß dimensionsmäßig mit $\vec{J}$ übereinstimmen und im Dielektrikum des Kondensators vorkommen. Es kann sich daher nur handeln um:

$$\dot{\vec{D}} = \frac{\partial\vec{D}}{\partial t} = \varepsilon_o\varepsilon_r\,\frac{\partial\vec{E}}{\partial t} \qquad (6.1\text{-}7)$$

Das Experiment bestätigt diesen Sachverhalt.

$\dot{\vec{D}}$ hat die Einheit:

$$\left[\dot{\vec{D}}\right] = \frac{As}{m^2 \cdot s} = \frac{A}{m^2} \quad \text{wie} \quad \left[\vec{J}\right] = \frac{A}{m^2} \tag{6.1-8}$$

Diese <u>Verschiebungsstromdichte $\dot{\vec{D}}$</u> ist als Ergänzungsvektor die phasengleiche Fortsetzung der Leitungsstromdichte im Dielektrikum des Kondensators. Daher nennt man die Summe aus Leitungs- und Verschiebungsstromdichte:

$$\vec{J} + \dot{\vec{D}} = \vec{J}_w \tag{6.1-9}$$

<u>wahre elektrische Stromdichte $\vec{J}_w$.</u> Sie ist bei Wechselstrom als Wirbelursache und Wirbeldichte eines davon erzeugten Magnetfeldes anzusehen:

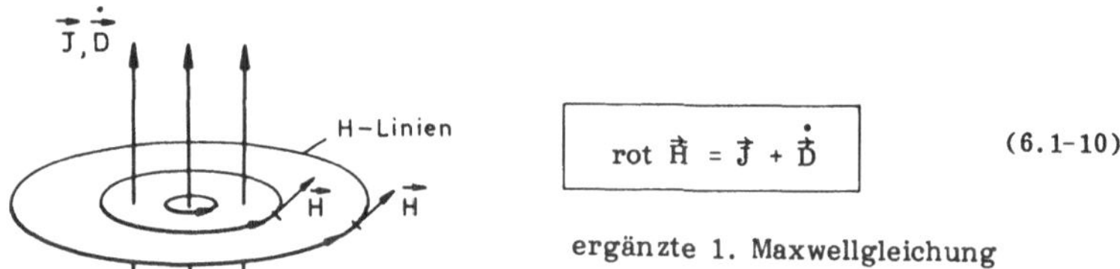

Bild 6.1.2: Zuordnung von $\vec{H}$ zu Leitungs- und Verschiebungsstromdichte bei der 1. Maxwellgleichung

Gl.(6.1-10) ist die <u>ergänzte 1. Maxwellgleichung.</u>
Jetzt gilt in Übereinstimmung mit dem experimentellen Befund:

$$\operatorname{div}(\operatorname{rot} \vec{H}) = \operatorname{div}(\vec{J} + \dot{\vec{D}}) = 0 \tag{6.1-11}$$

Das heißt, die wahre Stromdichte, bestehend aus Leitungs- und Verschiebungsstromdichte, ist quellenfrei. Deswegen ist auch die mit dem Hüllenintegral zu berechnende Ergiebigkeit des wahren Stromes null:

$$\oiint (\vec{J} + \dot{\vec{D}})\, d\vec{f} = 0 \tag{6.1-12}$$

Dieses Ergebnis kann auf die Hüllfläche von Bild 6.1.1 angewandt werden. Dort ist

$$\oiint (\vec{J} + \dot{\vec{D}})\, d\vec{f} = \iint_{f_1} \vec{J}(t)\, d\vec{f} + \iint_{f_2} \dot{\vec{D}}(t)\, d\vec{f} = 0 \tag{6.1-13}$$

Und wegen des aus der Hüllfläche nach außen positiv zeigenden Oberflächenvektors $d\vec{f}$ gilt:

$$\iint_{f_1} \vec{J}(t)\, d\vec{f} = -i_L(t) \quad \text{und} \quad \iint_{f_2} \dot{\vec{D}}(t)\, d\vec{f} = +\, i_V(t) \qquad (6.1\text{-}14)$$

Leitungsstrom $i_L(t)$ tritt bei f_1 in die Hüllfläche ein, Verschiebungsstrom $i_V(t)$ gleichen Betrages tritt bei f_2 im Dielektrikum des idealen Kondensators aus der Hüllfläche aus: $i_L(t) = i_V(t)$. Der Verschiebungsstrom im idealen Kondensator ist somit:

$$i_V(t) = \dot{Q}(t) = \iint \dot{\vec{D}}(t)\, d\vec{f} \qquad (6.1\text{-}15)$$

Dagegen gibt es im verlustbehafteten Dielektrikum eines Kondensators außer Verschiebungsstrom auch einen Anteil Leitungsstrom.

Kirchhoffsche Knotenregel

Wir sahen, daß die Ergiebigkeit des wahren Stromes gleich null ist. Denkt man an nur diskrete Leitungs- und Verschiebungsströme, dann steht an Stelle des Hüllenintegrales von Gl.(6.1-12) die Summe:

$$\boxed{\sum_{\substack{i=1\\ \nu=1}}^{\substack{m\\ n}} \left[i_L(t)_i + i_V(t)_\nu \right] = 0} \qquad \text{Knotenregel für wahren Strom} \qquad (6.1\text{-}16)$$

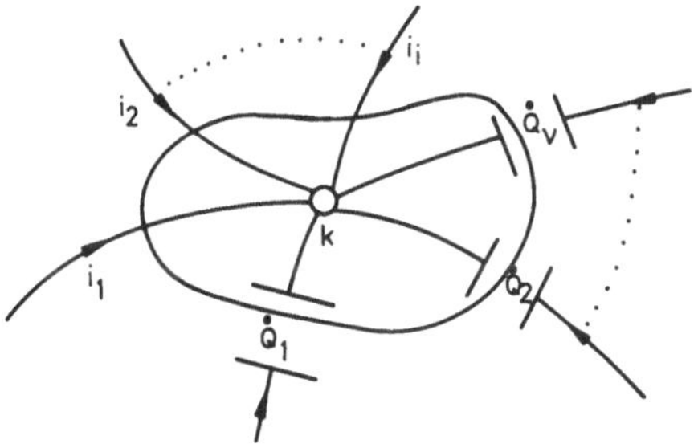

Bild 6.1.3: Leitungs- und Verschiebungsströme zum inneren Knoten k

Gl.(6.1-16) ist die Kirchhoffsche Knotenregel für Leitungs- und Verschiebungsströme. Sie wird meist nur für Leitungsströme angeschrieben und lautet dann:

$$\boxed{\sum_{i=1}^{n} i_L(t)_i = 0.} \qquad \text{Knotenregel für Leitungsstrom} \qquad (6.1\text{-}17)$$

6.2 DAS IM QUASISTATIONÄREN FELD ERWEITERTE DURCHFLUTUNGSGESETZ

Wir wollen die erweiterte 1. Maxwellgleichung (6.1-10) beidseitig über die gleiche Fläche integrieren:

$$\iint \text{rot}\,\vec{H}\,d\vec{f} = \iint (\vec{J} + \dot{\vec{D}})\,d\vec{f} \tag{6.2-1}$$

Auf das linke Flächenintegral wird der Satz von Stokes (siehe Abschnitt 3.4) angewandt, und man erhält die magnetische Umlaufspannung zu:

$$\boxed{\oint \vec{H}\,d\vec{s} = \iint (\vec{J} + \dot{\vec{D}})\,d\vec{f}} \tag{6.2-2}$$

Diese Gleichung ist das auf Verschiebungsstrom erweiterte Durchflutungsgesetz, gültig für ruhende Randkurven. Es sagt aus:
Die magnetische Umlaufspannung längs eines vorgegebenen Weges $\mathring{s}$ ist gleich der Summe aus Leitungs- und Verschiebungsstrom, der diesen Umlauf $\mathring{s}$ oder die davon eingespannte Fläche durchsetzt. In sich geschlossene magnetische Feldlinien, die Umlaufspannungen zur Folge haben, werden also nicht nur von Leitungsströmen, sondern auch von Verschiebungsströmen $i_V = \dot{Q}$ erzeugt:

$$\underbrace{\oint \vec{H}(x,y,z,t)\,d\vec{s}}_{\text{magn. Umlaufspannung}} = i_L(t) + i_V(x,y,z,t) \tag{6.2-3}$$

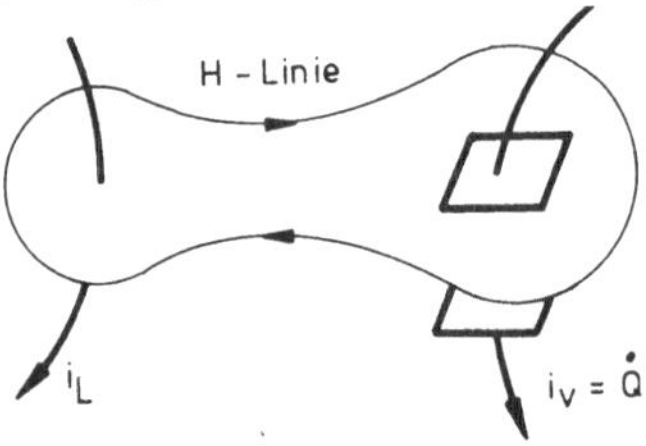

Bild 6.2.1: Leitungs- und Verschiebungsstrom als Erreger magnetischer Feldlinien

Nicht immer wird von einem Umlauf der ganze Leitungs- und der ganze Verschiebungsstrom umfaßt. Deshalb ist die allgemeinere Formel nicht (6.2 -3), sondern Gl.(6.2-2). Versteht man jedoch unter der Summe von Strömen sinngemäß nur jene Ströme, die eine vom Umlauf $\mathring{s}$ eingespannte Fläche durchsetzen, dann darf man das für ruhende Randkurven gültige Durchflutungsgesetz auch wie folgt anschreiben:

$$\oint \vec{H}\cdot d\vec{s} = \sum i_L(t) + \sum i_V(t) \qquad \sum i_V(t) = \sum \dot{Q}(t) \tag{6.2-4}$$

Beispiel: Wendet man die 1. Maxwellgleichung (6.1-9) auf das Dielektrikum eines verlustlosen und daher idealen Kondensators an, so gilt:

$$\text{rot}\,\vec{H} = \dot{\vec{D}}\,; \tag{6.2-5}$$

denn Leitungsstromdichte $\vec{J}$ ist dort gleich null. Im idealen Dielektrikum eines Kondensators ist $\dot{\vec{D}}$ Erreger, also Wirbelursache und Wirbelstärke des davon erzeugten Magnetfeldes. Entsprechend lautet das Durchflutungsgesetz im idealen Dielektrikum:

$$\oint \vec{H}\, d\vec{s} = \iint \dot{\vec{D}}\, d\vec{f} \tag{6.2-6}$$

Unser Beispiel sei ein Plattenkondensator mit kreisrunden Platten vom Radius r_o.

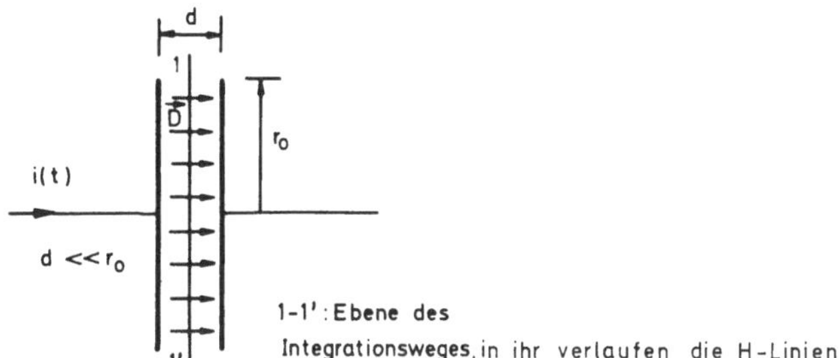

Bild 6.2.2: Plattenkondensator mit Verschiebungsstrom

Wählen wir als Integrationsweg zwischen den Platten einen konzentrischen Kreis mit Radius $r \leq r_o$, so sind längs dieses Integrationsweges H und $\dot{D}$ dem Betrage nach konstant.

Gl. (6.2-6) geht über in:

$$\left.\begin{array}{l}\dot{\vec{D}} \uparrow\uparrow d\vec{f}\\ \vec{H} \uparrow\uparrow d\vec{s}\end{array}\right\} \quad \begin{array}{l} H\, 2\pi r = \dot{D}\, \pi r^2 \\ H(r,t) = \dfrac{\dot{D}}{2}\, r\end{array} \tag{6.2-7}$$

Wählt man in der gleichen Integrationsebene, nach Bild 6.2.2, als Umlaufweg einen konzentrischen Kreis, dessen Radius jetzt größer ist als r_o, so erhält man bei der erneuten Anwendung des Durchflutungsgesetzes für Verschiebungsstrom:

$$\left.\begin{array}{l}\vec{\dot{D}} \uparrow\uparrow d\vec{f} \\ \vec{H} \uparrow\uparrow d\vec{s}\end{array}\right\} \qquad \begin{array}{l} H\ 2\pi r = \dot{D}\ \pi r_o^2 \\ H(r,t) = \dfrac{\dot{D}(t)\pi r_o^2}{2\pi r} = \dfrac{i_v(t)}{2\pi r} = \dfrac{\dot{Q}(t)}{2\pi r} \end{array} \tag{6.2-8}$$

Die Richtung von $\vec{H}$ in den Gleichungen (6.2-7) und (6.2-8) war als bekannt vorausgesetzt worden (rechtswendige Zuordnung zu $\vec{\dot{D}}$): $\vec{H} \uparrow\uparrow d\vec{s}$, $\vec{H} = H_\alpha \cdot \vec{e}_\alpha$. Grundsätzlich erhält man die Richtung von $\vec{H}$ aus der 1. Maxwellgleichung, die für das <u>kapazitive Feld</u> im Kondensator auf rot $\vec{H} = \vec{\dot{D}}$ reduziert werden konnte. Ist nämlich $\vec{\dot{D}}$ nur als axialer Vektor in Richtung $\vec{e}_z$ vorhanden, so muß diese Richtung auch für rot $\vec{H}$ gelten und es bleibt von dieser 1. Maxwellgleichung in Zylinderkoordinaten für Radien $r \leq r_o$:

$$\vec{e}_z \left\{ \frac{1}{r} \frac{\partial (rH_\alpha)}{\partial r} - \frac{1}{r} \frac{\partial H_r}{\partial \alpha} \right\} = \dot{D}\ \vec{e}_z \tag{6.2-9}$$

während für Radien <u>$r \geq r_o$</u> gilt:

$$\vec{e}_z \left\{ \frac{1}{r} \frac{\partial (r\ H_\alpha)}{\partial r} - \frac{1}{r} \frac{\partial H_r}{\partial \alpha} \right\} = 0 \tag{6.2-10}$$

In beiden Fällen ist $\partial H_r / \partial \alpha$ aus Symmetriegründen und H_r selbst, ebenso wie H_z, da kein Quellenfeld vorliegt, gleich null.

<u>Aus Gl. (6.2-9) folgt für $r \leq r_o$:</u>

$$\vec{e}_z \left\{ \frac{1}{r} \frac{\partial (r\ H_\alpha)}{\partial r} \right\} = \dot{D}\ \vec{e}_z, \quad \text{so daß} \quad H_\alpha(r) = \frac{\dot{D}}{2}\ r \tag{6.2-11}$$

<u>Und aus Gl. (6.2-10) folgt für $r \geq r_o$:</u>

$$r\ H_\alpha(r) = \text{const} \quad \text{und somit} \quad H_\alpha(r) = \frac{\text{const}}{r} \tag{6.2-12}$$

Bei $r = r_o$ müssen die beiden Feldstärken $H_\alpha(r_o)$ ohne Sprung (wegen Rot $\vec{H} = 0$) aneinander anschließen. Daraus erhält man die Integrationskonstante:

$$\frac{\dot{D}}{2} r_o = \frac{\text{const}}{r_o} \quad \text{also} \quad \text{const} = \frac{\dot{D}}{2}\ r_o^2 \tag{6.2-13}$$

$$\text{und} \quad H_\alpha(r) = \frac{\dot{D}\ r_o^2}{2\ r} = \frac{\dot{D}\ \pi\ r_o^2}{2\ \pi\ r} = \frac{\dot{Q}}{2\ \pi\ r} \tag{6.2-14}$$

<u>Sowohl für $r \leq r_o$, wie für $r \geq r_o$ gilt die Richtung:</u>

$$\vec{H}(r) = H_\alpha(r)\ \vec{e}_\alpha \tag{6.2-15}$$

6.3 SELBST- UND GEGENINDUKTIVITÄT

Selbstinduktivitäten werden häufig benötigt zur Berechnung von induktiven Widerständen, von elektrischen Spannungen an Spulen und zur Bestimmung magnetischen Flusses oder magnetischer Energie an Leitergebilden. Gegeninduktivitäten sind interessant im Zusammenhang mit dem Induktionsgesetz und der Berechnung von Transformatoren. In der Regel betrachtet man Induktivitäten als konstante Größen (Induktivitätskonstanten), was aber exakt nur solange zutrifft, wie kein nichtlinear wirkendes Material (z.B. Ferromagnetikum) mit im Spiele ist.

6.3.1 SELBSTINDUKTIVITÄT UND MAGNETISCHE ENERGIE

Wir wollen die Selbstinduktivität für die lange Zylinderspule berechnen.

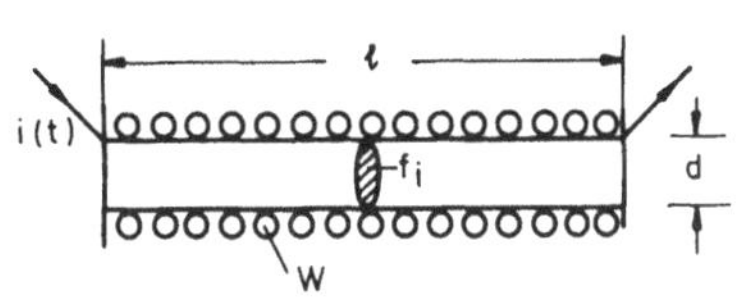

<u>Voraussetzungen:</u>

$\ell >> d$

$\mu_r = \text{const}_H$

gleichmäßige Wicklungsverteilung

Bild 6.3.1: Lange Zylinderspule

Die Voraussetzungen seien erfüllt, so daß bei Stromfluß im Innern der Spule ein homogenes Magnetfeld herrscht. Dann folgt bekanntlich, z.B. aus dem Durchflutungsgesetz (siehe Abschnitt 5.1):

$$H(t) = \frac{w\, i(t)}{\ell}$$

Diese Feldstärke wird für die magnetische Energie W_m benötigt. Zunächst interessiert die <u>Volumendichte der magnetischen Energie</u> w_m. Sie wird berechnet nach der Vorschrift

$$w_m = \int_0^{B_m} H\, dB. \qquad (6.3\text{-}1)$$

Daraus folgt für

$$\mu_r = \text{const}_H: \quad w_m = \frac{\mu}{2} H^2 \qquad (6.3\text{-}2)$$

Sowohl H als auch w_m kommen mit merklichem Betrag nur im Innenraum der Zylinderspule vor; daher ist die magnetische Gesamtenergie der langen Zylinderspule:

$$W_m(t) = \iiint w_m(x,y,z,t)\,dv$$

$$= \frac{\mu}{2} H(t)^2 \cdot v$$

$H = \text{const}$

$v = f_i\,\ell$

$$= \frac{\mu}{2} \cdot \frac{w^2 i(t)^2}{\ell^2} \cdot f_i\,\ell \qquad (6.3\text{-}3)$$

$$= \frac{1}{2} \cdot \underbrace{\frac{\mu_o \mu_r w^2 f_i}{\ell}} \cdot i(t)^2$$

$$= \frac{1}{2} \cdot L \cdot i(t)^2$$

Man sieht: Materialeigenschaften (μ_r) des Kerns, Geometrie und Windungszahlen gehen in die Induktivität ein. Mit der Abkürzung L für die Induktivität kann die magnetische Energie angeschrieben werden:

$$W_m(t) = \frac{L}{2}\, i(t)^2 \quad \text{oder:} \quad \overline{W_m(t)} = \frac{L}{2}\, I_{ef}^2 \qquad (6.3\text{-}4)$$

Der Ausdruck Gl. (6.3-4) für die magnetische Energie wurde am Beispiel der langen Zylinderspule hergeleitet. Er hat jedoch darüber hinaus Allgemeingültigkeit für Spulen oder Drahtgebilde jeder Art, solange μ_r = const, also unabhängig von der Aussteuerung ist. Daher darf man Gl. (6.3-4) als Definitionsgleichung für die Induktivität L verstehen und anschreiben:

$$L = \frac{2\,W_m(t)}{i(t)^2} \quad \text{oder:} \quad L = \frac{2\,\overline{W_m(t)}}{I_{ef}^2} \qquad (6.3\text{-}5)$$

L hängt nicht von der Stromstärke ab, weil $W_m(t)$ selbst proportional zu $i(t)^2$ ist. $\overline{W_m(t)}$ ist als zeitlicher Mittelwert selbst proportional zu I_{ef}^2.

Magnetische Energie und Selbstinduktivität der Toroidspule

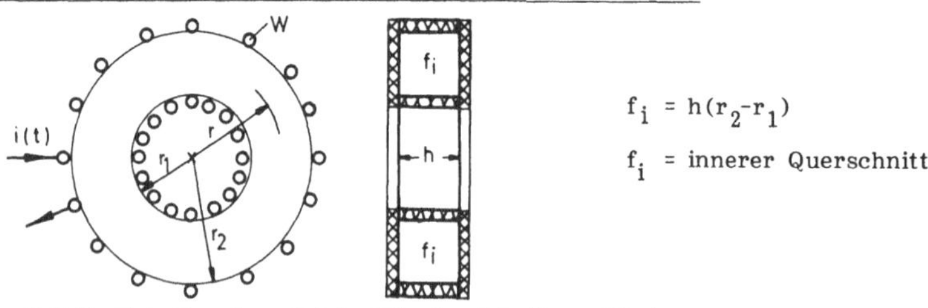

$f_i = h(r_2 - r_1)$

f_i = innerer Querschnitt

Bild: 6.3.2: Toroidspule, gleichmäßig bewickelt, w Windungen

Die magnetische Feldstärke ist beschränkt auf den Innenraum f_i. Sie folgt aus dem Durchflutungsgesetz zu:

$$r_1 \leq r \leq r_2: \quad H(r,t) = \frac{w\, i(t)}{2\pi r} \tag{6.3-6}$$

Die magnetische Energiedichte ist

$$w_m(r,t) = \frac{\mu}{2} \cdot \left(\frac{w\, i(t)}{2\pi r}\right)^2 \tag{6.3-7}$$

und die ganze im Spuleninnenraum vorhandene magnetische Energie:

$$W_m(t) = \iiint w_m \, dv; \quad dv = h\, 2\pi r\, dr \qquad \text{dünner Hohlzylinder } dv:$$

$$= \frac{\mu}{2} \; \frac{w^2 i(t)^2}{4\pi^2} \; h\, 2\pi \int\limits_{r=r_1}^{r_2} \frac{r\, dr}{r^2} \tag{6.3-8}$$

$$= \frac{\mu\, w^2\, h}{4\pi} \; \ln \frac{r_2}{r_1} \; i(t)^2$$

Daher: $$L = \frac{2\, W_m(t)}{i(t)^2} = \frac{\mu\, w^2\, h}{2\,\pi} \; \ln \frac{r_2}{r_1} \tag{6.3-9}$$

Magnetische Energie und Selbstinduktivität einer Toroidspule mit ferromagnetischem Kern und Luftspalt

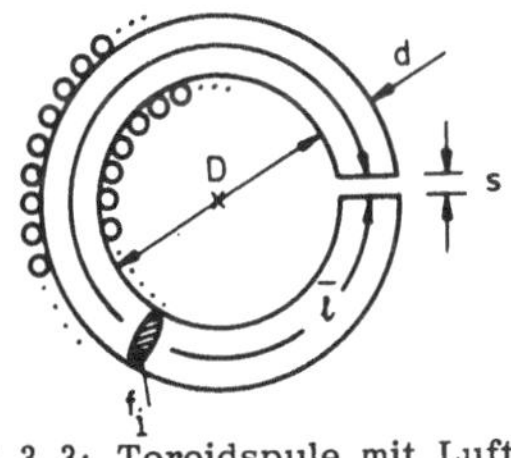

Bild 6.3.3: Toroidspule mit Luftspalt

Voraussetzungen

1) $d \ll D$ und $s \ll \sqrt{f_i}, \bar{l}$

2) gleichmäßige Wicklung

3) $\mu_r = \text{const}_H$ für den Kern

Die vereinfachenden Voraussetzungen werden getroffen, um innerhalb der Spule ein radiusunabhängiges Magnetfeld zu erhalten. Dieses hat im Luftspalt und im Kern sehr unterschiedliche Beträge und ist dort, nach den Voraussetzungen, jeweils als homogen anzusehen.

Die Vereinfachungen sind zulässig, besonders wenn man an die oftmals nur ungenau bekannte Permeabilitätszahl μ_r denkt. Auch für die Abschätzung der magnetischen Energie- und Induktivitätsanteile des Kerns gegenüber dem Luftspalt ist diese Betrachtung ausreichend.

$$w_m = w_m(t) = \frac{\mu_o \mu_r}{2} H(t)^2 \quad \text{und} \quad W_m(t) = \iiint w_m \, dv \tag{6.3-10}$$

Die in folgender Tabelle verwendete Permeabilitätszahl μ_r sei stets die des Kerns, da für den Luftspalt der Zahlenwert $\mu_r = 1$ nicht explizit angeschrieben werden muß. Es ist gleichgültig, ob wir Momentanwerte i(t) oder Effektivwerte I des Stromes in die Formeln einsetzen. Wegen der vorausgesetzten Linearität heb[t] sich bei der Berechnung der Induktivität die in W_m enthaltene, gleichartige Stromstärke wieder heraus:

$$\boxed{\overline{W_m(t)} \sim I^2 \qquad \text{und} \qquad W_m(t) \sim i(t)^2} \tag{6.3-11}$$

Mittels des Durchflutungsgesetzes und mit Div $\vec{B} = 0$ erhält man H_{Fe} und H_L, analog Abschnitt 5.6.1:

im Kern mit Index Fe (Ferromagnetikum):	im Luftspalt mit Index L:
$H_{Fe} = w\, I/(\bar{l} + \mu_r s)$	$H_L = w\, I/(s + \bar{l}/\mu_r)$
$w_{mFe} \approx \frac{\mu_o \mu_r}{2} \cdot \underbrace{\left(\frac{wI}{\bar{l} + \mu_r s}\right)^2}_{H_{Fe}^2}$	$w_{mL} \approx \frac{\mu_o}{2} \cdot \underbrace{\left(\frac{wI}{s + \bar{l}/\mu_r}\right)^2}_{H_L^2}$

Die Zeichen ≈ wurden wegen des als homogen angenäherten Magnetfeldes verwendet.

Weitere Näherung:

$\bar{l} << \mu_r s$	$\bar{l}/\mu_r << s$
$W_{mFe} \approx \frac{\mu_o \mu_r}{2} \cdot \frac{w^2 I^2}{\mu_r^2 s^2} \cdot \bar{l} \cdot f_i$	$W_{mL} \approx \frac{\mu_o}{2} \cdot \frac{w^2 I^2}{s^2} \cdot s \cdot f_i$
$\approx \frac{I^2}{2} \cdot \frac{\mu_o w^2 \bar{l} \cdot f_i}{\mu_r s^2}$	$\approx \frac{I^2}{2} \cdot \frac{\mu_o w^2 f_i}{s}$
$L_{Fe} = \frac{2}{I^2} \cdot W_{mFe} \approx \frac{\mu_o w^2 \bar{l} \cdot f_i}{\mu_r s^2}$	$L_L = \frac{2}{I^2} \cdot W_{mL} \approx \frac{\mu_o w^2 f_i}{s}$

Die Aufteilung der Induktivität in eine Teilinduktivität L_{Fe}, die der magnetischen Energie des ferromagnetischen Kerns und in eine zweite Teilinduktivität L_L, die der Luftspaltenergie zugeordnet wird, ist nur rechnerisch möglich. Meßtechnisch läßt sich nur die gesamte Induktivität $L_L + L_{Fe} = L$ erfassen. Dennoch interessiert uns das Verhältnis der Rechengrößen:

$$\frac{L_L}{L_{Fe}} \approx \frac{\mu_o w^2 f_i}{s} \cdot \frac{\mu_r s^2}{\mu_o w^2 \bar{l} \cdot f_i} = \frac{\mu_r s}{\bar{l}} >> 1, \tag{6.3-12}$$

solange die oben getroffene Näherung gilt: $\mu_r s >> \bar{l}$. Man stellt fest: Bei hochpermeablen Kernen ist die Induktivität (und magnetische Energie) des Luftspaltes viel größer als die des Ferromagnetikums. Der Dimensionierung des Luftspaltes ist deswegen besondere Aufmerksamkeit zu widmen.

6.3.2 SELBSTINDUKTIVITÄT UND MAGNETISCHER FLUSS

Wir gehen wieder aus von der langen Zylinderspule. Hat sie einen homogenen Kern und aussteuerungsunabhängige Permeabilitätszahl $\mu_r = \text{const}_H$, was einer linearen Magnetisierungskurve gleich kommt, so gilt mit dem Ergebnis von 6.3.1:

$$\begin{aligned} L\, i(t) &= \frac{\mu_o \mu_r w^2 f_i}{l}\, i(t) = \mu_o \mu_r \underbrace{\frac{w\, i(t)}{l}}\, f_i\, w\,; \quad f_i\text{: innerer Spulenquerschnitt, von } \phi \text{ durchsetzt} \\ &= \underbrace{\mu_o \mu_r\, H(t)}\, f_i\, w \\ &= \underbrace{B(t)\, f_i}\, w \\ &= \phi(t)\, w \end{aligned} \tag{6.3-13}$$

Der neue Zusammenhang lautet:

$$\boxed{L\, i(t) = w\, \phi(t) \quad \text{oder} \quad L\, I_{ef} = w\, \phi_{ef}} \tag{6.3-14}$$

wobei ϕ den magnetischen Bündelfluß (der ganze magnetische Fluß als Zusammenfassung aller Feldlinien oder Feldröhren) durch den Kern der Spule repräsentiert. Auch dieser Zusammenhang, nach Gl.(6.3-14), muß nicht auf lange Zylinderspulen beschränkt sein, sondern kann ebenso bei anderen Geometrien verwendet werden, vorausgesetzt ein Bündelfluß existiert. Dann kann die Induktivität durch den Bündelfluß ϕ ausgedrückt werden:

$$\boxed{L = \frac{w\, \phi(t)}{i(t)} \quad \text{oder} \quad L = \frac{w\, \phi_{ef}}{I_{ef}}} \tag{6.3-15}$$

Dies ist neben Gl. (6.3-5) eine zweite Berechnungsmöglichkeit oder Definitionsgleichung für Selbstinduktivitäten.

Oft wird zusammengefaßt: $w\phi = \psi$, wobei ψ nicht nur den Fluß einer einzigen, sondern den durch w Windungen darstellt. An die Definition des magnetischen Flusses ϕ sei erinnert:

$$\phi = \iint \vec{B}\, d\vec{f} \qquad \text{daher} \qquad \psi = w \iint \vec{B}\, d\vec{f} \tag{6.3-1}$$

Dabei wird die Fläche f von einem geschlossenen Rand $\mathring{s}$ umfaßt. Durch ihn tritt der Bündelfluß ϕ, was aus Bild 5.6 deutlich wird.

6.3.3 SELBSTINDUKTIVITÄT UND MAGNETISCHER FLUSS BEI FERROMAGNET

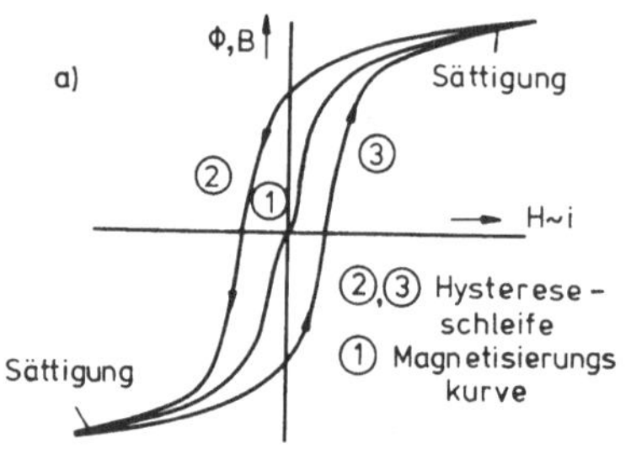

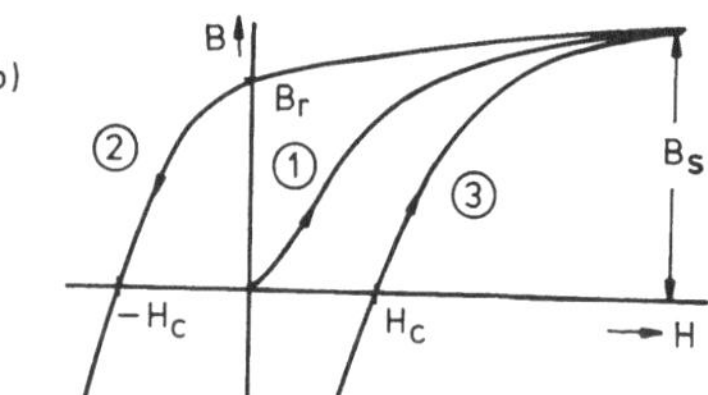

① Neukurve, ② absteigender Ast, ③ aufsteigender Ast der Hyst. Schleife

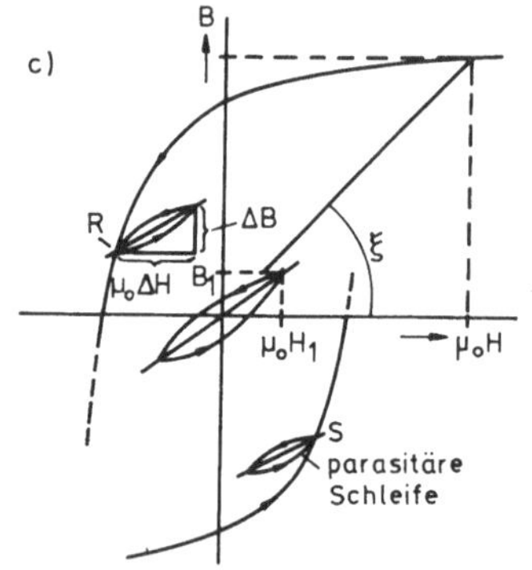

Verschiedene Permeabilitätszahlen als mittlere Steigungen:

Aussteuerung um den Nullpunkt, keine Vormagnetisierung:

$$\left.\frac{B_1}{\mu_o H_1}\right|_{H,B\approx 0} = \mu_{ra} \quad \text{Anfangspermeabilitätszahl}$$

$$\frac{B}{\mu_o H} = \tan\xi = \mu_{r\,tot} \quad \text{totale oder Wechselpermeabilitätszahl}$$

Arbeitspunkt bei R oder S durch Vormagnetisierung mit Gleichstrom: $\frac{\Delta B}{\mu_o \cdot \Delta H} = \mu_{r\,rev}$ reversible Permeabilitätszahl

Bild 6.3.4: Hystereseschleife und Permeabilitätszahlen bei ferromagnetischen Materialien

Das wichtigste Kernmaterial für Transformatoren und Übertrager in der Elektrotechnik sind Ferromagnetika. Sie sind gekennzeichnet durch ihre Grundsubstanzen Eisen, Kobalt und Nickel sowie durch sehr große Permeabilitätszahlen $\mu_r \gg 1$. Diamagnetische Werkstoffe: $\mu_r < 1$ und paramagnetische Werkstoffe: $\mu_r > 1$ (aber nicht sehr viel größer als eins), haben nur geringe Bedeutung.

Je nach dem prozentualen Anteil von Fe, Co und Ni in einer ferromagnetischen Legierung erhält man "weichmagnetische" oder "hartmagnetische" Materialien. Weichmagnetische Ferromagnetika haben eine schmale Hystereseschleife, die durch H_c und B_s bestimmt wird (siehe Bild 6.3.4a und b sowie die folgende Tabelle). H_c nennt man Koerzitivfeldstärke. Sie gibt an, in welchem Abstand vom Koordinatennullpunkt die Hystereseäste die mit H bezifferte Abszisse schneiden. B_s ist die magnetische Sättigungsflußdichte oder Sättigungsinduktion.

Die Hystereseschleife hartmagnetischer Ferromagnetika ist sehr viel breiter als die der weichmagnetischen Werkstoffe. Sie ist hauptsächlich durch H_c und B_r gekennzeichnet (siehe Tabelle). B_r nennt man Remanenz, das ist die beim Abschalten der magnetischen Erregung (i = 0, H = 0) remanente oder zurückbleibende magnetische Flußdichte oder Induktion (siehe Bild 6.3.4.b).

Tabelle einiger weichmagnetischer Ferromagnetika

Werkstoff (Bestandteile außer Fe)	Dicke / mm	μ_{ra}	$\mu_{r\,max}$	B_s/T	H_c/(A/m)
Dynamoblech IV		500	7 000	1,0	0,4
jetzt Ringbandmaterialien von hoher Qualität:					
Mumetall (72 - 83% Ni + Cu + Mo + andere)	0,2	50 000	140 000	0,8	1,2
Vacoperm 100 (72 - 83% Ni + Cu + Mo + andere)	0,1	90 000	250 000	0,78	0,8
Ultraperm 200 (72 - 83% Ni + Cu + Mo + andere)	0,1	250 000	350 000	0,78	0,3
Permenorm 5000 H2 (45-50%Ni)	0,2	12 000	80 000	1,55	4,0
Megaperm 40 L (35-40%Ni)	0,2	9 000	75 000	1,48	6,0
Trafoperm N2 (3%Si)	0,3	2 000	35 000	2,03	10,0
Vacoflux 50 (47-50% Co)	0,3	1 000	12 000	2,35	110
Vacodur 16 (16 % Aluminium)	0,2	8 000	40 000	0,90	4
Vacofer S 1	S*	2 000	40 000	2,15	6
Vacofer S 2	S*	1 500	30 000	2,15	12

S* = Formsinterteile

Obige Werte, außer Dynamoblech IV, wurden der Firmenschrift "Weichmagnetische Werkstoffe" der Vacuumschmelze GmbH, Hanau, Auflage 1983, entnommen.

Tabelle einiger hartmagnetischer Werkstoffe

	μ_{ra}	-	$\frac{B_r}{T}$	$H_c/(A/m)$
Stahl , 1 % C	40		0,7	5 000
Chrom- Wolfram-Stahl	30		1,1	5 000
Platin-Kobalt-Legg. (77% Pt, 23 % Co)	1,2	-	0,45	260 000
Barium-Ferrit	1,2		0,35	200 000
Strontium-Ferrit	1,2		0,45	200 000

Verwendet man für eine Spule oder einen Transformator ein weichmagnetisches Ferromagnetikum, so ist der Zusammenhang $B = f(H)$, wie Bild 6.3.4 zeigt, grundsätzlich nicht-linear. Dies trifft insbesondere für große Aussteuerung zu. Bei weichmagnetischen Materialien, mit schmaler Hystereseschleife und Aussteuerung ohne Gleichstromvormagnetisierung, ist es meist zulässig, die beiden äußeren Äste der Hystereseschleife, ② und ③ nach Bild 6.3.4a, durch eine mittlere Kurve ① zu ersetzen. Man nennt sie die Magnetisierungskurve.

Diese Magnetisierungskurve entsteht meßtechnisch durch Verbinden der Maximalwerte von B und H (oder von ϕ und i) bei Aussteuerung mit harmonischen Wechselgrößen bei zunehmenden Amplituden (ohne Gleichstromvormagnetisierung). Damit ist zwar ein eindeutiger Zusammenhang der Kurven $B = f_1(H)$ und $\phi = f_2(i)$ erzwungen worden, aber diese Magnetisierungskurven sind noch immer nichtlinear, weil sie aussteuerungsabhängig gekrümmt sind (① von Bild 6.3.4a). Die zur Magnetisierungskurve gehörende Permeabilitätszahl ist die sogenannte totale oder Wechselpermeabilitätszahl:

$$\mu_{r\ tot} = \tan\xi = \frac{B(i)}{\mu_0 H(i)} \tag{6.3-17}$$

nach Bild 6.3.4c. Sie hängt u.a. ab von den Amplituden der Aussteuerung.

Ebenso ist der magnetische Fluß ϕ nicht mehr linear proportional zur Stromstärke sondern eine allgemeinere Funktion davon:

$$\phi = \phi(i) \tag{6.3-18}$$

Beispiel für Dynamoblech: $\hat{\phi} = k\ \hat{i}^{1/9}$

Daher muß bei Wechselstromaussteuerung von ferromagnetischen Kernen als Definitionsgleichung für die Selbstinduktivität die verallgemeinerte Gleichung (6.3-14) verwendet werden, und zwar mit L und ϕ als Funktionen des Stromes i:

$$\boxed{w\ \phi(i) = L(i)\ i} \quad \text{oder} \quad \boxed{L(i) = \frac{w\ \phi(i)}{i}} \tag{6.3-19}$$

Verwendet man jedoch Gleichstrom zur Vormagnetisierung, so daß man z.B. in R oder S einen Arbeitspunkt einstellt, dann werden durch kleine Wechselgrößen Lanzetten in der Umgebung des Arbeitspunktes ausgesteuert (siehe Bild 6.3.4c). Deren mittlere Steigung ist zwar konstant, aber abhängig von der Lage des Arbeitspunktes, also von der magnetischen Vorgeschichte des Kernes und von der Gleichstrommagnetisierung. Man spricht dabei von der reversiblen Permeabilitätszahl:

$$\mu_{r\ rev} = \frac{\Delta B}{\Delta(\mu_o H)} = \frac{\Delta B}{\mu_o\ \Delta H} \tag{6.3-20}$$

ΔB und ΔH, ebenso wie nachfolgend $\Delta\phi$ und Δi, sind kleine Änderungen dieser Größen beim Arbeitspunkt. Ihnen kann man eine reversible Induktivität zuordnen:

$$w\ \Delta\phi(i) = \Delta i\ L(i) \tag{6.3-21}$$

oder

$$\boxed{L(i) = \frac{w\ \Delta\phi(i)}{\Delta i}} \tag{6.3-22}$$

6.3.4 INNERE INDUKTIVITÄT KREISRUNDER DRÄHTE

Die mit einem Meßgerät meßbare Induktivität (in deren richtigem Betriebszustand!) ist stets die ganze Induktivität der Spule. Die Berechnungsvorschriften nach den Gln. (6.3-5,15,19,22) haben entweder mit magnetischer Energie oder mit magnetischem Bündelfluß zu tun, gehen also zurück auf magnetische Feldstärke. Sie aber wurde in unserer bisherigen Induktivitätsberechnung nur soweit berücksichtigt, wie sie außerhalb des Wicklungsdrahtes vorkam.

Bei genauerer Betrachtung fällt auf, daß auch das magnetische Feld <u>innerhalb</u> des Wicklungsdrahtes eine magnetische Energie und einen magnetischen Fluß zur Folge hat. Ihr Einfluß und Beitrag zur Gesamtinduktivität muß berechnet werden, um abschätzen zu können, ob dieser Beitrag vernachlässigt werden kann oder ob nicht.

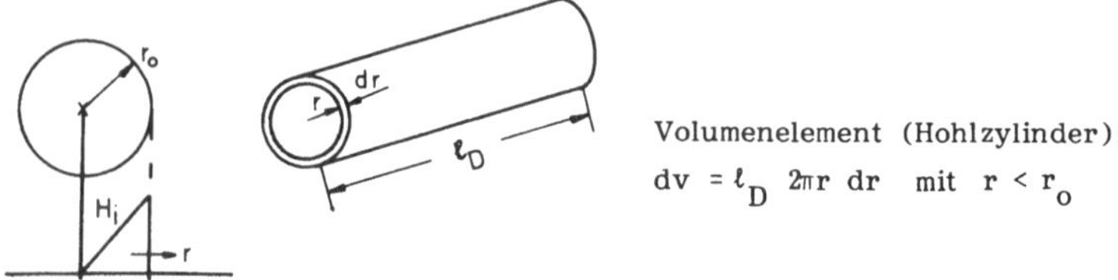

Bild 6.3.5: Kreisrunder Draht, stromdurchflossen

Wir verwenden dafür einen kreisrunden Draht mit dem Radius r_o, von der Länge ℓ_D, mit der radiusunabhängigen, konstanten Stromdichte J und dem ganzen Strom $I = J\pi r_o^2$. Wir wollen die magnetische Energie im Drahtinnern und daraus die innere Induktivität L_i des Drahtes berechnen. Seine Form ist unerheblich; das Ergebnis hängt also nicht davon ab, ob der Draht linear ausgedehnt oder zu einer Spule gewickelt ist, oder ob er eine andere Form hat. Auf Grund des Durchflutungsgesetzes gilt für:

$$\underline{0 \leq r \leq r_o:} \qquad H_i = \frac{J}{2}\, r \tag{6.3-23}$$

Die magnetische Energiedichte ist im Drahtinnern, mit $\mu_r \approx 1$ für Silber, Kupfer und Aluminium:

$$w_m = \frac{\mu}{2} H^2 = \frac{\mu_o}{2} \frac{J^2}{4}\, r^2 \tag{6.3-24}$$

und daher die magnetische Energie im Draht W_{mi} mit dem Volumenelement dv nach Bild 6.3.5:

$$\begin{aligned} W_{mi} &= \iiint w_m \, dv \\ &= \frac{\mu_o}{2} \cdot \frac{J^2}{4} \cdot \ell_D 2\pi \int_{r=0}^{r_o} r \cdot r^2 \, dr \\ &= \frac{\mu_o}{4} \cdot J^2 \ell_D \cdot \pi \, \frac{r_o^4}{4} \qquad \text{und mit } I = J\pi r_o^2 \\ &= \frac{\mu_o \ell_D I^2}{16\,\pi} \end{aligned} \tag{6.3-25}$$

Auf Grund der Definitionsgleichung ist die zugehörige innere Induktivität L_i:

$$L_i = \frac{2W_{mi}}{I^2}. \quad \text{Setzt man } W_{mi} \text{ ein, so folgt:} \tag{6.3-26}$$

$$L_i = \frac{\mu_o \ell_D}{8\pi}, \tag{6.3-27}$$

gültig für kreisrunde Leiter ohne Stromverdrängung, unabhängig von der geometrischen Anordnung der Leiter, also von der Leiterführung.

6.3.4.1 INNERE UND ÄUSSERE INDUKTIVITÄT EINER ZYLINDERSPULE

Im Abschnitt 6.3.1 wurde die äußere Induktivität der langen Zylinderspule berechnet zu $(L=)L_a = \mu_o\mu_r f w^2/\ell$, wobei $\mu_r = \text{const}_H$ vorausgesetzt wurde. Im obigen Abschnitt war die innere Induktivität L_i des kreisrunden Drahtes der Länge ℓ_D berechnet worden zu: $L_i = \mu_o \ell_D/(8\pi)$. Die tatsächliche Gesamtinduktivität der langen Zylinderspule ist demnach:

$$L = L_i + L_a \tag{6.3-28}$$

Um das Verhältnis von L_a zu L_i berechnen zu können, ist es zweckmäßig, zunächst die Drahtlänge ℓ_D durch Größen der Zylinderspule auszudrücken:

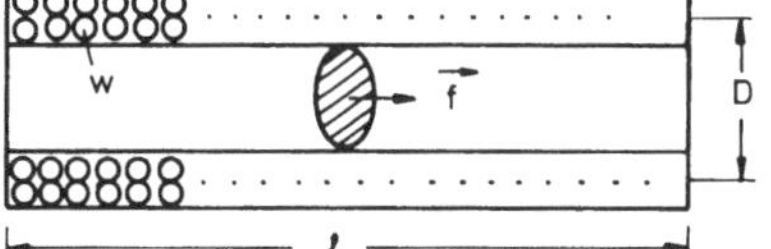

D: mittlerer Windungsdurchmesser
ℓ: Spulenlänge
f: innerer Spulenquerschnitt

Bild 6.3.6: Lange Zylinderspule

Mit $\ell_D \approx D\,\pi\,w$ wird $L_i \approx \frac{\mu_o}{8\pi} \cdot D\pi w = \frac{\mu_o D\, w}{8}$, (6.3-29)

somit ist mit $L_a = \mu_o\mu_r f w^2/\ell$

$$\frac{L_a}{L_i} \approx \frac{\mu_o\mu_r f w^2}{\ell} \cdot \frac{8}{\mu_o D w} = \frac{8\mu_r f\, w}{D\,\ell} \tag{6.3-30}$$

Eine grobe, willkürliche Abschätzung, die der Größenordnung nach oft stimmt, ist noch erforderlich:

$$D\,\ell \approx 8\,f \tag{6.3-31}$$

Damit wird übersichtlich, der Größenordnung nach:

$$\boxed{\frac{L_a}{L_i} \approx w\ \mu_r} \tag{6.3-32}$$

Hieraus kann man schließen: Bei Spulen mit großer Windungszahl w und/oder mit einem Kern von großer Permeabilitätszahl ist L_i gegen L_a rechnerisch vernachlässigbar. Der folgende Abschnitt muß zeigen, ob für $\mu_r = 1$ und $w = 1$ auch $L_a/L_i \approx 1$ wird, wie dies nach Gl. (6.3-32) zu sein scheint, oder ob dann andere Größen von Bedeutung sind.

6.3.4.2 ÄUSSERE UND INNERE INDUKTIVITÄT EINER PARALLELDRAHT-LEITUNG

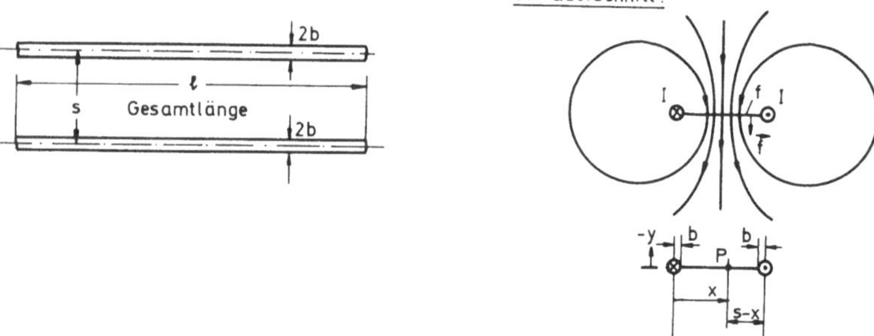

Bild 6.3.7: Paralleldrahtleitung, links: Draufsicht, rechts: im Querschnitt

Wir berechnen L_a aus der Beziehung

$$w\ \phi_a = L_a\ I, \tag{6.3-33}$$

dabei ist ϕ_a der durch die beiden Drähte hindurchgehende Bündelfluß. Er ist am stärksten eingeschnürt in der Verbindungsebene f zwischen beiden Drähten. Dort wollen wir ihn berechnen. In dieser Ebene ist: $\vec{H} \uparrow\uparrow \vec{f}$ und daher auch $\vec{H}\ d\vec{f} = H\ df$.

Die von den beiden Einzeldrähten herrührenden Feldstärken lassen sich linear überlagern, weil in der eingespannten Ebene f alle Vektoren $\vec{H}$ gleichsinnig parallel gerichtet sind:

$$H(x,0) = \underbrace{\frac{I}{2\pi x}}_{\text{vom linken,}} + \underbrace{\frac{I}{2\pi(s-x)}}_{\text{vom rechten Draht}} \tag{6.3-34}$$

Verlaufen die Drähte in Luft, dann ist $\mu_r = 1$ und

$$B(x,0) = \mu_o H(x,0)$$

$$= \frac{\mu_o I}{2\pi x} + \frac{\mu_o I}{2\pi(s-x)} \tag{6.3-35}$$

Weiter ist:

$$\phi_a = \iint \vec{B}\, d\vec{f} \tag{6.3-36}$$

Es sind: $\vec{B} \uparrow\uparrow d\vec{f}$ und $df = \ell\, dx$, daher:

$$\phi_a = \frac{\mu_o I \ell}{2\pi} \int\limits_{x=b}^{x=s-b} \{\frac{1}{x} + \frac{1}{s-x}\}\, dx$$

$$= \frac{\mu_o I \ell}{2\pi} \{\ln \frac{s-b}{b} - \ln \frac{s-(s-b)}{s-b}\}$$

$$= \frac{\mu_o I \ell}{2\pi} \cdot 2 \cdot \ln \frac{s-b}{b} \tag{6.3-37}$$

$$\approx \frac{\mu_o I \ell}{\pi} \cdot \ln \frac{s}{b} \quad \text{für } s \gg b$$

Jetzt kann Gl.(6.3-33) mit $w = 1$ angewandt werden, und man erhält die äußere Induktivität dieser Doppeldrahtleitung zu:

$$L_a = \frac{w\,\phi_a}{I} = 1 \cdot \frac{\phi_a}{I}$$

$$\underline{L_a = \frac{\mu_o \ell}{\pi} \cdot \ln \frac{s-b}{b}} \tag{6.3-38}$$

Ist $s \gg b$, wie z.B. bei Freileitungen, dann gilt in guter Näherung:

$$L_a \approx \frac{\mu_o \ell}{\pi} \ln \frac{s}{b} \tag{6.3-38a}$$

<u>Betrachtet man die Grenzwerte, so folgt:</u>

1) Für $s = 2\,b = 2\,r_o$ (Abstand null!) wird nach Gl.(6.3-38): $L_a = 0$.

2) $s \to \infty$: auch $L_a \to \infty$. Das heißt, L_a divergiert logarithmisch, was technisch nie realisiert werden kann; denn die beiden Leiter dieser Paralleldrahtleitung bleiben immer in endlichem Abstand von einander.

3) $b \to 0$: $L_a \to \infty$. Auch ein Drahtradius $b = 0$ ist nie technisch realisierbar. Die Stromdichte darin müßte unendlich groß werden.

Der Vergleich von L_a mit L_i bei der Paralleldrahtleitung ergibt mit $\ell_D = 2\,\ell$, wobei ℓ die einfache Länge der Paralleldrahtleitung ist:

$$L_i = \frac{\mu\,\ell_D}{8\pi} = \frac{\mu\,2\,\ell}{8\pi} = \frac{\mu\,\ell}{4\pi} \qquad (6.3\text{-}39)$$

$$L_a = \frac{\mu_o \ell}{\pi} \ln \frac{s-b}{b} \qquad (6.3\text{-}40)$$

Setzen wir für μ in L_i im Falle von Kupferdraht $\mu = 1 \cdot \mu_o$ ein, so erhalten wir schließlich:

$$\frac{L_a}{L_i} = \frac{\mu_o \ell \cdot \ln \frac{s-b}{b}}{\pi \cdot \frac{\mu_o \ell}{4\pi}} = 4 \ln \frac{s-b}{b} \qquad (6.3\text{-}41)$$

L_a ist also auch bei der Paralleldrahtleitung dann sehr viel größer als L_i, wenn der Drahtabstand s viel größer ist als der Drahtradius b. Bei Kabeln dagegen, mit geringem Abstand zwischen Hin- und Rückleiter, darf bei Induktivitätsberechnungen L_i gegenüber L_a nicht vernachlässigt werden.

Außerdem ist anzumerken, daß die äußere Induktivität L_a eines Draht- oder Leitergebildes nur dann berechnet (und auch gemessen!) werden kann, wenn es sich um eine Anordnung handelt, für die der Fluß ϕ_a eindeutig berechenbar ist.

Gegenbeispiel: Ein linear ausgedehntes Stück Metall, von einigen cm oder m Länge, ist keine solche Anordnung. Für sie läßt sich höchstens der innere magnetische Fluß (im Leiter) ϕ_i und die zugehörige innere Induktivität L_i (als Rechengröße und Teil der Gesamtinduktivität) angeben.

Würde man mit einem Induktivitätsmeßgerät die Gesamtinduktivität L eines solchen z.B. linear ausgedehnten Leiterstückes messen wollen, so wäre dessen eines Ende an das Induktivitätsmeßgerät anzuschließen, sein anderes, abstehendes Ende aber ebenso, und zwar über ein Meßkabel. Durch das Meßkabel, zusammen mit dem Leiterstück, wäre eine geschlossene Anordnung erreicht. Für sie wäre ein Fluß ϕ und damit eine Induktivität L meßbar. Beide würden jedoch von der gegenseitigen Lage (Meßkabel gegenüber Leiterstück) abhängen, und die gemessene Induktivität wäre keineswegs die des Leiterstückes alleine.

6.3.5 GEGENINDUKTIVITÄT

Mit der Selbstinduktivität L eines einzelnen Stromkreises kann man bei harmonischen Schwingungen durch $R + j\omega L$ den komplexen Widerstand des Stromkreises oder der Spule angeben. Durch $u = L \cdot di/dt$ erhält man bei beliebiger Kurvenform des Stromes i(t) die induktive Spannung des Stromkreises oder der Spule. Will man aber auf Grund des Stromes $i_1(t)$ in einem Stromkreis 1 die dadurch in einem Stromkreis 2 induzierte Spannung berechnen, so benötigt man die Gegeninduktivität M. Drei induktiv miteinander gekoppelte Stromkreise haben auch drei Gegeninduktivitäten. n induktiv miteinander gekoppelte Stromkreise haben $n \cdot (n-1)/2$ Gegeninduktivitäten. Um die Gegeninduktivität zu veranschaulichen, beschränken wir uns auf zwei Stromkreise oder Spulen oder auch nur Stromschleifen, die induktiv miteinander gekoppelt seien.

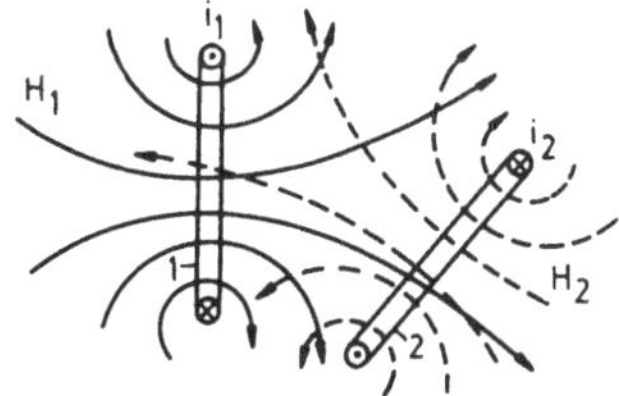

Induktive Kopplung: Ein Teil des Magnetfeldes einer Spule durchsetzt auch die andere Spule und induziert dort eine elektrische Spannung.

Bild 6.3.8: Zwei miteinander gekoppelte Stromkreise

Wir setzen voraus, es sei $\mu_r = \text{const}_H$. Dann ist die magnetische Energie dieser Anordnung im felderfüllten Volumen v:

$$
\begin{aligned}
W_m &= \frac{\mu}{2} \iiint (\vec{H}_1 + \vec{H}_2)^2 \, dv = \frac{\mu}{2} \iiint (\vec{H}_1^{\,2} + \vec{H}_2^{\,2} + 2\vec{H}_1\vec{H}_2) dv \\
&= W_{m1} + W_{m2} + W_{m1,2} \qquad (6.3.42) \\
&= \frac{L_1}{2} i_1^2 + \frac{L_2}{2} i_2^2 + M\, i_1 i_2 \\
&= \frac{w_1 i_1 \phi_1}{2} + \frac{w_2 i_2 \phi_2}{2} + \begin{cases} w_2\, \phi_{12} i_2 & \text{oder} \\ w_1\, \phi_{21} i_1 \end{cases}
\end{aligned}
$$

wobei $L_k i_k = w_k \phi_k$ und $M_{12} i_1 = w_2\ \phi_{12}$ bzw. $M_{21} i_2 = w_1\ \phi_{21}$ eingesetzt wurde, mit $M_{12} = M_{21} = M$. Dabei bedeuten:

ϕ_{12}: Derjenige magnetische Teilfluß des Stromkreises 1, der auch den Stromkreis 2 durchsetzt, daher ist $\phi_{12} \sim w_1 i_1$.

ϕ_{21}: Derjenige magnetische Teilfluß des Stromkreises 2, der auch den Stromkreis 1 durchsetzt, daher ist $\phi_{21} \sim w_2 i_2$.

M : Der Koeffizient der gegenseitigen Induktion, kurz: Gegeninduktivität.

$M \cdot i_1 i_2$: Die den beiden Stromkreisen gemeinsame magnetische Feldenergie.

Ändert sich die gegenseitige Lage der beiden Stromschleifen, nicht aber deren individuelle Geometrie, so ändert sich zwar M, nicht aber L_1, L_2. Mit M ändert sich auch die den beiden Stromschleifen gemeinsame Energie $M \cdot i_1 i_2$. Die Gegeninduktivität M ist also ein Maß für die gegenseitige Verkopplung der beiden Stromkreise miteinander. Diese Kopplung ist umso stärker, je mehr der Teilfluß ϕ_{12} mit ϕ_1 und je mehr ϕ_{21} mit ϕ_2 übereinstimmt. Dabei gilt immer:

$$\phi_{12} \leqq \phi_1 \quad \text{und} \quad \phi_{21} \leqq \phi_2 . \qquad (6.3\text{-}43)$$

Zwei Stromkreise (z.B. Luftspulen) haben dann die stärkste gegenseitige Kopplung, wenn ihre Windungen aufs engste einander benachbart sind. Die gegenseitige Kopplung ist null, wenn die Achsen zweier koaxial ineinander gelagerter Spulen senkrecht aufeinander stehen.

Da die gemeinsame magnetische Energie W_{m12} zweier Stromkreise gleich $M \cdot i_1 i_2$ ist, kann daraus M berechnet werden:

$$M = \frac{W_{m12}(t)}{i_1(t)\ i_2(t)} \quad \text{oder} \quad M = \frac{\overline{W_{m12}(t)}}{I_{1ef}\ I_{2ef}} , \qquad (6.3\text{-}44)$$

analog zur Berechnung der Induktivität L nach Gl.(6.3-5). Ferner gilt nach Gl. (6.3-42):

$$M\, i_1(t)\, i_2(t) = \begin{cases} w_2\, \Phi_{12}(t)\, i_2(t) \quad \text{oder} \\ w_1\, \Phi_{21}(t)\, i_1(t) \end{cases} \tag{6.3-45}$$

Auch daraus kann die Gegeninduktivität berechnet werden und zwar in Analogie zur Induktivitätsberechnung nach Gl. (6.3-15):

$$\boxed{\begin{array}{lll} M = w_2\, \Phi_{12}(t)/i_1(t) & \text{wobei} & \Phi_{12}(t) \sim i_1(t) \\ M = w_1\, \Phi_{21}(t)/i_2(t) & \text{"} & \Phi_{21}(t) \sim i_2(t) \end{array}} \quad \text{oder:} \tag{6.3-46}$$

Für die Gegeninduktivität M gilt der Zusammenhang mit den Induktivitäten L_1 der Spule 1 und L_2 der Spule 2:

$$M \leqq \sqrt{L_1\, L_2} \sim w_1 w_2 \tag{6.3-47}$$

und der sogenannte <u>Kopplungsfaktor k</u> ist definiert zu:

$$k = \frac{M}{\sqrt{L_1 L_2}} \quad ; \quad k \leqq 1 \tag{6.3-48}$$

Für k = 0 ist auch M = 0: Zwei Stromkreise (z.B.Spulen) sind dann nicht induktiv miteinander gekoppelt.

Für k = 1 erreicht M sein Maximum: $M_{max} = \sqrt{L_1 L_2}$. Zwei Stromkreise (z.B. Spulen) sind so am stärksten induktiv miteinander gekoppelt. In diesem Fall durchsetzen alle magnetischen Feldlinien (oder Feldröhren, also der ganze Fluß) des einen Stromkreises (z.B. der Spule 1) auch den anderen Stromkreis (z.B. die Spule 2). Dieser physikalische Sachverhalt bedeutet: Hier sind magnetischer Streufluß, der nur den erzeugenden Stromkreis (z.B. die erzeugende Spule) durchsetzt und die ihm zuzuordnende Streuinduktivität gleich null.

<u>Praktischer Hinweis zur Berechnung der Selbstinduktivität L</u>

Für Wickelkörper von Mittel- und Hochfrequenzspulen geben die Hersteller häufig den sogenannten A_L-Wert an. Er bezeichnet die durch <u>eine</u> Windung auf diesem Wickelkörper entstehende Induktivität. Somit ist die Induktivität von w Windungen, ausgedrückt durch den A_L-Wert:

$$\boxed{L = w^2 \cdot A_L} \tag{6.3-49}$$

6.4 INDUKTIONSGESETZ UND 2. MAXWELLGLEICHUNG

In einem historischen Experiment fand der englische Chemiker und Physiker Faraday (1791 - 1867) heraus, wodurch elektrische Spannungen induziert werden. Sein Versuchsbefund lautete:

In einer starren, ruhenden, geschlossenen Drahtschleife, die als Leitkurve s die Fläche f genügend genau umrandet, fließt trotz Fehlens eingeprägter elektromotorischer Kräfte (gemeint: Spannungen) ein elektrischer Leitungsstrom, wenn der die Fläche f durchsetzende magnetische Fluß ϕ sich zeitlich ändert, gleichgültig ob die Änderung von ϕ

a) durch Änderung der Stärke benachbarter Ströme,
b) durch Lageänderung benachbarter Stromkreise,
c) durch Lageänderung benachbarter (Permanent-) Magnete erzeugt wird.

6.4.1 DAS INDUKTIONSGESETZ FÜR RUHENDE RANDKURVEN

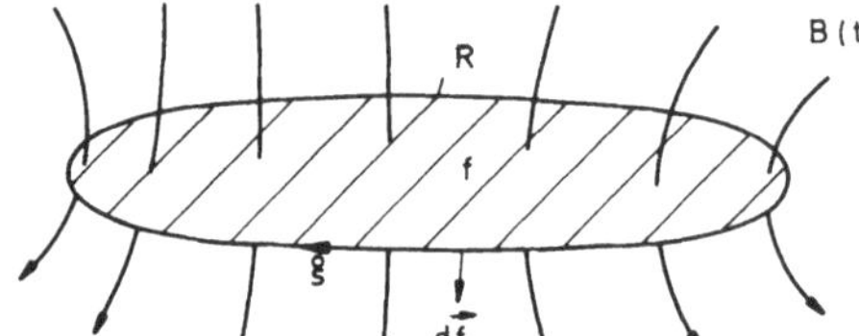

$$\phi = \iint \vec{B}\, d\vec{f}$$

R: Widerstand der Drahtschleife

Bild 6.4.1: Magnetischer Fluß durchsetzt die Randkurve $\overset{\circ}{s}$

Das Faradaysche Versuchsergebnis (bei Niederfrequenz und daher vernachlässigbarem Blindwiderstand in der Stromschleife):

$$\underbrace{i(t)\ R}_{\overset{\circ}{u}(t)} = -\dot{\phi} = -\frac{\partial}{\partial t}\iint \vec{B}(t)\, d\vec{f} \qquad (6.4\text{-}1)$$

muß sorgfältig interpretiert werden; denn nicht die in der Drahtschleife auftretende Stromstärke i(t), sondern die Umlaufspannung $\overset{\circ}{u}(t)$ ist Folge der Flußänderung $-\dot{\phi}$. Die Stromstärke stellt sich erst sekundär ein gemäß:

$$i(t) = \frac{\overset{\circ}{u}(t)}{R} = -\frac{\dot{\phi}}{R} \qquad (6.4\text{-}2)$$

Ein Zweites muß beachtet werden: Aus mathematischer Sicht wirkt das $\partial/\partial t$ von Gl. (6.4-1) sowohl auf $\vec{B}(t)$ als auch auf $d\vec{f}$. Es ist aber $\partial(d\vec{f})/\partial t$ nur dann von null verschieden, wenn die von der Randkurve $\mathring{s}$ eingespannte Fläche f sich örtlich und damit auch zeitlich ändert. Dieser Bewegungsvorgang führt zum Induktionsgesetz für bewegte Leiter, das im Abschnitt 6.4.2 behandelt wird. Hier soll zunächst das Induktionsgesetz für <u>ruhende</u> Randkurven besprochen werden. Unter "ruhend" verstehen wir, daß die Randkurve $\mathring{s}$ (Bild 6.4.1) relativ zum Träger des Magnetfeldes B(t) örtlich in Ruhe bleibt. Dieses Induktionsgesetz für ruhende Randkurven schreiben wir anstelle von Gl.(6.4-1) oder (6.4-2) deutlicher so:

$$\boxed{\mathring{u}(t) = -\iint \dot{\vec{B}}\, d\vec{f}} \qquad (6.4\text{-}3)$$

Wir erfassen hiermit bewußt nur zeitliche Änderungen der Induktion $\vec{B}$; denn nur sie sollen hier zugelassen sein.

<u>1. Beispiel</u>: Im Schenkel eines Transformators, nach Bild 6.4.2, sei ein die Zeichenebene senkrecht durchdringendes Magnetfeld mit der Induktion $\dot{\vec{B}}$ vorhanden. Obwohl der Transformatorkern in Bleche aufgeteilt ist, die gegeneinander elektrisch isoliert sind, existieren im Kern selbst und um den Kern herum in sich geschlossene <u>elektrische</u> Feldlinien, die durch $-\dot{\vec{B}}$ erzeugt werden.

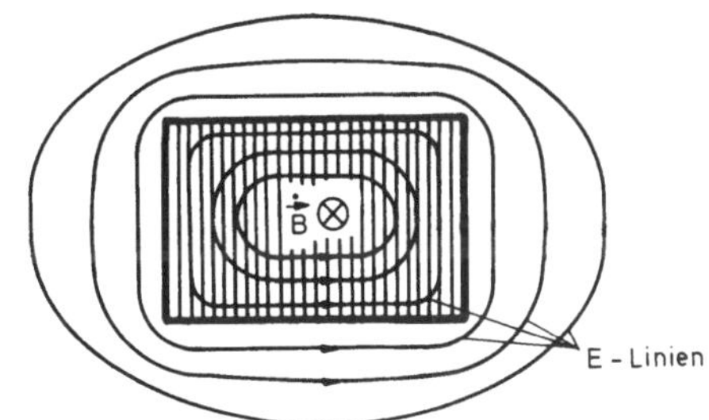

Bild 6.4.2: Transformatorschenkel mit magnetischer Flußdichte

Legt man nämlich eine Drahtschleife um den Kern herum, so wird darin die elektrische Umlaufspannung oder Windungsspannung induziert. Sie kann mit einem Spannungsmesser gemessen werden. Hat man nicht nur eine, sondern w Drahtwindungen um den Kern herumgelegt, so wird w Male die Flußänderung $-\dot{\phi}$ umfaßt, so daß auch die w-fache Spannung induziert wird:

$$\mathring{u}_w(t) = -w\iint \dot{\vec{B}}\, d\vec{f} \tag{6.4-4}$$

$$= -w\,\dot{\phi} \tag{6.4-5}$$

Die Schreibweise $-w\dot{\phi}$ ist richtig, solange man beachtet, daß $\dot{\phi}$, gemäß unserer Vereinbarung, nur die zeitliche Änderung der magnetischen Flußdichte, nicht aber eine eventuelle zeitliche Änderung der Randkurve (und der Fläche f) erfassen soll.

Erklärung der Formeln

1. $-\dot{\phi}$ heißt "magnetischer Ruheschwund" in Anlehnung an die ruhende materielle Randkurve, die von B(t) durchsetzt wird (historischer Begriff).
2. Mit den Gleichungen (6.4-3) bis (6.4-5) werden elektrische Umlaufspannungen (oder Windungsspannungen), nicht aber elektrische Feldstärken berechnet. Es wäre z.B. falsch zu sagen: Im Draht um den Transformatorschenkel (nach Bild 6.4.2) herum wäre die elektrische Feldstärke gleich der Spannung dividiert durch die Drahtlänge; vielmehr ist im allgemeinen:

$$E(t) \neq \mathring{u}(t)/\mathring{s} \qquad (\text{örtlicher Mittelwert: } \bar{E}(t) = \frac{\mathring{u}(t)}{\mathring{s}}) \tag{6.4-6}$$

   Die Ungleichung würde dann zu einer gültigen Gleichung werden, wenn sowohl Transformatorschenkel als auch Draht darum herum konzentrische Kreisform hätten, sodaß die Anordnung winkel<u>un</u>abhängig wäre. Dies ist aber beim rechteckigen Schenkel nach Bild 6.4.2 nicht der Fall.
3. Der magnetische Ruheschwund $-\dot{\phi}$, also die negative Flußänderung durch eine Randkurve hindurch kann durch die drei von Faraday gefundenen Induktionsursachen bedingt sein. Salopp können wir die Induktionsursachen so zusammenfassen: Wenn sich die Zahl der magnetischen Feldlinien oder Feldröhren durch eine ruhende Randkurve $\mathring{s}$ zeitlich ändert, entsteht in der Randkurve eine elektrische Umlaufspannung.

Fortsetzung von Beispiel 1

Bild 6.4.3 zeigt schematisch den rechteckigen Schenkel eines Transformators. Die magnetische Flußdichte oder Induktion: B(t) sei örtlich konstant aber zeitabhängig. Sie beschränkt sich auf den Querschnitt $a \cdot b = f$ des Schenkels:

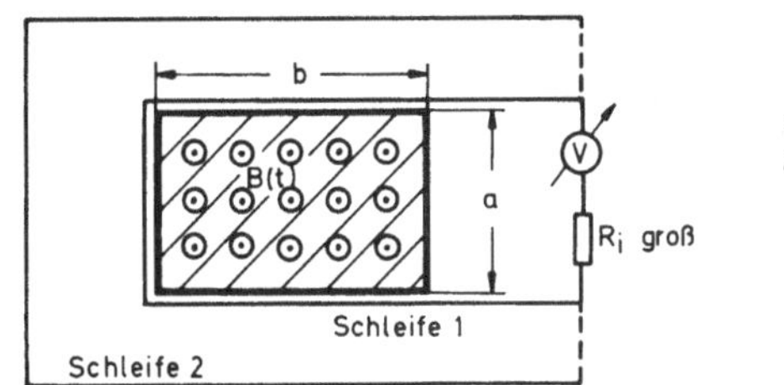

Spannungsmesser mit R_i als Innenwiderstand

$$\vec{B} = B(t)\,\vec{e}_z$$
$$\vec{f} = a\,b\,\vec{e}_z$$

Bild 6.4.3: Zum Induktionsgesetz beim Transformator

Gesucht wird die in den gezeichneten Drahtschleifen 1 und 2 auftretende elektrische Spannung.

Lösung: Wir setzen voraus, der Innenwiderstand R_i des Spannungsmessers sei hochohmig, damit möglichst die ganze Spannung daran und nicht am Widerstand der Leiterschleife auftritt. Zunächst dürfte überraschen, daß man für Schleife 1 und Schleife 2 den gleichen Meßwert erhält. Ursache: Schleife 1, dicht um den Kern herum, und Schleife 2, weiter außen liegend, umfassen den gleichen magnetischen Fluß und die gleiche zeitliche Flußänderung:

$$\mathring{u}(t) = -\dot{\Phi} = -\,a\,b\,\dot{B}(t), \qquad (6.4\text{-}7)$$

wobei f = a·b senkrecht von $\vec{B}(t)$ durchsetzt wird, sodaß $\vec{f} \uparrow\uparrow \vec{B}(t)$ angenommen werden durfte. Der zeitliche Verlauf $\mathring{u}(t)$ hängt ab von $B(t)$, das wir als eingeprägt voraussetzen wollen:

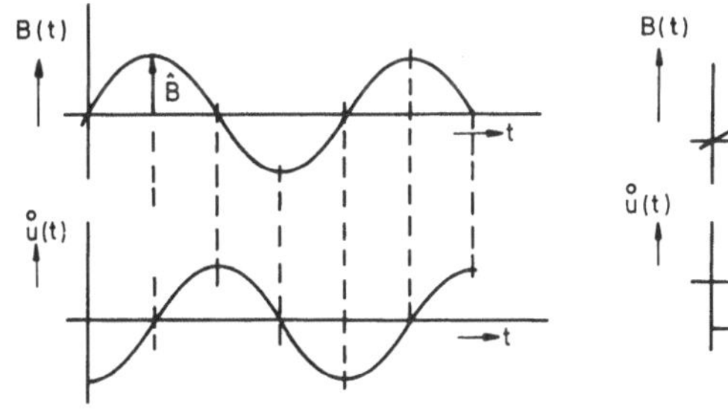

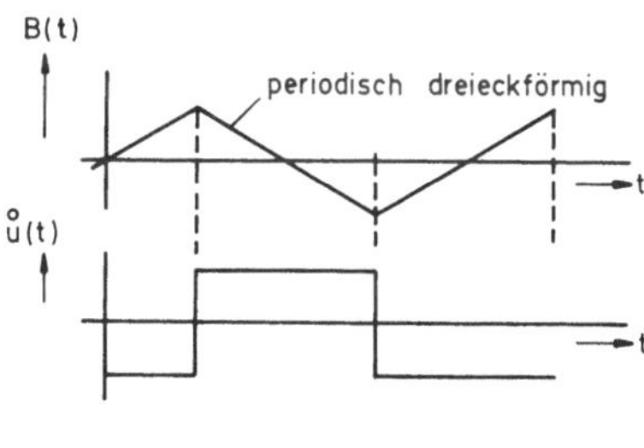

Bild 6.4.4: Verschiedene Zeitfunktionen B(t) und die daraus folgenden elektrischen Spannungen: $\mathring{u}(t) \sim -\dot{B}$

2. Beispiel zum Induktionsgesetz:

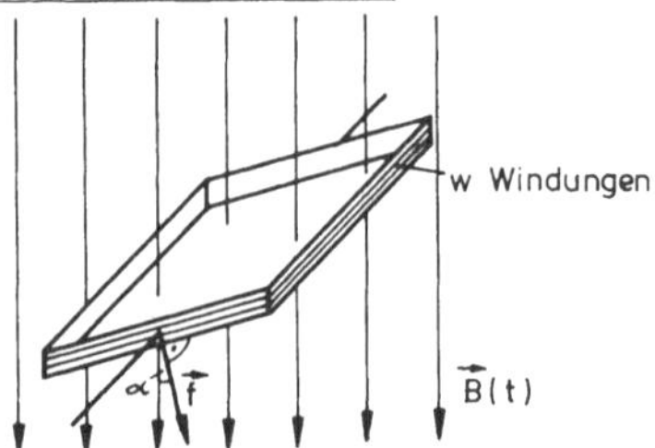

Bild 6.4.5: Spule schräg in homogenem Magnetfeld

Eine Spule mit w Windungen um die Fläche $\vec{f}$ herum liegt so in einem Magnetfeld, daß der Flächenvektor $\vec{f}$ mit $\vec{B}(t)$ den Winkel α bildet. B(t) sei örtlich homogen und nur zeitabhängig. Dann ist

$$\overset{\circ}{u}_w(t) = -w \iint \dot{\vec{B}}(t)\, d\vec{f} \tag{6.4-8}$$

mit $\vec{B}(t)\, d\vec{f} = B(t)\, df \cos\alpha$, (6.4-9)

so daß die von $\vec{B}$ senkrecht durchsetzte, wirksame Fläche $f_\perp = f \cdot \cos\alpha$ ist. Daher und wegen des homogenen $\vec{B}$-Feldes ist:

$$\overset{\circ}{u}_w(t) = -w \cos\alpha \;\; f\, \dot{B}(t) \tag{6.4-10}$$

3. Beispiel zum Induktionsgesetz

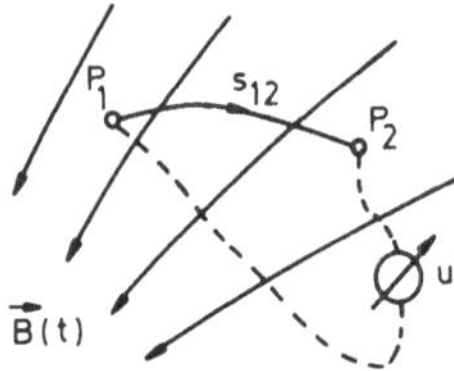

Bild 6.4.6: Elektrische Spannung von P_1 nach P_2

Gegeben sei ein inhomogenes (ortsabhängiges) und zeitvariables Magnetfeld der Flußdichte $\vec{B}(x,y,z,t)$. Gesucht ist die elektrische Spannung längs eines Weges s_{12} mit dem Anfangspunkt P_1 und dem Endpunkt P_2.

Lösung: Eine von P_1 nach P_2 induzierte elektrische Spannung kann nicht angegeben werden, da bei ruhenden (Rand-)Kurven nur in geschlossenen Umläufen eine Spannung induziert wird. Nur dort ist die eingespannte Fläche f eindeutig definiert. Wollte man versuchen, die elektrische Spannung zu messen, so würde man dafür die nach Bild 6.4.6 gestrichelt eingezeichneten Leitungen zum Spannungsmesser benötigen. Ferner müßte s_{12} ein materieller Faden sein. Damit aber hätte man einen geschlossenen Umlauf geschaffen. Von seiner Lage gegenüber dem Magnetfeld hängt die jetzt in dieser Schleife induzierte Spannung ab:

$$\mathring{u}(t) = -\iint \dot{\vec{B}}(x,y,z,t)\, d\vec{f} \tag{6.4-11}$$

$\mathring{u}(t)$ ist prinzipiell verschieden von einer eventuell zwischen P_1 und P_2 vorhandenen elektrischen Spannung u_{12}, die (bei ruhenden Randkurven) nur durch ein räumlich vorhandenes elektrisches Feld $\vec{E}$ entstehen kann:

$$u_{12} = \int_1^2 \vec{E}\, d\vec{s} \tag{6.4-12}$$

4. Beispiel zum Induktionsgesetz

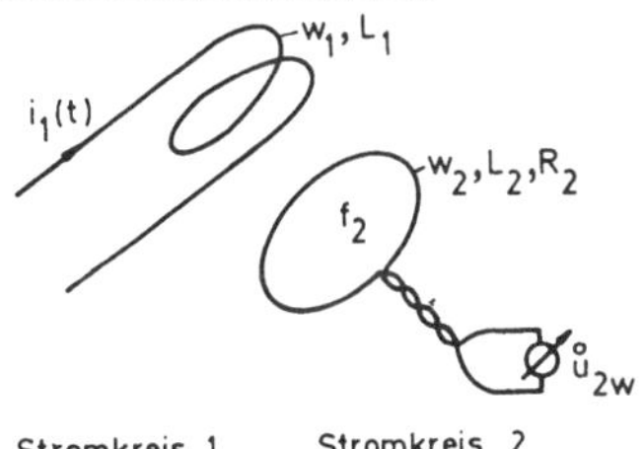

Bild 6.4.7: Lufttransformator

Gegeben die zwei Stromkreise nach Bild 6.4.7, die selbst und gegeneinander ruhen. Stromkreis 1 führt den eingeprägten Strom $i_1(t)$, Stromkreis 2 ist frei von jeder Quelle und nur über lange, verdrillte Zuleitungen an einen Spannungsmesser angeschlossen, so daß nur f_2 die von magnetischem Fluß durchsetzte Fläche des Stromkreises 2 ist.

Gesucht wird die im Stromkreis 2 induzierte elektrische Spannung.

Lösung: Das Induktionsgesetz ist anzuwenden mit den Indizes:

$$\mathring{u}_{2w}(t) = -\, w_2\, \dot{\phi}_2(t) \tag{6.4-13}$$

Dabei ist $\phi_2(t)$ der die Spule 2 durchsetzende magnetische Fluß. Da er von Spule 1 herrührt, schreibt man deutlicher:

$$\mathring{u}_{2w}(t) = -\, w_2\, \dot{\phi}_{12}(t) \tag{6.4-14}$$

$\phi_{12}(t)$ ist nicht der ganze, von Spule 1 erzeugte magnetische Fluß, sondern nur derjenige Teilfluß, der auch die Spule 2 durchsetzt. Bezeichnet M die gegenseitige Kopplung zwischen Spule 1 und Spule 2, (siehe Abschnitt 6.3.5 Gegeninduktivität) wobei

$$M \sim w_1 w_2 \quad \text{und} \quad M \leq \sqrt{L_1 L_2} \tag{6.4-15}$$

ist, dann gilt auch:

$$w_2 \, \phi_{12}(x,y,z,t) = M \, i_1(t) \quad \text{und daher} \tag{6.4-16}$$

$$\boxed{\overset{\circ}{u}_{2w}(t) = - M \frac{di_1(t)}{dt}} \tag{6.4-17}$$

5. Beispiel zum Induktionsgesetz (Selbstinduktion)

Wir wollen mittels des Induktionsgesetzes den induktiven Widerstand einer Spule, die von Strom durchflossen wird, herleiten.

Voraussetzungen: $\mu_r = \text{const}_H$, daher auch $L = \text{const}_i$.

ferner: Die betrachtete Spule sei ideal.

gegeben: Die Induktivität L der idealen Spule und die Stromstärke: $i(t) = \hat{\imath} \sin \omega t$.

Wir wollen komplex rechnen. Dafür sind:

$\underline{i}(t) = \underline{\hat{i}} \, e^{j\omega t}$ komplexer Momentanwert

$\underline{\hat{\imath}} = \hat{i} \, e^{j\varphi_i}$ komplexe Amplitude

daher $\underline{i}(t) = \hat{i} \, e^{j(\omega t + \varphi_i)}$ komplexer Momentanwert

Wir wenden das Induktionsgesetz an, wobei:

$$w \frac{d\phi}{dt} = L \frac{di}{dt} \tag{6.4-18}$$

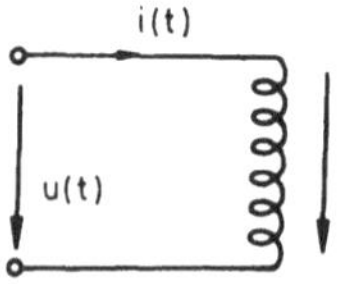

i(t)

u(t)

$$u_L(t) = + L \frac{di}{dt}$$

Das Pluszeichen gilt wegen des gewählten Verbraucher-Zählpfeil-Systems.

Bild 6.4.8: Ideale Spule und ihre Spannung

Aus den komplexen Momentanwerten des Stromes erhält man auch die komplexen Momentanwerte der Spannung:

$$\underline{u}_L(t) = L\,\frac{d\underline{i}}{dt} = L\,\frac{d}{dt}\left(\hat{i}\, e^{j(\omega t + \varphi_i)}\right) = j\omega L\, \hat{i}\, e^{j(\omega t + \varphi_i)}$$

$$= j\omega L\, \underline{i}(t) \qquad (6.4\text{-}19)$$

<u>Für die ideale Spule ist:</u>

$j\omega L$ der komplexe Widerstand

ωL der Blindwiderstand

<u>Achtung!</u>

Diese Widerstandswerte sind Ergebnis der <u>harmonisch</u> vorausgesetzten Stromstärke. Ein anderer Zeitverlauf des Stromes würde, falls man ihn direkt in $L \cdot di/dt$ einsetzt, andere, <u>nicht gebräuchliche</u> induktive Widerstände ergeben! Der gängige Blindwiderstand ωL der Spule (und ebenso $-1/\omega C$ beim Kondensator) setzt also stets das Rechnen mit <u>einer</u> harmonischen Schwingung der Kreisfrequenz ω voraus!

6.4.1.1 DIE ZWEITE MAXWELLGLEICHUNG BEI RUHENDEN RANDKURVEN

An Stelle der elektrischen Umlaufspannung $\mathring{u}(t)$, die in einem geschlossenen materiellen Faden (z.B. einen Draht) induziert wird, kann man schreiben:

$$\mathring{u}(t) = \oint \vec{E}(x,y,z,t)\, d\vec{s} \qquad (6.4\text{-}20)$$

Somit kann das Induktionsgesetz für <u>eine</u> Windung auch angeschrieben werden:

$$\oint \vec{E}\, d\vec{s} = -\iint \dot{\vec{B}}\, d\vec{f} \qquad (6.4\text{-}21)$$

Wendet man auf die linke Seite von Gl. (6.4-21) den Stokeschen Satz an, so erhält man:

$$\iint \operatorname{rot} \vec{E}\, d\vec{f} = -\iint \dot{\vec{B}}\, d\vec{f} \qquad (6.4\text{-}23)$$

Auf beiden Seiten kann man das Flächenintegral weglassen und erhält:

$$\boxed{\operatorname{rot} \vec{E} = -\dot{\vec{B}}} \qquad \text{2. Maxwellgleichung} \qquad (6.4\text{-}24)$$

Dies ist die zweite Maxwellgleichung. Sie sagt aus, daß die Feldgrößen $\vec{E}$ und $\dot{\vec{B}}$ in einem ursächlichen Zusammenhang stehen: Die Ursache $-\dot{\vec{B}}$ erzeugt in sich geschlossene elektrische Feldlinien $\vec{E}$. Dort wo $-\dot{\vec{B}}$ vorkommt, ist diese zeitliche Änderung der magnetischen Flußdichte Wirbelursache (= Erregungsgröße) und Wirbeldichte (Rotation) des davon erzeugten elektrischen Feldes $\vec{E}$. Jedes zeitlich variable Magnetfeld H(t), B(t) ist völlig von geschlossenen elektrischen Feldlinien durchsetzt. Dort wo $\dot{\vec{B}}$ vorkommt (Beispiel: im Transformatorschenkel) dort ist das elektrische Feld wirbelhaft: rot $\vec{E} = -\dot{\vec{B}}$. Wo kein $\dot{\vec{B}}$ vorkommt (z.B. außerhalb des Transformatorschenkels), ist das durch $\dot{\vec{B}}$ erzeugte $\vec{E}$-Feld wirbelfrei: rot $\vec{E} = 0$. Die Zuordnung von $-\dot{\vec{B}}$ zu $\vec{E}$ ist rechtswendig, oder: die Zuordnung von $+\dot{\vec{B}}$ zu $\vec{E}$ ist linkswendig:

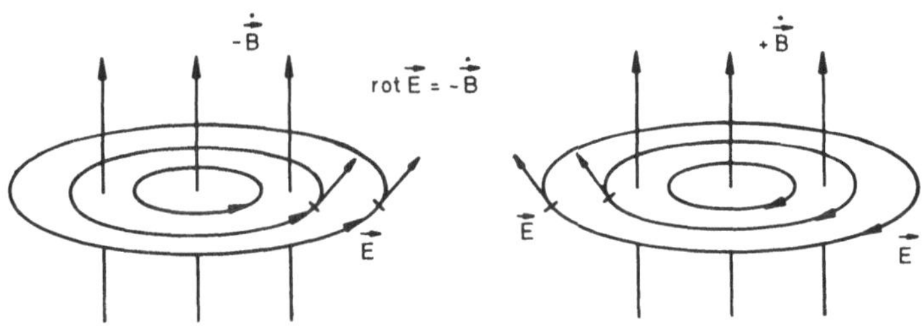

Bild 6.4.9: Zuordnung von $\dot{\vec{B}}$ zu davon erzeugten elektrischen Feldlinien $\vec{E}$ nach der 2. Maxwellgleichung

Für die Anwendung der 2. Maxwellgleichung sind je nach Geometrie geeignete Koordinaten zu wählen.

Beispiel: Um einfach rechnen zu können, nehmen wir an, der Kern einer linear wirkenden Eisendrossel habe Kreisquerschnitt und sei in $\vec{e}_z$-Richtung sehr weit ausgedehnt:

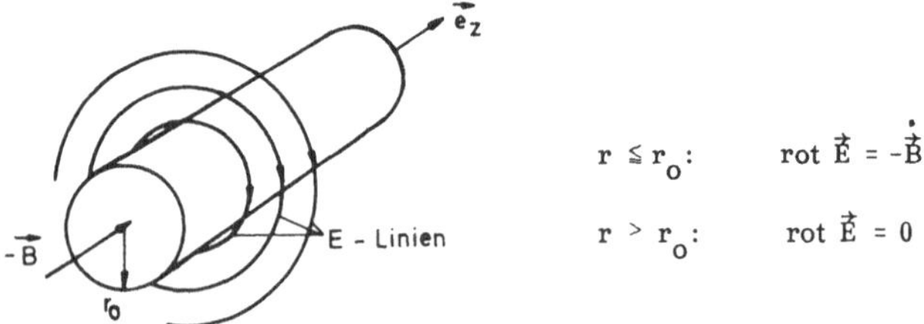

$r \leq r_o$: rot $\vec{E} = -\dot{\vec{B}}$

$r > r_o$: rot $\vec{E} = 0$

Bild 6.4.10: Kreiszylinder mit magnetischer Flußdichte und E-Linien

Innerhalb des Kreiszylinders existiere $-\dot{\vec{B}}$ mit der Richtung $\vec{e}_z$. Dann wird die 2. Maxwellgleichung zweckmäßigerweise ausgedrückt durch Zylinderkoordinaten:

$$\left(\frac{1}{r}\frac{\partial E_z}{\partial \alpha} - \frac{\partial E_\alpha}{\partial z}\right)\vec{e}_r + \left(\frac{\partial E_r}{\partial z} - \frac{\partial E_z}{\partial r}\right)\vec{e}_\alpha + \left(\frac{1}{r}\frac{\partial (r\,E_\alpha)}{\partial r} - \frac{1}{r}\frac{\partial E_r}{\partial \alpha}\right)\vec{e}_z = -\dot{B}\,\vec{e}_z \qquad (6.4\text{-}24)$$

Da die rechte Seite dieser Gleichung als feldverursachende Größe nur eine z-Komponente aufweist, ist auch auf der linken Seite nur die Differenz in Richtung $\vec{e}_z$ von null verschieden. Eine Komponente E_r tritt hier nicht auf, sie würde einem Quellenfeld entsprechen. Denn die Flußdichteänderung, die das $\vec{E}$-Feld erzeugt, wirkt theoretisch unendlich weit in Richtung von $\vec{e}_z$. Diesem $-\dot{B}\,\vec{e}_z$ ist nur ein $E_\alpha(r,t)$ rechtswendig zugeordnet und daher von null verschieden. (Der Rechengang verläuft nun völlig analog zur Berechnung der magnetischen Feldstärke am kreiszylindrischen Draht gemäß rot $\vec{H} = \vec{J}$.)

<u>$r \le r_o$:</u>

$$\frac{1}{r}\frac{\partial (r\,E_\alpha)}{\partial r} - \frac{1}{r}\frac{\partial E_r}{\partial \alpha} = -\dot{B} \qquad (6.4\text{-}25)$$

Wäre $E_r \neq 0$, so wäre dennoch aus Symmetriegründen $\partial E_r/\partial\alpha = 0$, daher bleibt:

$$\frac{1}{r}\frac{\partial (r\,E_\alpha)}{\partial r} = -\dot{B} \qquad (6.4\text{-}26)$$

<u>Lösung:</u>

$$\underline{E_\alpha(r,t) = -\dot{B}\,\frac{r}{2}} \qquad (6.4\text{-}27)$$

Für $r \ge r_o$, außerhalb des Flußdichte führenden Zylinders, ist rot $\vec{E} = 0$. Daher ist nun an Stelle von Gl.(6.4-26) anzuschreiben:

$$\frac{1}{r}\frac{\partial (r\,E_\alpha)}{\partial r} = 0 \qquad (6.4\text{-}28)$$

und

$$r\,E_\alpha(r,t) = \text{const} \qquad \text{oder} \qquad E_\alpha(r,t) = \frac{\text{const}}{r} \qquad (6.4\text{-}29)$$

Bei $r = r_o$, am Zylindermantel, ist Rot $\vec{E} = 0$, so daß dort die Werte $E_\alpha(r,t)$ stetig ineinander übergehen. Durch Vergleich von Gl.(6.4-27) mit Gl.(6.4-29) bei r_o erhält man die Integrationskonstante: const $= -\dot{B}\,r_o^2/2$. Damit lautet die <u>Lösung für $r \ge r_o$:</u>

$$\underline{E_\alpha(r,t) = \frac{-\dot{B}\,r_o^2}{2\,r} = \frac{-\dot{B}\,\pi r_o^2}{2\,\pi\,r} = \frac{-\dot{\phi}}{2\pi r}} \qquad (6.4\text{-}30)$$

Man kann auch, was methodisch sinnvoller wäre, zunächst die 2. Maxwellgleichung anschreiben:

$$\text{rot}\ \vec{E} = -\dot{\vec{B}} \tag{6.4-31}$$

kann beide Seiten integrieren:

$$\iint \text{rot}\ \vec{E}\ d\vec{f} = -\iint \dot{\vec{B}}\ d\vec{f} \tag{6.4-32}$$

und wendet den Stokesschen Satz auf die linke Seite von Gl.(6.4-32) an:

$$\boxed{\begin{aligned} \underbrace{\oint \vec{E}\ d\vec{s}}_{\overset{\circ}{u}(t)} &= -\iint \dot{\vec{B}}\ d\vec{f} \\ &= -\ \dot{\phi} \end{aligned}} \tag{6.4-33}$$

Dann sieht man deutlich, daß die durch $-\dot{\phi}$ entstehende elektrische Umlaufspannung $\overset{\circ}{u}(t)$ nur durch die zeitvariable magnetische Flußdichte, nicht aber durch eine zeitvariable Fläche f erzeugt wird. Die Fläche f und der Umlauf $\overset{\circ}{s}$ (= Randkurve) gehören wieder eindeutig zusammen: $\overset{\circ}{s}$ ist die Randkurve um die Fläche f.

6.4.1.2 QUELLENFREIHEIT DES MAGNETISCHEN RUHESCHWUNDES

Wegen der immer gültigen Quellenfreiheit der magnetischen Flußdichte: div $\vec{B}$ = 0, ist auch die Ergiebigkeit in einem endlichen Volumen null:

$$\iiint \text{div}\ \dot{\vec{B}}\ dv = \oint\!\!\!\!\oint \dot{\vec{B}}\ d\vec{f} = 0 \tag{6.4-34}$$

Das bedeutet: Bei jedem endlichen, durch eine Hüllfläche abgeschlossenen Volumen v ist die Anzahl der eintretenden Feldlinien oder Feldröhren von $\dot{\vec{B}}$ gleich der Zahl der austretenden Feldlinien oder Feldröhren. Oder nach Bild 6.4.11: Der bei f_u in das endliche Volumen v eintretende Fluß von $\dot{\vec{B}}$ ist gleich dem bei f_o austretenden Fluß von $\dot{\vec{B}}$:

$$\iint\limits_{f_u} \dot{\vec{B}}\ d\vec{f} + \iint\limits_{f_o} \dot{\vec{B}}\ d\vec{f} = 0 \tag{6.4-36}$$

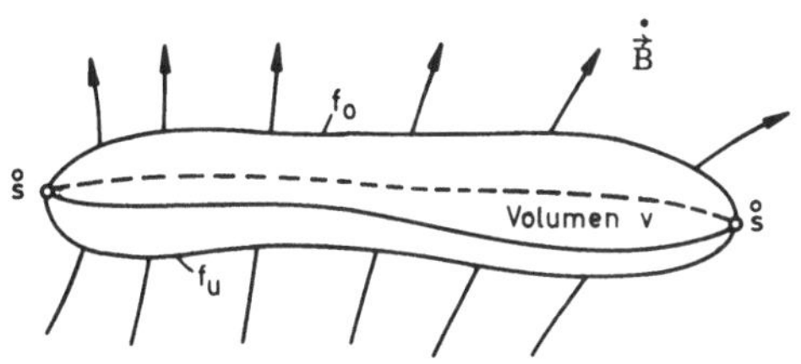

Bild 6.4.11: Quellenfreiheit von $\dot{\vec{B}}$

Daher kann (nach dem folgenden Bild 6.4.12) eine Randkurve $\overset{\circ}{s}$ die kleinste Fläche f_1 oder auch eine gewölbte Fläche f_2, f_3, f_i,.... einspannen oder umranden. Anschauliche Vorstellung: Der feste Rand $\overset{\circ}{s}$ spannt eine Gummimembran oder ein Gummituch ein, das man z.B. nach oben hin dehnt oder anhebt. Dabei entstehen verschiedene Flächen, wie f_2 und f_3 nach Bild 6.4.12.

Die durch f_1 oder durch f_2 oder durch f_3 oder durch f_i hindurchtretende Flußänderung ist, bei gleichgebliebener Randkurve $\overset{\circ}{s}$, immer die gleiche, da auch keine Quellen von $\dot{\vec{B}}$ existieren: div $\dot{\vec{B}}=0$, weil div $\vec{B}=0$ ist.
Für die Anwendung des Induktionsgesetzes ist es daher gleichgültig, ob f_1 oder f_2 oder f_3 oder f_i in die Randkurve $\overset{\circ}{s}$ eingespannt werden. Die in ihr induzierte elektrische Umlaufspannung ist also unabhängig davon, ob die Flußänderung durch f_1 oder durch f_2 oder durch f_3 oder durch f_i betrachtet wird, solange nur die ruhende Randkurve $\overset{\circ}{s}$ dieselbe bleibt.

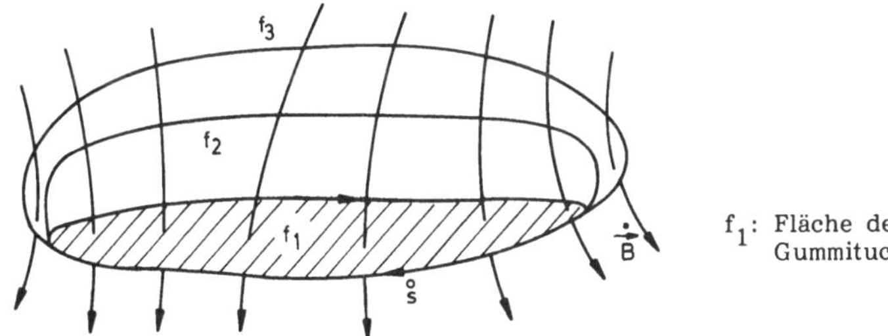

Bild 6.4.12: Verschiedene Flächen f_i in gleicher Randkurve $\overset{\circ}{s}$ werden von der gleichen Flußänderung $\dot{\phi}$ durchdrungen

6.4.2 HINWEISE ZUM INDUKTIONSGESETZ FÜR LANGSAM BEWEGTE KÖRPER

Vorab muß man klarstellen, daß es im Falle von bewegten Körpern zwei Beobachtungssysteme gibt: Das eine Mal ruht der Beobachter (z.B. gegenüber dem Laborraum oder der Erdoberfläche) und mißt an seinem Ruhestandort die in einem bewegten Leiter induzierte elektrische Spannung. Das andere Mal bewegt sich der Beobachter mit dem Leiter und nimmt wahr, was daran geschieht. Wir haben also zwei voneinander verschiedene Beobachtungssysteme.

Physikalische Größen wie z.B. die elektrische Spannung oder die elektrische Feldstärke können aus der Sicht des einen oder aus der Sicht des anderen Beobachtungssystems betrachtet, also gemessen werden. Es wird sich herausstellen, daß die Meßwerte, z.B. die Spannung, in beiden Beobachtungssystemen unterschiedlich ausfallen, was zunächst schwer verständlich erscheint. Der Unterschied wird aber erklärbar, wenn man die verschiedenartigen Meßbedingungen näher betrachtet. Dies soll für die Spannungsmessung mittels eines Gedankenexperimentes geschehen.

Ein lineares Leiterstück (ein Metallstab) soll nach Bild 6.4.13 mit einer gegenüber Lichtgeschwindigkeit $\vec{c}$ langsamen Geschwindigkeit $\vec{v}$ translatorisch bewegt werden. Aber nur aus der Sicht des ruhenden Beobachtungssystems (oder des ruhenden Spannungsmessers) bewegt sich der Leiterstab mit der Geschwindigkeit $\vec{v}$. Aus der Sicht des mitbewegten Beobachters (des mitbewegten Spannungsmessers) gesehen, ruht der Leiterstab! Wir können jetzt deutlicher formulieren: Der nach Bild 6.4.13b ruhende Beobachter erkennt, daß ein Leiterstab mit der hier vorausgesetzten gleichförmigen, konstanten Geschwindigkeit $\vec{v}$ in einem homogenen und zeitlich konstanten Magnetfeld der Induktion $\vec{B}$ bewegt wird.

Wir betrachten zunächst den mitbewegten Beobachter nach Bild 6.4.13a. Wenn er eine Spannung messen soll, müssen wir ihm einen Spannungsmesser auf seine Reise mitgeben. Dieser Spannungsmesser sei mit den beiden Enden des Leiterstabes fest verbunden. Die Zuleitungen seien starr. Dadurch entsteht eine geschlossene Leiterschleife als Rand um eine konstante Fläche f. Sie wird vom magnetischen Fluß

$$\phi = \iint \vec{B}\, d\vec{f} = \vec{B}\,\vec{f} \qquad (6.4\text{-}37)$$

durchsetzt. Er ist wegen der Homogenität und der zeitlichen Konstanz des $\vec{B}$-Feldes selbst konstant. Deswegen ist die im mitbewegten Beobachtungssystem gemessene Spannung null: $\overset{\circ}{u} = -d\phi/dt = 0$ V.

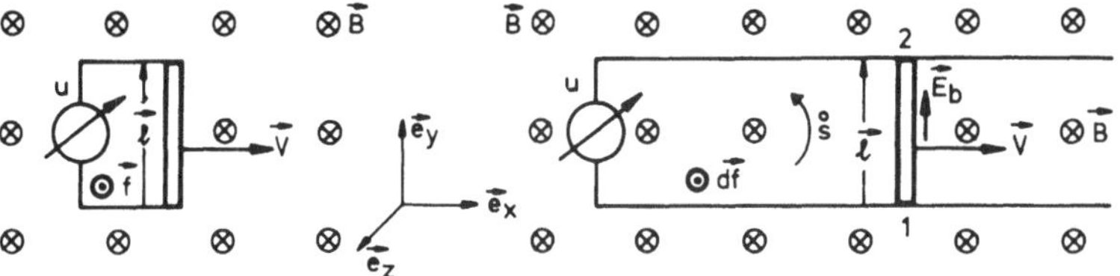

a) einheitliches System: Stab und Beobachter ruhend oder bewegt !

b) gemischtes System: Stab bewegt, aber Beobachter ruhend !

Bild 6.4.13: Spannungsmessung am einheitlichen und am gemischten System bei hinsichtlich Ort und Zeit konstantem $\hat{B}$.

Wenn jetzt der ruhende Beobachter die Spannung am Leiterstab messen soll, so genügt es nicht, ihm eine Fernablesung des mitbewegten Spannungsmessers zu ermöglichen. Sie würde natürlich auch den Meßwert u = 0 V ergeben.

Würde im bewegten Leiterstab $\vec{l}$, nach Bild 6.4.13a, eine Spannung $u \neq 0$, die wir messen wollen, entstehen, so entstünde die gleichgroße Spannung in der Zuleitung zum mitbewegten Meßgerät. So würden sich beide Spannungen im homogenen und zeitlich konstanten $\vec{B}$-Feld stets kompensieren. Deswegen darf zur Spannungsmessung im Ruhesystem das Meßgerät nicht mit dem Leiterstab mitbewegt werden. Vielmehr muß diese Spannungsmessung mit einem anderen Spannungsmesser, der sich im Ruhesystem befindet, erfolgen!

Dazu lassen wir das Leiterstück $\vec{l}$ in Gedanken auf zwei im Ruhesystem ruhenden Metallschienen gleiten. Mit diesen ist der Spannungsmesser, ebenfalls ruhend, fest verbunden (siehe Bild 6.4.13b). Dadurch entsteht wieder eine geschlossene Leiterschleife. Die elektrische Feldstärke bzw. Spannung in ihr ist gegeben durch die vom ruhenden Beobachter feststellbare Lorentz- oder Bewegungsfeldstärke $\vec{E}_b = \vec{v} \times \vec{B}$ und durch die wirksame Länge des bewegten Leiterstabes. Sie beträgt hier l_y:

$$u_{12} = \int_1^2 \vec{E}_b \, d\vec{s} = \int_1^2 (\vec{v} \times \vec{B}) \, d\vec{s} \qquad (6.4\text{-}38)$$

$$= (v_x \vec{e}_x \times B_z(-\vec{e}_z)) \cdot l_y \vec{e}_y = v_x B_z l_y \vec{e}_y^{\,2} = v_x B_z l_y \neq 0$$

Gemäß der Lorentzkraft treibt $\vec{v} \times \vec{B}$ positive Ladungen an. Sie sammeln sich bei Bild 6.4.13b oben, bei 2 an. Bleibt man bei der Definition, daß $\vec{E}$ vom höheren zum geringeren Potential hin zeigt, dann gilt: $\vec{E} = -\vec{E}_b = -(\vec{v} \times \vec{B})$.

Dies ist der tatsächlich vom ruhenden Beobachter abzulesende Meßwert der Spannung. Er ist, wie wir sehen, verschieden vom Meßwert 0 V des mitbewegten Systems.

Bei dem einfachen aber wichtigen Beispiel nach Bild 6.4.13b kann die Spannung auch als Umlaufspannung nach der Faradayschen Schreibweise $\overset{\circ}{u} = -\dot{\phi}$ berechnet werden. Denn durch die Bewegung des Stabes vergrößert sich die eindeutig umrandete Fläche f und mit ihr der sie durchdringende Fluß ϕ. Daher ist, noch immer bei örtlich und zeitlich konstantem $\vec{B}$:

$$\overset{\circ}{u} = -\dot{\phi} = \iint -\vec{B} \cdot d\frac{\partial \vec{f}}{\partial t} = -\vec{B}(\vec{v} \times \vec{\ell})$$

$$= B_z v_x l_y, \qquad \text{da } \vec{B} \uparrow\downarrow d\vec{f}.$$

Wir betrachten nochmals Bild 6.4.13b. Anders als zuvor sei $\vec{B}$ jetzt eine Funktion der Zeit t, also nicht mehr konstant. Dann ist die vom ruhenden Beobachter festgestellte elektrische Gesamtfeldstärke, die den Strom i(t) antreibt: $\vec{E}_b = \vec{E}_r + \vec{v} \times \vec{B}$, so wie es auch die folgende Transformationsgleichung (6.4-42) vorschreibt. Die zugehörige Umlaufspannung $\overset{\circ}{u}(t)$ ist, wieder vom ruhenden Spannungsmesser (Beobachter) aus gemessen:

$$\overset{\circ}{u}(t) = -\iint \dot{\vec{B}}(t)\, d\vec{f} + \int_1^2 (\vec{v} \times \vec{B}(t))\, d\vec{s}. \qquad (6.4\text{-}39)$$

Die beiden Maxwellgleichungen für ruhende Materie sind uns hinreichend bekannt. Sie gelten unverändert auch für bewegte Materie, trotz unterschiedlicher Spannungswerte. Denn die Maxwellgleichungen sind invariant gegen Bewegung. Wir indizieren die Feldgrößen der bewegten Materie mit dem Index b, die Feldgrößen der ruhenden Materie mit dem Index r:

Maxwellgleichungen		
für ruhende Materie	für bewegte Materie	
$\text{rot } \vec{H}_r = \vec{J}_r + \dot{\vec{D}}_r$	$\text{rot } \vec{H}_b = \vec{J}_b + \dot{\vec{D}}_b$	(6.4-40)
$\text{rot } \vec{E}_r = -\dot{\vec{B}}_r$	$\text{rot } \vec{E}_b = -\dot{\vec{B}}_b$	(6.4-41)

Daß trotz formal gleicher Maxwellgleichungen in beiden Systemen unterschiedliche Spannungen und einige unterschiedliche Feldgrößen beobachtet werden, ist durch Transformationsgleichungen erklärbar. Sie bringen die Feldgrößen beider Systeme in einen funktionalen Zusammenhang. Ohne hier eine Herleitung anzugeben (siehe Literaturstellen 4 oder 7), seien die für langsame Geschwindigkeiten (v << c) wichtigen Transformationsgleichungen aufgeführt:

$$\vec{E}_b = \vec{E}_r + \vec{v} \times \vec{B}_r \tag{6.4-42}$$

$$\vec{B}_b \approx \vec{B}_r, \; \vec{D}_b \approx \vec{D}_r \tag{6.4-43}$$

$$\vec{H}_b = \vec{H}_r - \vec{v} \times \vec{D}_r \tag{6.4-44}$$

$$\eta_b \approx \eta_r \tag{6.4-45}$$

$$\vec{J}_b \approx \vec{J}_r - \vec{v} \cdot \eta_r \tag{6.4-46}$$

Offenbar ist das Vorhandensein oder Nichtvorhandensein einer elektrischen Feldstärke $\vec{E}$ (oder auch einer magnetischen Feldstärke $\vec{H}$) vom Bezugssystem abhängig. Mit anderen Worten: Das Entstehen von $\vec{E}$ oder $\vec{H}$ hängt ab vom Bewegungszustand der Materie gegenüber dem Bezugssystem (dem Beobachter). Das wird bei den beiden Größen Stromdichte $\vec{J}$ und Raumladungsdichte η besonders deutlich. Wenn in einem mit der Materie bewegten System (zum Beispiel einem Stromkreis) keine Leitungsstromdichte $\vec{J}$ vorhanden ist, wenn also $\vec{J}=0$ ist, aber eine Raumladungsdichte $\eta_b \approx \eta_r$ existiert, dann wird diese von dem ruhenden, nicht mit der Materie mitbewegten Beobachter als Konvektionsstrom $\vec{J}_r = \vec{v} \cdot \eta_r$ gesehen.

Bemerkung zu gemischten Gleichungen: Bildet man von Gl.(6.4-42) die Wirbeldichte, so erhält man:

$$\text{rot } \vec{E}_b = \text{rot } \vec{E}_r + \text{rot } (\vec{v} \times \vec{B}_r) \tag{6.4-48}$$

rot $\vec{E}_r$ kann aber nach der zweiten Maxwellgleichung (für ruhende Materie) durch $-\dot{\vec{B}}_r$ ersetzt werden:

$$\text{rot } \vec{E}_b = - \dot{\vec{B}}_r + \text{rot } (\vec{v} \times \vec{B}_r). \tag{6.4-49}$$

Diese Differentialgleichung ist ebenfalls eine Mischgleichung oder Transformationsgleichung - nicht aber die zweite Maxwellgleichung - , denn sie bezieht sich sowohl auf das mitbewegte, wie auf das Ruhesystem und ist daher nicht geeignet, um in einem der beiden Systeme Berechnungen anzustellen. Das gleiche gilt für ihre Integralform.

Beispiel für einen bewegten Leiter, vom ruhenden Beobachter aus gesehen. Auf Grund der Transformationsgleichungen gilt: $\vec{B}_b \approx \vec{B}_r \approx \vec{B}$. Ferner ist $\vec{E}_b = \vec{v} \times \vec{B}$.

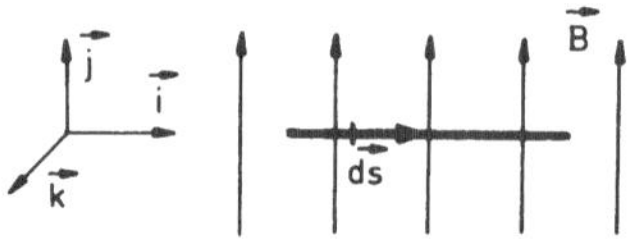

$\vec{B} = B_y \vec{j}$

$B_y = \text{const}_{x,y,z,t}$

$d\vec{s} = dx\, \vec{i}$

Bild 6.4.15: Im Magnetfeld in verschiedenen Richtungen bewegter Leiterstab.

Ein dünner Leiterstab mit dem Linienelement $d\vec{s}$ wird im örtlich und zeitlich konstanten $\vec{B}$-Feld bewegt. Elektrische Feldstärke kann wegen des geringen Stabquerschnitts nur dann interessieren, wenn sie in seiner Längsrichtung entsteht. Dies wird nachfolgend gezeigt. Für einen ruhenden Beobachter gilt:

a) $\vec{v} = v_x\, \vec{i}$:

$$\begin{aligned}(\vec{v} \times \vec{B})d\vec{s} &= v_x\, B_y (\vec{i} \times \vec{j})\, dx\, \vec{i} \\ &= v_x\, B_y\, dx\, \underbrace{(\vec{k} \cdot \vec{i})}_{=0} = 0\end{aligned} \tag{6.4-51}$$

Die Einheitsvektoren des Skalarproduktes stehen senkrecht aufeinander. In Längsrichtung des Stabes entsteht daher keine elektrische Spannung.

b) $\vec{v} = v_y\, \vec{j}$

$$(\vec{v} \times \vec{B})d\vec{s} = v_y\, B_y \underbrace{(\vec{j} \times \vec{j})}_{=0}\, dx\, \vec{i} = 0\, dx\, \vec{i} = 0, \tag{6.4-52}$$

denn $\vec{v}$ und $\vec{B}$ sind parallele Vektoren.

c) $\vec{v} = v_z\, \vec{k}$:

$$\begin{aligned}(\vec{v} \times \vec{B})d\vec{s} &= v_z\, B_y (\vec{k} \times \vec{j})\, dx\, \vec{i} \\ &= -v_z\, B_y dx (\vec{i} \cdot \vec{i}) = -v_z\, B_y\, dx\end{aligned} \tag{6.4-53}$$

Hier entsteht in Längsrichtung des Stabes die elektrische Feldstärke $\vec{E}_B = -v_z B_y \vec{i}$ und daher im ganzen Stab, falls dieser die Länge ℓ hat, die elektrische Spannung

$$u_b = -v_z B_y \cdot \ell \tag{6.4-54}$$

6.4.3 INDUKTIONSGESETZ, ZWEITE MAXWELLGLEICHUNG UND VEKTORPOTENTIAL

Im Kapitel 5.4, Vektorpotential, wurde festgestellt, daß

$$\vec{B} = \text{rot } \vec{A} \qquad (6.4\text{-}55)$$

ist. Verwendet man dieses Vektorpotential $\vec{A}$, um damit die 2. Maxwellgleichung anzuschreiben, so gilt:

$$\text{rot } \vec{E} = - \dot{\vec{B}}, \qquad (6.4\text{-}56)$$

also $$\text{rot } \vec{E} = - \frac{\partial}{\partial t} \text{rot } \vec{A} \qquad (6.4\text{-}57)$$

Da aber die Reihenfolge der Differentiation nach Ort und Zeit vertauscht werden dürfen, ist

$$\text{rot } \vec{E} = - \text{rot } \dot{\vec{A}} \qquad (6.4\text{-}58)$$

Wir setzen voraus, die Vektorfelder $\vec{E}$ und $\dot{\vec{A}}$ seien <u>quellenfreie</u> Wirbelfelder. Alle Feldlinien von $\vec{E}$ und $\dot{\vec{A}}$ sind dann in sich geschlossen und weder bei $\vec{E}$ noch bei $\dot{\vec{A}}$ ist ein zusätzliches Gradientenfeld überlagert. Diese Voraussetzung drückt sich formelmäßig aus durch: div $\vec{E} = 0$ und div $\dot{\vec{A}} = 0$. Damit kann an Stelle von Gl.(6.4-58) geschrieben werden:

$$\boxed{\vec{E} = - \dot{\vec{A}}} \qquad (6.4\text{-}59)$$

Hieraus folgt, daß die induzierte elektrische Umlaufspannung $\mathring{u}(t)$ bei ruhenden Randkurven angeschrieben werden kann als

$$\boxed{\mathring{u}(t) = \oint \vec{E} \cdot d\vec{s} = - \oint \dot{\vec{A}}\, d\vec{s}} \qquad (6.4\text{-}60)$$

Wegen Gl. (6.4-55) lautet der magnetische Fluß ϕ.

$$\phi = \iint \vec{B}\, d\vec{f} = \iint \text{rot } \vec{A}\, d\vec{f} \qquad (6.4\text{-}61)$$

und daraus wird mit dem Satz von Stokes:

$$\boxed{\phi = \oint \vec{A}\, d\vec{s}} \qquad (6.4\text{-}62)$$

Auch hieraus ist das Induktionsgesetz für ruhende Randkurven anzuschreiben wie schon in Gl.(6.4-60) und zwar für einen einzigen Umlauf:

$$\boxed{\overset{\circ}{u}(t) = -\dot{\phi} = -\oint \dot{\vec{A}}\, d\vec{s}} \tag{6.4-63}$$

Gibt es mehr als nur einen Umlauf, etwa w Drahtwindungen um einen Transformatorschenkel herum, so sind die Gln. (6.4-60) und (6.4-63) mit der Windungszahl w zu multiplizieren:

$$\boxed{\overset{\circ}{u}_w(t) = -w\,\dot{\phi} = -w\oint \dot{\vec{A}}\, d\vec{s}} \tag{6.4-64}$$

Erklärung

Wegen $\Delta\vec{A} = -\mu\,\vec{J}$, siehe Abschnitt 5.4.1, hat das Vektorpotential $\vec{A}$ gleichartige Komponenten wie die Leitungsstromdichte $\vec{J}$. Und wegen $\text{rot}\,\vec{H} = \vec{J}$ bzw. $\text{rot}(\vec{B}/\mu) = \vec{J}$ einerseits und $\vec{B} = \text{rot}\,\vec{A}$ andererseits, sind A-Linien rechtswendig zu den Feldlinien von $\vec{H}$ oder $\vec{B}$ und diese wiederum rechtswendig zu den J-Linien zugeordnet. Trennt man die A-Linien von den J-Linien, so kann die beschriebene Zuordnung wie folgt schematisch dargestellt werden:

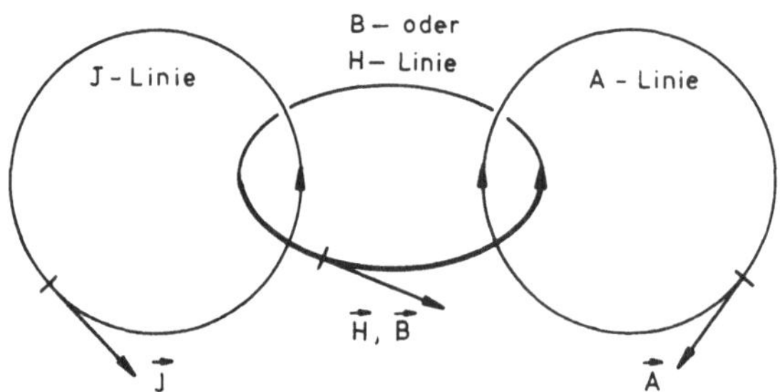

Bild 6.4.16: Zuordnungen gemäß rot $\vec{H} = \vec{J}$ und rot $\vec{A} = \vec{B}$

Ein $\dot{\vec{B}}(t)$ kann dort in sich geschlossene elektrische Feldlinien E und damit Umlaufspannungen $\overset{\circ}{u}(t)$ erzeugen, wo auch in sich geschlossene Vektorpotentiallinien A existieren. Das Vektorfeld $\dot{\vec{A}}$ hat die gleiche Richtung wie das Vektorfeld $\vec{A}$, jedoch ist $\dot{\vec{A}}$ gegenüber $\vec{A}$, wegen der Differentiation nach der Zeit, phasenverschoben (z.B. um 90° bei harmonischen Schwingungen).

6.5.1 ENERGIESTRÖMUNG UND REELLER POYNTINGVEKTOR

In der Literatur ist es üblich, von Energieströmung zu sprechen. Tatsächlich aber handelt dieses Kapitel von Leistungen und Leistungsdichten. Denn weder die Energie, noch ihre Flächen- oder Volumendichte sind Vektoren, die eine Richtung des Entstehens oder Versickerns angeben könnten. Dagegen ist das Vektorprodukt aus elektrischer und magnetischer Feldstärke wieder ein Vektor, dessen Divergenz berechnet werden kann. Diese Quellendichte beschreibt die verschiedenen Arten von elektromagnetischer Leistungsdichte und deren kontinuierliche Umwandlungsmöglichkeiten. Man spricht daher von einer Kontinuitätsgleichung. $\vec{E}\times\vec{H}$ selbst gibt die Richtung und Intensität der Flächendichte der Leistung an. $\vec{E}$ und $\vec{H}$ müssen aber ursächlich miteinander zusammenhängen: sie müssen einem gemeinsamen elektromagnetischen Feld angehören. (Gegenbeispiel: Ein elektrostatisches $\vec{E}$-Feld und ein permanentmagnetisches $\vec{H}$-Feld können nicht zu einer Energieströmung zusammenwirken.)

Wir suchen die Quellendichte

$$\mathrm{div}(\vec{E}\times\vec{H}) = \nabla(\vec{E}\times\vec{H}) \tag{6.5-1}$$

Nabla, als Differentialoperator, angewandt auf das Vektorprodukt, ergibt:

$$\nabla\,(\vec{E}\times\vec{H}) = (\nabla\times\vec{E})\,\vec{H} - (\nabla\times\vec{H})\,\vec{E} \tag{6.5-2}$$

$$\mathrm{div}(\vec{E}\times\vec{H}) = \vec{H}\,\mathrm{rot}\,\vec{E} - \vec{E}\,\mathrm{rot}\,\vec{H} \tag{6.5-3}$$

Die Differenz $\vec{H}\,\mathrm{rot}\,\vec{E} - \vec{E}\,\mathrm{rot}\,\vec{H}$ gewinnen wir aus der ersten und zweiten Maxwellgleichung. Wir multiplizieren diese mit $\vec{E}$ bzw. mit $\vec{H}$:

1. Maxwellgleichung	2. Maxwellgleichung	
$\mathrm{rot}\,\vec{H} = \vec{J} + \dot{\vec{D}} \quad \vert \cdot \vec{E}$	$\mathrm{rot}\,\vec{E} = -\dot{\vec{B}} \quad \vert \cdot \vec{H}$	(6.4-4)
$\vec{E}\,\mathrm{rot}\,\vec{H} = \vec{E}\vec{J} + \vec{E}\dot{\vec{D}}$	$\vec{H}\,\mathrm{rot}\,\vec{E} = -\vec{H}\dot{\vec{B}}$	(6.5-5)

Gl.(6.5-5) eingesetzt in Gl.(6.5-3) ergibt:

$$\mathrm{div}(\vec{E}\times\vec{H}) = -\vec{H}\dot{\vec{B}} - \vec{E}\vec{J} - \vec{E}\dot{\vec{D}} \quad \text{oder} \tag{6.5-6}$$

$$-\,\mathrm{div}(\vec{E}\times\vec{H}) = +\vec{E}\vec{J} + \vec{E}\dot{\vec{D}} + \vec{H}\dot{\vec{B}} \tag{6.5-7}$$

Einheiten und ihre Bedeutung:

$$[E] \cdot [J] = \frac{V}{m} \cdot \frac{A}{m^2} = \frac{VA}{m^3}$$

Unter Stromwärmeleistung versteht man den zeitlichen Mittelwert aus $P_W(t)$=u(t)
$P_W(t)$ selbst (noch ohne Mittelwertbildung) ist die Stromwärmeleistungsschwingur
$\vec{E}\cdot\vec{J}$ ist dann die Volumendichte der Stromwärmeleistungsschwingung, eine Funk
der Zeit, kein zeitlicher Mittelwert.

$$[E] \cdot [\dot{D}] = \frac{V}{m} \cdot \frac{As}{m^2 s} = \frac{VA}{m^3}$$

$\vec{E}\cdot\dot{\vec{D}}$ ist die zeitliche Änderung der elektrischen Feldenergiedichte, also die Volumendichte der elektrischen (Feld-)Leistung. Auch sie ist grundsätzlich Funktion der Zeit und kein zeitlicher Mittelwert.

$$[H] \cdot [\dot{B}] = \frac{A}{m} \cdot \frac{Vs}{m^2 s} = \frac{VA}{m^3}$$

$\vec{H}\cdot\dot{\vec{B}}$ ist die zeitliche Änderung der magnetischen Feldenergiedichte, also die Volumendichte der magnetischen (Feld-)Leistung. Auch sie ist grundsätzlich Funktion der Zeit und kein zeitlicher Mittelwert.

Nur im streng stationären Strömungsfeld sind die Leistungsdichten $E\cdot\dot{D}$ sowie $H\cdot\dot{B}$ gleich null, während $E\cdot J$ zeitlich konstant und daher zugleich Mittelwert der (Wirk-) Leistungsdichte, also Volumendichte der Stromwärmeleistı ist.

Integriert man Gl.(6.5-7) über ein endliches Volumen,

$$-\iiint_V \operatorname{div}(\vec{E}\times\vec{H})\, dv = \iiint_V \{\vec{E}\vec{J} + \vec{E}\dot{\vec{D}} + \vec{H}\dot{\vec{B}}\}\, dv, \tag{6.5-8}$$

und wendet auf die linke Seite dieser Gleichung den Satz von Gauß an, so erhält man:

$$-\oint\!\!\!\oint (\vec{E}\times\vec{H})\, d\vec{f} = \iiint \{\vec{E}\vec{J} + \vec{E}\dot{\vec{D}} + \vec{H}\dot{\vec{B}}\}\, dv. \tag{6.5-9}$$

Die rechte Seite der Gleichung beschreibt die in die Hülle eintretende Leistung, da $d\vec{f} = \vec{n}\, df$ vereinbarungsgemäß stets von einer Hüllfläche nach außen zeigte. In der Literatur aber ist es üblich, bei Energieströmung die in die Hülle eintretende Leistung positiv zu rechnen. Wir richten deswegen innerhalb dieses Kapitels von nun an den Normalenvektor und damit auch den Vektor des Oberflächenelementes in die Hüllfläche hinein:

$$d\vec{f}_2 = -d\vec{f}_1 = -\vec{n}_1 df = \vec{n}_2 df$$

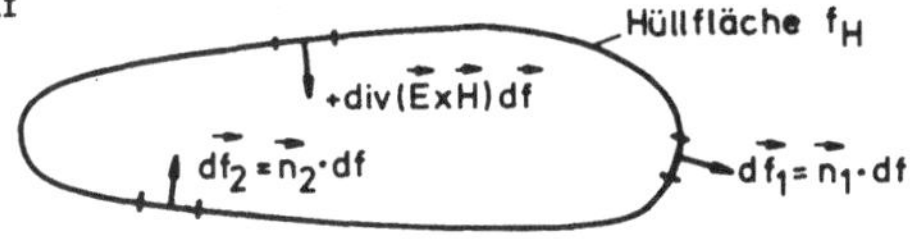

Bild 6.5.1: Die in eine Hülle eintretende Leistung wird positiv gezählt

Wir verzichten gleich wieder auf den Index 2 und erhalten die in ein Volumen eintretenden Leistungen positiv:

$$\oint\!\!\!\oint (\vec{E} \times \vec{H}) d\vec{f} = \iiint \{\vec{E}\vec{J} + \vec{E}\dot{\vec{D}} + \vec{H}\dot{\vec{B}}\} dv \qquad (6.5\text{-}11)$$

Die Abkürzung $\vec{S}$

$$\boxed{\vec{S} = \vec{E} \times \vec{H}} \qquad (6.5\text{-}12)$$

nennt man den Poyntingvektor. Er wird oft als "Energieströmungsvektor" bezeichnet, ist aber seiner Einheit (Art) nach: Flächendichte der Leistungsströmung.

$$[E] \cdot [H] = \frac{V}{m} \cdot \frac{A}{m} = \frac{VA}{m^2}$$

Unter Benutzung des Poyntingvektors lautet Gl. (6.5-11):

$$\boxed{\begin{aligned} \oint\!\!\!\oint \vec{S}\, d\vec{f} = \iiint \{\vec{E}\vec{J} + \vec{E}\dot{\vec{D}} + \vec{H}\dot{\vec{B}}\} dv &= \iiint \vec{E}\vec{J}\, dv + \iiint \vec{E}\dot{\vec{D}}\, dv + \iiint \vec{H}\dot{\vec{B}}\, dv \\ &= P_w(t) + \dot{W}_e(t) + \dot{W}_m(t) \end{aligned}} \qquad (6.5\text{-}13)$$

In Gl. (6.5-13) ist die Fläche f Hüllfläche um das eingeschlossene Volumen v. Durch diese Hüllfläche können eindringen:

1. Die Stromwärmeleistungsschwingung $P_w(t)$. Sie ist noch nicht die Stromwärmeleistung P_W. Letztere lernen wir noch kennen als zeitlichen Mittelwert von $P_w(t)$,
2. die elektrische Feldleistung $\dot{W}_e(t)$ und
3. die magnetische Feldleistung $\dot{W}_m(t)$.

Gl. (6.5-13) wird Kontinuitätsgleichung der Energie genannt; denn sie beschreib den Zusammenhang und die Änderung der drei elektromagnetischen Energieformen untereinander. Nimmt beispielsweise die Gesamtenergie im Volumen v zu (rechte Seite von Gl.(6.5-13)), so muß diese zusätzliche Energie durch die Hüllfläche eintreten (linke Seite von Gl.(6.5-13)). Sie beschreibt auch, was innerhalb eines abgeschlossenen Volumens v passiert.

Beispiel: Ein Volumen v sei so weit ausgedehnt, daß durch seine Hüllfläche keine Leistung strömt:

$$\oiint \vec{S}\, d\vec{f} = 0, \tag{6.5-14}$$

was in jedem Fall für den Extremwert einer unendlich großen Hülle richtig ist. Dann bleibt von der Kontinuitätsgleichung übrig:

$$0 = \iiint \{\vec{E}\vec{J} + \vec{E}\dot{\vec{D}} + \vec{H}\dot{\vec{B}}\}\; dv \tag{6.5-15}$$

oder $0 = P_w(t) + \dot{W}_e(t) + \dot{W}_m(t)$

also $$\boxed{P_w(t) = -\dot{W}_e(t) - \dot{W}_m(t)} \tag{6.5-16}$$

Demnach kann im abgeschlossenen Volumen v eine Stromwärmeleistungsschwingung aus der Abnahme von elektrischer und/oder magnetischer Feldleistung entstehen. Die Stromwärmeleistung P_w erhält man als den zeitlichen Mittelwert der Schwingung $P_w(t)$. Man nennt die Stromwärmeleistung auch Wirkleistung.

$$P_w = \overline{P_w(t)} = \frac{1}{T}\int_0^T P_w(t)\; dt \tag{6.5-17}$$

Sie ist im abgeschlossenen Volumen v:

$$P_w = -\frac{1}{T}\int_0^T (\dot{W}_e(t) + \dot{W}_m(t))\; dt \tag{6.5-18}$$

Differentiell angeschrieben, beschreibt die Quellendichte

$$\begin{aligned} \operatorname{div} \vec{S} &\equiv \operatorname{div}(\vec{E} \times \vec{H}) \\ &= \vec{E}\vec{J} + \dot{w}_e(t) + \dot{w}_m(t) \end{aligned} \tag{6.5-19}$$

das zeitabhängige Entspringen, Versickern oder Umwandeln der verschiedenen Energiedichten (im Volumenelement).

Hinweis auf Elektro- und Magnetostatik

Dort ist definitionsgemäß $\partial/\partial t = 0$, also auch $\dot{W}_e = 0$ und $\dot{W}_m = 0$, weswegen in der Elektrostatik zwangsläufig auch $P(t) = 0$ und $P_W = 0$ sein müssen.

1. Beispiel zum Poyntingvektor

Ein Runddraht werde vom Wechselstrom i(t) durchflossen. Die Zeitabhängigkeit sei so langsam, oder der Draht so dünn, daß keine Stromverdrängung auftritt. Daher ist an jeder Querschnittstelle des Drahtes die gleiche Stromdichte vorhanden.

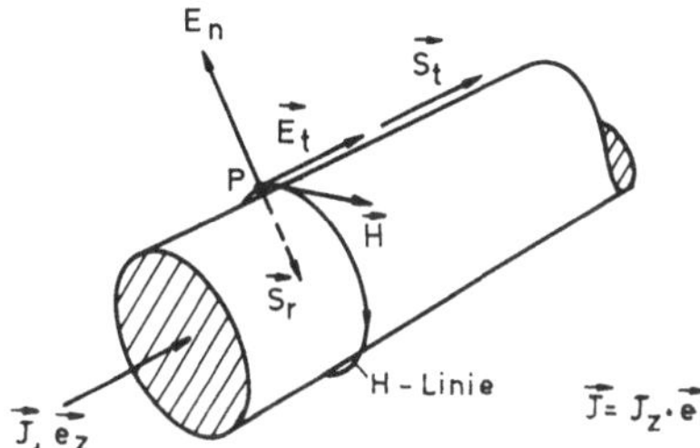

Bild 6.5.2: Runddraht und seine Feldvektoren im Punkt P

Der Poyntingvektor $\vec{S}$ hat zwei Anteile:

1. Eine Radialkomponente, verursacht durch E_t und H,

2. eine Tangentialkomponente, verursacht durch E_n und H.

Da wir zunächst für E_t und H, dann für E_n und H den Poyntingvektor berechnen wollen, ist es notwendig, an Stelle der Komponenten E_t und E_n deren Vektoren zu schreiben, damit die Vektorprodukte $\vec{E} \times \vec{H}$ ausgeführt werden können; es sei

$$\vec{E}_t = E_t \, \vec{e}_z \quad \text{und} \quad \vec{E}_n = E_n \, \vec{e}_r ; \quad \vec{E} = \vec{E}_t + \vec{E}_n \tag{6.5-20}$$

$$\vec{S}_r = \vec{E}_t \times \vec{H} \quad \text{und} \quad \vec{S}_t = \vec{E}_n \times \vec{H} \tag{6.5-21}$$

$$\vec{S} = \vec{E} \times \vec{H} = \vec{S}_r + \vec{S}_t \tag{6.5-22}$$

Zu 1): $\vec{S}_r = \vec{E}_t \times \vec{H}$

a) Für Radien $r \leq r_o$ gilt nach Abschnitt 5.1, 1. Beispiel:

$$\vec{H}(r,t) = \frac{J(t)}{2} \cdot r \cdot \vec{e}_\alpha \qquad (6.5\text{-}23)$$

$$\vec{E}_t = \varrho\ J(t) \cdot \vec{e}_z \quad \text{Ohmsches Gesetz in Differentialform} \qquad (6.5\text{-}24)$$

somit $$\vec{S}_r = \frac{J(t)}{2}\ r\ \varrho\, J(t)\cdot(\vec{e}_z \times \vec{e}_\alpha) \qquad (6.5\text{-}25)$$

$$= \underbrace{\frac{J(t)^2}{2}\ \varrho\ r}\ \cdot(-\vec{e}_r)$$

$$= \quad S_r \cdot (-\vec{e}_r) \qquad \text{denn} \quad \vec{e}_\alpha \times \vec{e}_z = \vec{e}_r$$

S_r wird mit abnehmendem Radius kleiner und schließlich null für $r = 0$, da wegen $H(r=0) = 0$ auch kein endliches Vektorprodukt $\vec{S}_r$ übrig bleiben kann.

b) Ergiebigkeit bei $r = r_o$ an der Drahtoberfläche

Der Poyntingvektor $\vec{S}_r$ nach Gl.(6.5-25) zeigt radial in den Leiter hinein zu dessen Achse hin. Diese Flächendichte der Leistung kann daher keine zum Verbraucher transportierte Leistung sein. Diese Leistung strömt zur Leiterachse hin, versiegt aber, bevor sie dort ankommt: $S_r(r=0) = 0$. Offensichtlich handelt es sich um Verlustleistung; denn $E_t = \varrho \cdot J(t)$ kommt nur durch den spezifischen elektrischen Widerstand ϱ zustande. Wäre $\varrho = 0$, so wäre auch $E_t = 0$ und damit auch $S_r(r) = 0$ an jeder Stelle $0 \leq r \leq r_o$. Es muß uns also interessieren: welche (Gesamt-)Leistung strömt bei r_o durch die Oberfläche des Drahtes in das Leiterinnere? Wir berechnen hier die negative Ergiebigkeit, weil Ergiebigkeit definiert war als der aus einer Hüllfläche <u>aus</u>tretende Fluß. $\vec{S}_r$ ist aber in die Zylinderhülle um die Drahtoberfläche hineingerichtet:

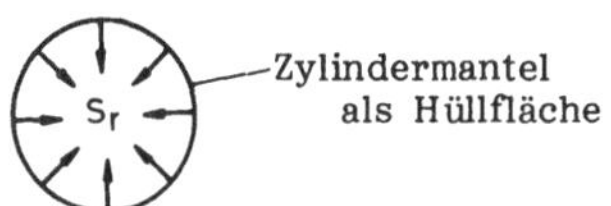

Bild 6.5.3: Querschnitt durch Runddraht, dessen Mantelfläche den wesentlichen Teil der Hüllfläche bildet

In die Hülle tritt bei $r = r_o$ ein:

$$\oint\!\!\oint \vec{S}_r \, d\vec{f} = \underbrace{\iint \vec{S}_{r_o} \cdot (-\vec{e}_r \, df)}_{\text{Mantelfläche mit Beitrag}} + \underbrace{\iint \vec{S}_r(r) \, df \, \vec{e}_z + \iint \vec{S}_r(r) \, df \cdot (-\vec{e}_z)}_{\text{Zylinderboden und -deckel keine Beiträge, weil } \vec{S}_r \perp d\vec{f}} \qquad (6.5\text{-}26)$$

$\vec{S}_{r_o} \uparrow\uparrow (-\vec{e}_r \cdot df)$, daher bleibt übrig:

$$\iint \vec{S}_{r_o} \, d\vec{f} = \varrho \frac{J(t)^2}{2} r_o \, 2\pi r_o \, \ell = \varrho \, J\ell(\pi r_o^2 \, J) = \varrho \, J(t) \, \ell \, i(t) \qquad (6.5\text{-}27)$$

$$= \varrho \frac{i(t)}{\pi r_o^2} \, \ell \, i(t) = i(t)^2 \, R$$

Durch die Oberfläche des Drahtes dringt in jedem Augenblick die im Draht in Wärme umgesetzte Feld-Leistung ein. Der zeitliche Mittelwert ist die Stromwärmeleistung P_W:

$$P_W = \overline{i(t)^2 \, R} = I_{ef}^2 \cdot R \qquad (6.5\text{-}28)$$

oder durch den Poyntingvektor ausgedrückt:

$$\boxed{P_W = \overline{\oint\!\!\oint \vec{S}_{r_o} \, d\vec{f}} = \frac{1}{T} \int_0^T \{\oint\!\!\oint \vec{S}_{r_o} \, d\vec{f}\} \, dt} \qquad (6.5\text{-}29)$$

Zu 2) $\vec{S}_t = \vec{E}_n \times \vec{H}$

Im Innern des stromdurchflossenen Leiters existiert nur $\vec{E}_t$, nicht aber $\vec{E}_n$. Gäbe es ein $\vec{E}_n$, so würde diese Feldstärke einen Stromfluß senkrecht zur Leiterachse verursachen. Außerhalb des Leiters ist die resultierende elektrische Feldstärke $\vec{E} = \vec{E}_n + \vec{E}_t$. Das Vektorprodukt $\vec{E}_t \times \vec{H}$ außerhalb des Leiters bringt kein neues Ergebnis gegenüber 1). Es bleibt daher zu behandeln:

$$\vec{S}_t = \vec{E}_n \times \vec{H}$$

$$= E_n \vec{e}_r \times H \, \vec{e}_\alpha = E_n \, H \, \vec{e}_z \qquad \text{wegen } \vec{e}_r \times \vec{e}_\alpha = \vec{e}_z \qquad (6.5\text{-}30)$$

$$= S_t \, \vec{e}_z$$

Bei Paralleldrahtleitungen, die linear ausgedehnt sind, ist zwar für jeden Leiter $H(t) = i(t)/2\pi r$, aber die Normalkomponente E_n ist nicht nur von Radius und Zeit, sondern auch vom Winkel α abhängig.

Nur in Sonderfällen (Beispiel: Koaxialkabel) ist E_n winkelunabhängig und nur Funktion von r und t.

Der tangential gerichtete Poyntingvektor, Gl.(6.5-30), der außerhalb eines Stromleiters parallel zu dessen Achse gerichtet ist (Beispiel: Hochspannungsleitungen), beschreibt den Leistungstransport zum Verbraucher. Die Energie wird demnach nicht im Innern des Leiters, sondern außerhalb, im Dielektrikum transportiert, auch diejenige, die als Verlustleistung in den Leiter eintritt.

Beispiel 2 zum Poyntingvektor: Paralleldrahtleitung

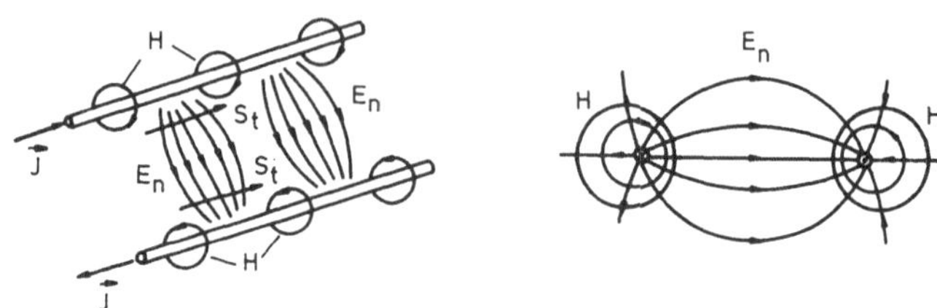

Bild 6.5.4: Paralleldrahtleitung perspektivisch und im Querschnitt

Eine Paralleldrahtleitung möge den Gleichstrom I mit der Stromdichte J führen. Die für den Energietransport wesentliche Komponente von $\vec{E}$ ist nicht E_t, sondern wieder E_n. Auch hier bestimmen $\vec{E}_n$ und $\vec{H}$ den Vektor $\vec{S}_t$, parallel zu den Leiterachsen. Da im Hin- und im Rückleiter Gleichstrom fließt, ist $\vec{S}_t$ zeitlich konstant und hat nur die Richtung zum Verbraucher, während bei Wechselstrom, abhängig von der Art des Abschlußwiderstandes der Leitung, $\vec{S}_t$ seine Richtung periodisch ändern kann. Dies soll aus dem folgenden Beispiel deutlich werden.

Beispiel 3: Eine Paralleldrahtleitung sei vom niederfrequenten Wechselstrom i(t) durchflossen und mit einer verlustlosen Spule von konstanter Induktivität L abgeschlossen:

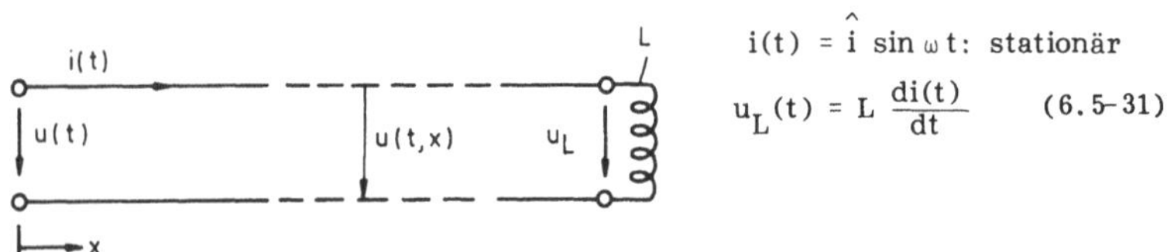

$$i(t) = \hat{i} \sin \omega t\text{: stationär}$$

$$u_L(t) = L\,\frac{di(t)}{dt} \qquad (6.5\text{-}31)$$

Bild 6.5.5: Paralleldrahtleitung mit idealer Spule als Abschluß

Der Übersichtlichkeit halber führen wir Näherungen ein: Die Leitung sei nicht zu lang und ihr elektrischer Widerstand so klein, daß er vernachlässigt werden kann. Dann ist auch der Spannungsverlust längs der Leitung vernachlässigbar und es gilt $u_L(t) \approx u(t)$. In diesem idealisierten Fall ist auch $E_n(\alpha, r, t)$ unabhängig vom Ort x, weswegen

$$E_n \sim u_L(t) \quad \text{ist.} \tag{6.5-32}$$

Für $\vec{S}_t = \vec{E}_n \times \vec{H}$ ist $H(t) \sim i(t)$, so daß (6.5-33)

$$S_t \sim u_L(t) \cdot i(t) \tag{6.5-34}$$

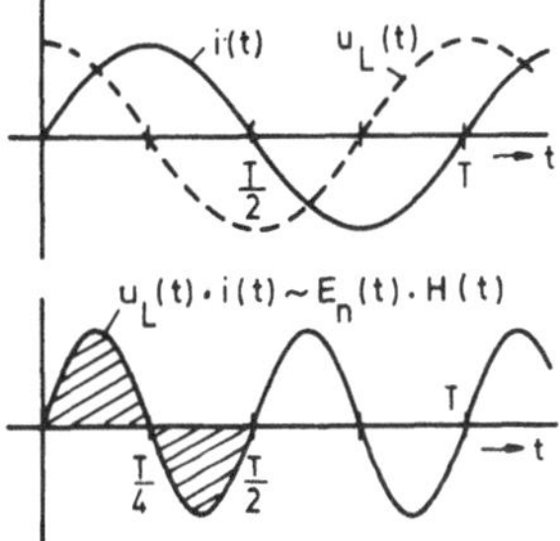

Für beliebigen Phasenwinkel φ gilt:

$$\hat{u} \cos\omega t \cdot \hat{i} \cos(\omega t + \varphi) = P(t)$$

$$= \frac{\hat{u}\,\hat{i}}{2} \{\cos\varphi + \cos(2\omega t + \varphi)\}$$

Bild 6.5.6: Poyntingvektor bei $\varphi = 90^o$ Phasenverschiebung zwischen Strom und Spannung an einer idealen Spule

Ergebnisse:

1) $u_L(t) \cdot i(t)$ und daher auch $S_t(t)$ sind zeitabhängig und haben die doppelte Frequenz von u(t) und i(t). Das ist auch für jeden anderen Abschlußwiderstand (Kondensator, komplexer Widerstand, Wirkwiderstand) der Fall.

2) Der zeitliche Mittelwert des Produkts $u_L(t) \cdot i(t)$ ist null, da $u_L(t)$ und i(t) um $\pi/2$ oder $T/4$ phasenverschoben sind (entsprechendes gilt für einen verlustlosen Kondensator der Kapazität C).
Da $|\vec{E}_n \times \vec{H}| \sim u_L \cdot i$ ist, kehrt der Poyntingvektor $\vec{S}_t$ nach jeder Viertelperiode von u(t) oder i(t) seine Richtung um; das heißt: Blindwiderstände erzeugen Pendelleistung, sie nehmen keine Wirk-(Stromwärme-)leistung auf. Ihr Poyntingvektor hat den arithmetischen Mittelwert null. Generator und induktiver (oder kapazitiver) Blindwiderstand geben einander abwechselnd je eine Viertelperiode lang "Blindleistung", die deswegen so genannt wird, weil sie nicht als Stromwärme transportiert oder verbraucht wird.

3) An einem Wirkwiderstand R (ohne Blindanteil), der am Leitungsende angeschlossen wird, sind u(t) und i(t) und daher auch $E_n(t)$ und H(t) phasengleich. Der zeitliche Mittelwert von u(t)·i(t) ist ebenso wie der von $S_t(t)$ stets größer null. $\vec{S}_t(t)$ zeigt sogar ständig in eine Richtung, wobei der Momentanwert $S_t(t)$ zwischen null und einem Maximalwert schwankt. Energie wird nur vom Generator zum Verbraucher transportiert:

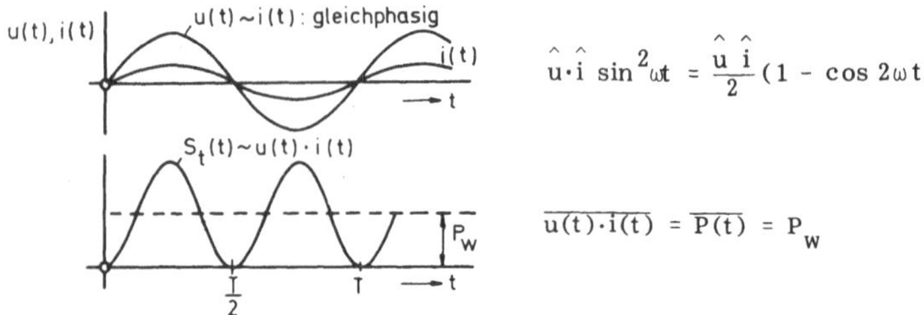

Bild 6.5.7: Leistungstransport bei Wirkwiderstand am Leitungsende

Die Leistungsschwingung P(t) = u(t)·i(t) hat nur Werte $P(t) \geq 0$, ebenso ist $S_t(t) \geq 0$.

4) Hüllen- oder Fächenintegral? Will man die in ein abgeschlossenes Volumen ein- oder die daraus austretende Feldleistung berechnen, so verwendet man bei Gl. (6.5-13) ein Hüllenintegral. Interessiert jedoch die durch eine vorgegebene (Querschnitts-) Fläche dringende Leistungsschwingung, so ist über diese (Querschnitts-) Fläche zu integrieren.

6.5.2 ENERGIESTRÖMUNG UND KOMPLEXER POYNTINGVEKTOR

Das Hüllen- oder Flächenintegral über den reellen Poyntingvektor ergibt Leistungsschwingungen. Will man aber Wirk-, Blind- und Scheinleistung berechnen, so muß der zeitliche Mittelwert der Leistungsschwingungen gebildet werden. Dieser zusätzliche Rechengang wird bei Verwendung des komplexen Poyntingvektors entbehrlich.

Elektrische und magnetische Feldstärken gehören wieder ursächlich zusammen, also zum gleichen elektromagnetischen Feld.

Bei der Herleitung und Anwendung des komplexen Poyntingvektors wird die komplexe Rechnung mit nur harmonischen Schwingungen im eingeschwungenen Zustand verwendet. Daher müssen homogene, isotrope Medien mit aussteuerungsunabhängigen, konstanten Werten ε_r, μ_r und κ vorausgesetzt werden. Die reellen Feldvektoren mit cosinusförmigem Zeitverlauf ergeben sich aus den komplex angeschriebenen Momentanwerten zu:

$$\vec{E} = \text{Re}\,\{\underline{\vec{E}}_m\, e^{j\omega t}\} \qquad \text{denn } e^{j\omega t} = \cos\omega t + j\sin\omega t$$
$$\vec{H} = \text{Re}\,\{\underline{\vec{H}}_m\, e^{j\omega t}\} \tag{6.5.36}$$

$\underline{E}_m$ und $\underline{H}_m$ sind komplexe Amplituden, und

$$\underline{\vec{E}}_m = \underline{E}_m\,\vec{e}_E = E_m\, e^{j\varphi_E}\,\vec{e}_E \tag{6.5-37}$$

$$\underline{\vec{H}}_m = \underline{H}_m\,\vec{e}_H = H_m\, e^{j\varphi_H}\,\vec{e}_H$$

sind die komplexen Maximalwerte der Feldvektoren. Die allgemein von Ort und Zeit abhängigen komplexen Momentanwerte sind:

$$\underline{\vec{E}} = E_m\, e^{j\varphi_E}\cdot e^{j\omega t}\,\vec{e}_E$$
$$\underline{\vec{H}} = H_m\, e^{j\varphi_H}\cdot e^{j\omega t}\,\vec{e}_H \tag{6.5-38}$$

Wir setzen sie in die Maxwellgleichungen für ruhende Randkurven ein; zunächst in die 1.Maxwellgleichung:

$$\text{rot}\,\vec{H} = \kappa\,\vec{E} + \varepsilon\,\dot{\vec{E}} \tag{6.5-39}$$

das ergibt mit $\dot{\underline{\vec{E}}} = j\omega\,\underline{\vec{E}}$:

$$\text{rot}(\underline{\vec{H}}_m\, e^{j\omega t}) = \kappa\underline{\vec{E}}_m\, e^{j\omega t} + \varepsilon j\omega\underline{\vec{E}}_m\, e^{j\omega t} \tag{6.5-40}$$

$e^{j\omega t}$ hebt sich auf jeder Seite heraus, es bleiben Amplituden der Feldvektoren:

$$\underline{\text{rot}\,\underline{\vec{H}}_m = \kappa\underline{\vec{E}}_m + j\omega\varepsilon\,\underline{\vec{E}}_m} \tag{6.5-41}$$

jetzt in die 2. Maxwellgleichung:

$$\text{rot}\,\vec{E} = -\mu\dot{\vec{H}} \tag{6.5-42}$$

$$\text{rot}(\underline{\vec{E}}_m\, e^{j\omega t}) = -\mu j\omega\,\underline{\vec{H}}_m\, e^{j\omega t} \tag{6.5-43}$$

und nach Kürzen von $e^{j\omega t}$:

$$\underline{\text{rot}\,\underline{\vec{E}}_m = -\,j\omega\mu\,\underline{\vec{H}}_m} \tag{6.5-44}$$

Um nachher aus den komplexen Amplituden Effektivwerte zu erhalten, braucht man die konjugiert komplexe Gleichung zu (6.5-41). Die Vorzeichenumkehr vor jedem $j = \sqrt{-1}$ innerhalb der Feldgrößen kennzeichnen wir durch "*":

$$\text{rot}\ \underline{\vec{H}}_m^* = \kappa \underline{\vec{E}}_m^* - j\omega\varepsilon\ \underline{\vec{E}}_m^* \qquad (6.5\text{-}45)$$

Diese Gleichung ist mit $\underline{\vec{E}}_m$ zu erweitern:

$$\underline{\vec{E}}_m\ \text{rot}\ \underline{\vec{H}}_m^* = \kappa\ \underline{\vec{E}}_m^*\ \underline{\vec{E}}_m - j\omega\varepsilon \underline{\vec{E}}_m^*\ \underline{\vec{E}}_m \qquad (6.5\text{-}46)$$

Umgekehrt verwenden wir die 2. M.Gl. in der Form von Gl. (6.5-44), erweitern sie aber mit $\underline{\vec{H}}_m^*$:

$$\underline{\vec{H}}_m^*\ \text{rot}\ \underline{\vec{E}}_m = -\ j\omega\mu\ \underline{\vec{H}}_m\ \underline{\vec{H}}_m^* \qquad (6.5\text{-}47)$$

Subtrahieren wir jetzt Gl. (6.5-47) von (6.5-46), so erhalten wir einen in seinem Aufbau schon bekannten Ausdruck:

$$\underline{\vec{E}}_m\ \ \text{rot}\ \underline{\vec{H}}_m^* - \vec{H}_m^*\ \text{rot}\ \underline{\vec{E}}_m = (\kappa\ -j\omega\varepsilon)\underline{\vec{E}}_m\underline{\vec{E}}_m^* + j\omega\mu\ \underline{\vec{H}}_m\underline{\vec{H}}_m^* \qquad (6.5\text{-}48)$$

Vom reellen Poyntingvektor wissen wir, daß

$$-\text{div}(\vec{E} \times \vec{H}) = \vec{E}\ \text{rot}\ \vec{H} - \vec{H}\ \text{rot}\ \vec{E}$$

ist. Entsprechend erhalten wir jetzt für komplexe und konjugiert komplexe Amplituden der Feldvektoren:

$$-\text{div}(\underline{\vec{E}}_m \times \underline{\vec{H}}_m^*) = \underline{\vec{E}}_m\ \text{rot}\ \underline{\vec{H}}_m^* - \underline{\vec{H}}_m^*\ \text{rot}\ \underline{\vec{E}}_m \qquad (6.5\text{-}49)$$

Die linke Seite von Gl. (6.5-49) eingesetzt in (6.5-48)

$$-\ \text{div}(\underline{\vec{E}}_m \times \underline{\vec{H}}_m^*) = (\kappa - j\omega\varepsilon)\underline{\vec{E}}_m\underline{\vec{E}}_m^* + j\omega\mu\ \underline{\vec{H}}_m\underline{\vec{H}}_m^* \qquad (6.5\text{-}50)$$

Nun bedeuten:

$$\left.\begin{aligned} \underline{\vec{E}}_m\underline{\vec{E}}_m^* &= \vec{E}_m\ e^{+j\varphi_E} \cdot \vec{E}_m\ e^{-j\varphi_E} = E_m E_m\ \vec{e}_E^{\ 2} = E_m^2 \\ \underline{\vec{H}}_m\underline{\vec{H}}_m^* &= \vec{H}_m e^{j\varphi_H} \cdot \vec{H}_m\ e^{-j\varphi_H} = H_m H_m \vec{e}_H^{\ 2} = H_m^2 \end{aligned}\right\} \qquad (6.5\text{-}51)$$

Gln.(6.5-51) sind reelle Amplituden im Quadrat oder das zweifache Quadrat des Effektivwertes:

$$E_m^2 = 2\,E_{ef}^2\,, \qquad H_m^2 = 2\,H_{ef}^2, \tag{6.5-52}$$

so daß man mit diesen quadratischen Mittelwerten weiter erhält:

a) $$\kappa \vec{\underline{E}}_m \vec{\underline{E}}_m^* = \kappa E_m^2 = 2\ \kappa E_{ef}^2 \tag{6.5-53}$$

$$\kappa E_{ef}^2 = \overline{p_w(t)} = \frac{1}{T}\int_0^T p_w(t)\,dt$$

Dies ist der zeitliche Mittelwert der Volumendichte der Stromwärmeleistungsschwingung, also die pro Volumenelement umgesetzte Stromwärmeleistung.

b) $$\frac{\mu}{2}\,\vec{\underline{H}}_m\vec{\underline{H}}_m^* = \frac{\mu}{2}\,H_m^2 = 2\,\frac{\mu}{2}\,H_{ef}^2 \tag{6.5-54}$$

$$\frac{\mu}{2}\,H_{ef}^2 = \overline{w_m(t)} = \frac{1}{T}\int_0^T w_m(t)\,dt \tag{6.5-55}$$

Dies ist der zeitliche Mittelwert der magnetischen Feldenergiedichte.

c) $$\frac{\varepsilon}{2}\,\vec{\underline{E}}_m\vec{\underline{E}}_m^* = \frac{\varepsilon}{2}\,E_m^2 = 2\,\frac{\varepsilon}{2}\,E_{ef}^2 \tag{6.5-56}$$

$$\frac{\varepsilon}{2}\,E_{ef}^2 = \overline{w_e(t)} = \frac{1}{T}\int_0^T w_e(t)\,dt \tag{6.5-57}$$

Dies ist der zeitliche Mittelwert der elektrischen Feldenergiedichte. E_{ef} und H_{ef} sind Effektivwerte bei harmonischem Zeitverlauf (Voraussetzung!). Bei Verwendung der Ergebnisse nach a), b) und c) wird aus Gl. (6.5-50):

$$-\operatorname{div}\,(\vec{\underline{E}}_m \times \vec{\underline{H}}_m^*) = 2\kappa E_{ef}^2 + 2j\omega\left(2\left[\frac{\mu}{2}\ H_{ef}^2 - \frac{\varepsilon}{2}\,E_{ef}^2\right]\right) \tag{6.5-58}$$

$$-\frac{1}{2}\operatorname{div}\,(\vec{\underline{E}}_m \times \vec{\underline{H}}_m^*) = \overline{p(t)} + 2\ j\omega\left[\overline{w_m(t)} - \overline{w_e(t)}\right] \tag{6.5-59}$$

Schließlich ist der Satz von Gauß anzuwenden, um die Ergiebigkeit eines endlichen Volumens zu erhalten:

$$\iiint \operatorname{div}(\vec{\underline{E}}_m \times \vec{\underline{H}}_m^*)dv = \oiint(\vec{\underline{E}}_m \times \vec{\underline{H}}_m^*)\ d\vec{f} \tag{6.5-60}$$

angewandt auf Gl. (6.5-59) erhält man:

$$- \frac{1}{2} \oiint (\vec{\underline{E}}_m \times \vec{\underline{H}}^*_m)\, d\vec{f} = \iiint \left(\overline{p_w(t)} + 2j\omega\left[\overline{w_m(t)} - \overline{w_e(t)}\right]\right) dv$$

$$= \overline{P_w(t)} + 2j\omega\left[\overline{W_m(t)} - \overline{W_e(t)}\right] \qquad (6.5\text{-}61)$$

Entscheiden wir uns auch hier, im Sonderfall des komplexen Poyntingvektors, dafür, daß die positive Flächennormale in die Hüllfläche hineinzeigt, dann ist:

$$+ \frac{1}{2} \oiint (\vec{\underline{E}}_m \times \vec{\underline{H}}^*_m)\, d\vec{f} = \iiint \left(\overline{p_w(t)} + 2j\omega\left[\overline{w_m(t)} - \overline{w_e(t)}\right]\right) dv$$

$$= \overline{P_w(t)} + 2j\omega\left[\overline{W_m(t)} - \overline{W_e(t)}\right] \qquad (6.5\text{-}62)$$

Das ist die Integralform des komplexen Energieströmungsvektors.

Erklärung der Einzelausdrücke:

a) $\overline{P_w(t)} = P_w$: die im Volumen v umgesetzte Stromwärmeleistung (Wirkleistung) und zwar nicht nur in konzentrierten Bauelementen, sondern auch durch elektromagnetische Wellen in halbleitenden oder metallischen Medien.

b) $2\omega\overline{W_m(t)}$: Induktive Blindleistung im Volumen v.

Beispiel ideale Spule der Induktivität L:

$$\overline{W_m(t)} = \frac{L}{2} I_{ef}^2 \quad \text{damit: } 2j\omega\overline{W_m} = 2j\omega \frac{L}{2} I_{ef}^2$$

$$= j\omega L\, I_{ef}^2$$

$$= j\, P_{ind} \qquad (6.5\text{-}63)$$

c) $-2\omega\overline{W_e(t)}$: Kapazitive Blindleistung im Volumen v.

Beispiel idealer Kondensator der Kapazität C:

$$\overline{W_e(t)} = \frac{C}{2} U_{ef}^2 \quad \text{damit: } -2j\omega\overline{W_e} = -2j\omega \frac{C}{2} U_{ef}^2$$

$$= -j\omega C\, U_{ef}^2$$

$$= +j\, P_{kap} \qquad (6.5\text{-}64)$$

Man benutzt für den komplexen Energieströmungsvektor die Abkürzung $\vec{\underline{S}}$ und schreibt:

$$\vec{\underline{S}} = \frac{1}{2}\,(\vec{\underline{E}}_m \times \vec{\underline{H}}_m^*) \tag{6.5-65}$$

$$\underbrace{\oint\!\!\!\oint \vec{\underline{S}}\, d\vec{f}}_{\underline{P}_v} = P_w + j\underbrace{(P_{ind} + P_{kap})}_{P_b} \tag{6.5-66}$$

$$\underline{P}_v = P_w + j \cdot P_b \tag{6.5-67}$$

Die Zusammenfassung $P_b = P_{ind} + P_{kap}$ ist sinnvoll, denn P_b ist die Blind- oder Pendelleistung, die jeweils während T/4 zum Verbraucher und wieder zurück Richtung Generator pendelt, jedoch nicht echt transportiert wird. $\underline{P}_v$ ist die im Volumen v auftretende komplexe Leistung als Summe von Stromwärmeleistung P_w und Pendelleistung. Das Hüllenintegral $\oint\!\!\!\oint \vec{\underline{S}}\, d\vec{f}$ gibt daher die in das Volumen v eindringende komplexe Leistung $\underline{P}_v$ an.

Der Zusammenhang der Gleichungen (6.5-65) bis (6.5-67) wurde zuerst von Fritz Emde gefunden, weswegen der komplexe Poyntingvektor gelegentlich auch Emde'scher Energieströmungsvektor genannt wird.

Die in den Gleichungen (6.5-66 und 67) angegebene komplexe Leistung wird häufig auch an konzentrierten, linear wirkenden Bauelementen berechnet. An einem komplexen Zweipol gilt, bei harmonischer Spannungs- und Stromschwingung:

$$\frac{\hat{\underline{u}}\,\hat{\underline{i}}^*}{2} = P_w + j\,P_b \tag{6.5-68}$$

Hat man also an einem komplexen Widerstand die reellen Momentanwerte von Spannung und Strom:

$$u(t) = \hat{u}\cos\omega t \qquad \text{und} \qquad i(t) = \hat{i}\cos(\omega t + \alpha)\,, \tag{6.5-69}$$

so benötigt man davon die komplexe Spannungsamplitude $\hat{\underline{u}}$ und die konjugiert komplexe Stromamplitude $\hat{\underline{i}}^*$ und erhält aus dem Produkt

$$\frac{1}{2}\,\hat{\underline{u}}\,\hat{\underline{i}}^* = \frac{1}{2}\,\hat{u}\,\hat{i}\,e^{-j\alpha} = \frac{\hat{u}\,\hat{i}}{2}\cos\alpha - j\,\frac{\hat{u}\,\hat{i}}{2}\sin\alpha \tag{6.5-70}$$

Wirkleistung und (hier kapazitive) Blindleistung.

6.6.0 STROMVERDRÄNGUNG

Zeitlich variable Magnetfelder induzieren in leitfähigen Medien (z.B. in Kupfer) nach dem Induktionsgesetz elektrische Spannungen, die ihrerseits Kurzschlußströme in diesem Medium zur Folge haben. Dabei sind elektrische und magnetische Feldgrößen eng miteinander verkoppelt. Die Kurzschlußströme nennt man Wirbelströme.

Aber nicht nur durch Gegeninduktion in anderen Leitern, auch durch Selbstinduktion in stromführenden Leitern selbst treten Wirbelströme auf.

Da in metallischen Leitern die Verschiebungsstromdichte $\dot{\vec{D}}$ bis zu höchsten Frequenzen gegenüber der Leitungsstromdichte $\vec{J}$ vernachlässigt werden darf, gilt die 1. Maxwellgleichung in der einfachen Form:

$$\text{rot}\, \vec{H} = \vec{J} \tag{6.6.0-1}$$

Leitungsstromdichte $\vec{J}$ erzeugt als Wirbelursache magnetische Feldlinien H, die in sich geschlossen sind. Da im Leiter die Permeabilitätszahl $\mu_r = 1$ ist, erhält man die magnetische Flußdichte zu $\vec{B} = \mu_0 \vec{H}$. Wir setzen zeitabhängige Leitungsstromdichte $\vec{J}(t)$ voraus, dann ist auch $\vec{B}(t)$ eine Funktion der Zeit. (Beide Größen sind auch ortabhängig.) Das daraus abgeleitete $-\dot{\vec{B}}$ ist seinerseits nach der 2. Maxwellgleichung

$$\text{rot}\, \vec{E} = - \dot{\vec{B}}, \tag{6.6.0-2}$$

Wirbelursache für in sich geschlossene elektrische Feldlinien E. Wenn aber im Metall in sich geschlossene elektrische Feldlinien vorkommen, so gibt es dort auch elektrische Umlaufspannungen. Da Stromleiter nicht geblecht sind, erzeugen diese Umlaufspannungen $\mathring{u}(t)$ im stromführenden Leiter selbst Kurzschlußströme. Auch sie werden Wirbelströme genannt. Diese wirken dem ursprünglichen Leitungsstrom entgegen und verdrängen (kompensieren) ihn mehr oder weniger im Leiterinnern. Man spricht daher von Stromverdrängung. Der Strom an der Leiteroberfläche wird dabei nicht erhöht. Stromverdrängung bedeutet daher lediglich Stromabnahme im Leiterinnern.

Mit der Stromverdrängung wird auch die magnetische Feldstärke im Leiterinnenraum geschwächt; denn das Umlaufintegral des Durchflutungsgesetzes umfaßt dort bei Stromverdrängung weniger Leitungsstrom als ohne Stromverdrängung. Gemeinsam mit der Stromverdrängung erfolgt also magnetische Feldverdrängung.

Zur Berechnung dieser Strom- und Feldverdrängung verwendet man als Ausgangsgleichungen entweder die oben angeschriebenen beiden Maxwellgleichungen, oder auch deren Integralformen, Durchflutungs- und Induktionsgesetz:

$$\oint \vec{H}\, d\vec{s} = \iint \vec{J}\, d\vec{f} \qquad \text{und} \qquad \oint \vec{E}\, d\vec{s} = -\iint \dot{\vec{B}}\, d\vec{f} \qquad (6.6.0\text{-}3)$$

Diese Integralgleichungen müssen jedoch auf differentiell kleine Flächen angewandt werden; denn Differentialgleichungen und deren Lösungen beschreiben die Strom- und Feldverdrängung im Leiter. Differentialgleichungen aber erhält man aus differentiellen Betrachtungen.

Am Beispiel der einseitigen Stromverdrängung (siehe 6.6.1: Ankerstäbe in Läufern elektrischer Maschinen) wird gezeigt, wie man vorzugehen hat, wenn als Ausgangsgleichungen Durchflutungs- und Induktionsgesetz verwendet werden. Am Beispiel der allseitigen Stromverdrängung (siehe 6.6.2: Stromverdrängung im kreisrunden Draht) wird verdeutlicht, wie man gleich durch Verkopplung der beiden Maxwellgleichungen (6.6.0-1) und (6.6.0-2) auf die beschreibenden Differentialgleichungen zusteuern kann.

Wir behandeln nachfolgend Stromverdrängung quasistationärer Felder (ohne Antennenstrahlung) und werden sehen, daß die Stärke der Stromverdrängung von der Leiterhöhe, von der Frequenz und von der elektrischen Leitfähigkeit wesentlich abhängt.

6.6.1 EINSEITIGE STROMVERDRÄNGUNG IN ANKERSTÄBEN

Größere elektrische Generatoren und Motoren haben auf ihrem Anker oder Läufer meist keine Wicklung aus (mehr oder weniger dünnem) Kupferdraht. Vielmehr fräst man Nuten in den Läufer und preßt in jede Nut z.B. einen Aluminiumstab anstelle der Kupferwicklung (siehe Bild 6.6.1). An den Stirnseiten des Läufers werden die Läuferstäbe in geeigneter Weise miteinander verbunden (z.B. durch Kurzschließen beim Kurzschlußläufer-Motor).

Die elektrisch gut leitfähigen Läuferstäbe, mit der Permeabilitätszahl $\mu_r \approx 1$, sind also in den ferromagnetischen Eisenrotor, oder -läufer, oder -anker eingebettet. Da er eine Permeabilitäszahl $\mu_r >> 1$ hat, treten die vom Strom in den Läuferstäben erzeugten magnetischen Feldlinien fast senkrecht durch die Flanken der nicht ferromagnetischen Nutstäbe hindurch.

Man hat das so zu verstehen: die Leitungsstromdichte $\vec{J}$ ist in jedem stromdurchflossenen Nutstab Wirbelursache für in sich geschlossene, magnetische Feldlinien H. Sie verlaufen zum größeren Teil im ferromagnetischen Läufer (Rotor) mit μ_r>>1 und zum kleineren Teil quer durch die Nut mit dem darin eingepreßten Nutstab nach Bild 6.6.1. Die Permeabilitätszahl μ_r der Nut (mit einem Kupfer- oder Aluminiumstab) ist aber in guter Näherung gleich eins. Am Übergang vom Eisen zur Nut, also an den Nutflanken, gilt: Div $\vec{B}$ = 0. Daher ist $H_L = \mu_r \cdot H_{Ei}$. Die magnetische Feldstärke innerhalb von Nut und Nutstab ist also μ_r mal so groß wie diejenige im Eisenteil des Läufers. Daher ist die magnetische Spannung im Eisenteil des Läufers meist vernachlässigbar gegenüber der magnetischen Spannung in der Nut.

Bildet man also um einen stromdurchflossenen Nutstab herum die magnetische Umlaufspannung, so gilt in guter Näherung: $\oint \vec{H}\, d\vec{s} \approx H\, b$.

Die magnetische Spannung H·b ist daher näherungsweise gleich dem umfaßten Strom im Nutstab. Man kann somit das Durchflutungsgesetz anwenden und

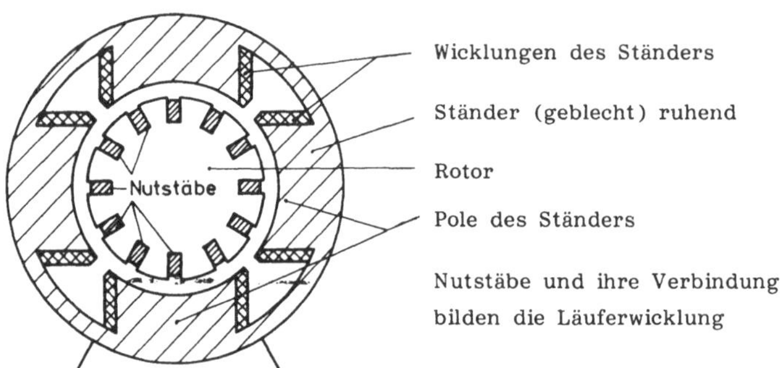

Bild 6.6.1a: Prinzip eines Zweiphasenwechselstrommotors im Querschnitt

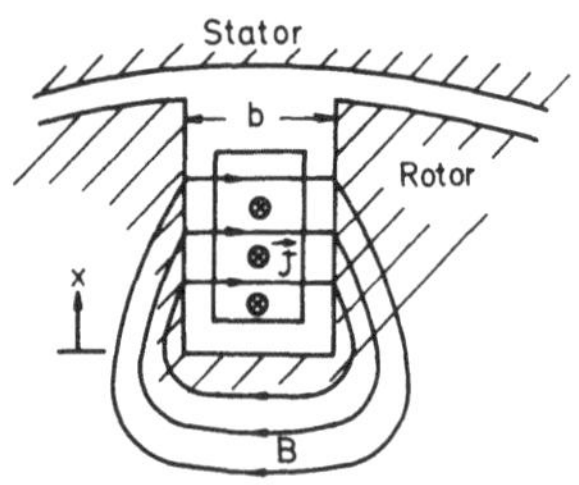

Bild 6.6.1b: Querschnitt durch den Nutstab einer elektrischen Maschine

erhält für den Umlauf bei x und x + dx (linke Figur von Bild 6.6.2):

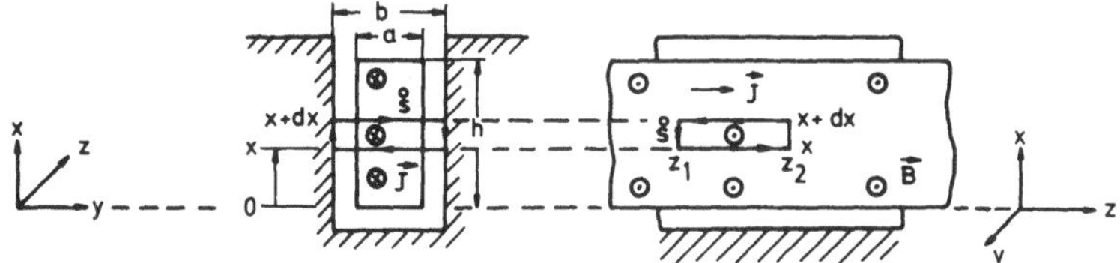

Bild 6.6.2: Quer- und Längsschnitt durch einen Nutstab

$$b\,H_y(x+dx,t) - b\,H_y(x,t) = J_z(x,t)\;a\;dx \tag{6.6-1}$$

wobei $\vec{J} \uparrow\uparrow d\vec{f} = a\;dx\;\vec{e}_z$ berücksichtigt wurde. Weiter ist für den Grenzwert $dx \to 0$:

$$H_y(x+dx,t) - H_y(x,t) = \frac{\partial H_y(x,t)}{\partial x}\;dx \tag{6.6-2}$$

Setzen wir Gl.(6.6-2) in (6.6-1) ein, so wird:

$$\frac{\partial H_y(x,t)}{\partial x}\;dx = \frac{a}{b}\;J_z(x,t)\;dx \qquad \text{oder} \tag{6.6-3}$$

$$\boxed{\frac{\partial H_y}{\partial x} = \frac{a}{b}\;J_z(x,t)} \tag{6.6-4}$$

Jetzt wenden wir das Induktionsgesetz auf das Rechteck im Längsschnitt des Nutstabes nach Bild 6.6.2 an:

$$\overset{\circ}{u} = \oint \vec{E}\;d\vec{s} = -\mu \iint \dot{\vec{H}}\;d\vec{f} \quad \text{mit} \quad \vec{H} \uparrow\uparrow d\vec{f} = (z_2-z_1)\;dx\;\vec{e}_y \tag{6.6-5}$$

Längs der Wege dx gibt es keine Spannungsbeiträge. Man erhält für $\overset{\circ}{u}$:

$$(z_2-z_1)\cdot(\underbrace{-\varrho J_z(x+dx,t)}_{E(x+dx,t)} + \underbrace{\varrho J_z(x,t)}_{E(x,t)}) = -\,(z_2-z_1)dx\;\underbrace{\mu\;\dot{H}_y(x,t)}_{\dot{\vec{B}}} \tag{6.6-6}$$

Mit dem vollständigen Differential läßt sich auch diese Gleichung vereinfachen; denn es ist mit dem Grenzwert $dx \to 0$:

$$J_z(x+dx,t) - J_z(x,t) = \frac{\partial J_z(x,t)}{\partial x}\;dx \tag{6.6-7}$$

eingesetzt in Gl.(6.6-6) unter beidseitigem Kürzen von (z_2-z_1):

$$- \varrho \frac{\partial J_z(x,t)}{\partial x} \quad dx = - \mu \dot{H}_y(x,t) \, dx \tag{6.6-8}$$

Wir ersetzen noch den spezifischen elektrischen Widerstand ϱ durch den Leitwert $1/\kappa$:

$$\boxed{\frac{\partial J_z(x,t)}{\partial x} = \kappa\mu \, \dot{H}_y(x,t)} \tag{6.6-9}$$

Die beiden partiellen, linearen Differentialgleichungen (6.6-4) und (6.6-9) beschreiben die einseitige Stromverdrängung. Die unabhängigen Variablen x und t von J_z und H_y werden nachfolgend weggelassen!
Randbedingungen sind:

$$H_y(x=0,t) = 0 \qquad H_y(x=h,t) = \frac{i(t)}{b} \tag{6.6-10}$$

Die partiellen Differentialgleichungen (6.6-4) und (6.6-9) enthalten jeweils elektrische Stromdichte und magnetische Feldstärke als abhängige Variablen, eine der beiden Größen muß substituiert werden. Dazu wird Gl.(6.6-4) nochmals nach x differenziert:

$$\frac{\partial^2 H_y}{\partial x^2} = \frac{a}{b} \; \frac{\partial J_z}{\partial x} \tag{6.6-11}$$

Gl. (6.6-9) wird in (6.6-11) eingesetzt:

$$\boxed{\frac{\partial^2 H_y}{\partial x^2} = \frac{a}{b} \; \kappa\mu \; \dot{H}_y} \tag{6.6-12}$$

Ebenso wollen wir eine Differentialgleichung mit nur der Abhängigen J_z haben. Daher wird auch Gl. (6.6-9) nach x differenziert:

$$\frac{\partial^2 J_z}{\partial x^2} = \kappa\mu \, \frac{\partial^2 H_y}{\partial t \, \partial x} \tag{6.6-13}$$

und Gl.(6.6-4) muß differenziert werden nach t:

$$\frac{\partial^2 H_y}{\partial x \, \partial t} = \frac{a}{b} \cdot \frac{\partial J_z}{\partial t} \tag{6.6-14}$$

Jetzt kann (6.6-14) in (6.6-13) eingesetzt werden:

$$\frac{\partial^2 J_z}{\partial x^2} = \frac{a}{b} \kappa\mu \dot{J}_z \qquad (6.6\text{-}15)$$

Die Gleichungen (6.6-12) und (6.6-15) sind lineare partielle Differentialgleichungen 2. Ordnung, die eine für die abhängige Variable $H_y(x,t)$, die andere für $J_z(x,t)$, also gültig für Feld- und Stromverdrängung.

Wir wollen Lösungen für sinusförmig stationäre Ströme erhalten. Da beide Differentialgleichungen linear sind, dürfen wir komplex rechnen und ersetzen reelle durch komplexe Momentanwerte.

$$i(t) = \text{Re}\,\{\hat{\underline{i}}\, e^{j\omega t}\}\,; \qquad \underline{i}(t) = \hat{\underline{i}}\, e^{j\omega t} \qquad (6.6\text{-}16)$$

entsprechend sind:

$$H(x,t) = \text{Re}\,\{\hat{\underline{H}}(x) e^{j\omega t}\}\,; \qquad \underline{H}(x,t) = \hat{\underline{H}}(x)\, e^{j\omega t} \qquad (6.6\text{-}17)$$

$$J(x,t) = \text{Re}\,\{\hat{\underline{J}}(x)\, e^{j\omega t}\}\,; \qquad \underline{J}(x,t) = \hat{\underline{J}}(x)\, e^{j\omega t} \qquad (6.6\text{-}18)$$

$\hat{\underline{H}}(x)$ und $\hat{\underline{J}}(x)$ sind komplexe Amplituden, deren x-Abhängigkeit noch nicht bekannt ist. Setzt man die komplexen Momentanwerte in die partiellen Differentialgleichungen (6.6-12) und (6.6-15) ein, so erhält man, nachdem sich die Zeitfaktoren $e^{j\omega t}$ beiderseits weggekürzt haben:

$$\frac{d^2\hat{\underline{H}}_y}{dx^2} = \frac{a}{b} \kappa\mu\, j\omega \hat{\underline{H}}_y \quad \text{abgekürzt} \quad \frac{d^2\hat{\underline{H}}_y}{dx^2} = \underline{k}^2\, \hat{\underline{H}}_y \qquad (6.6\text{-}19)$$

und

$$\frac{d^2\hat{\underline{J}}_z}{dx^2} = \frac{a}{b} \kappa\mu\, j\omega \hat{\underline{J}}_z \qquad \frac{d^2\hat{\underline{J}}_z}{dx^2} = \underline{k}^2\, \hat{\underline{J}}_z \qquad (6.6\text{-}20)$$

Diese beiden Gleichungen sind gewöhnliche, nicht mehr partielle Differentialgleichungen. Sie sind gleichartig aufgebaut für die noch zu bestimmenden komplexen Amplituden $\hat{\underline{H}}_y$ und $\hat{\underline{J}}_z$.

Die Dgln. (6.6-19 und 20) zeigen, daß der Faktor $\underline{k}^2 = j\omega\cdot\kappa\cdot\mu\cdot a/b$ durch zweimaliges Differenzieren der Funktionen $\hat{\underline{H}}_y(x)$ und $\hat{\underline{J}}_z(x)$ entsteht. Wir benötigen daher auch $\underline{k}$:

$$\underline{k}^2 = j\omega\kappa\mu\,\frac{a}{b} = \omega\,\kappa\,\mu\,\frac{a}{b}\cdot e^{j\pi/2} \qquad (6.6\text{-}21)$$

$$\underline{k} = \pm\sqrt{j\,\omega\kappa\,\mu\,\frac{a}{b}} = \pm\sqrt{\frac{\omega\,\mu\kappa\,a}{b}}\cdot e^{j\pi/4} \qquad (6.6\text{-}22)$$

oft kürzt man weiter ab, wobei $e^{j\pi/4} = \frac{1+j}{\sqrt{2}}$ ist, so daß

$$m = \pm\sqrt{\frac{a}{b}\cdot\frac{\omega\,\mu\,\kappa}{2}} \qquad (6.6\text{-}23)$$

Mit dieser Abkürzung ist $\quad \underline{k} = \pm\,(1+j)\,m \qquad (6.6\text{-}24)$

Grundsätzlich werden Differentialgleichungen der Form $\underline{f}''(x) - \underline{k}^2\underline{f}(x) = 0$ durch (komplexe) Funktionen gelöst, die sich beim Differenzieren selbst reproduzieren. Aus dem Ansatz:

$$\hat{\underline{H}}_y(x) = \underline{A}\,e^{+\underline{k}x} + \underline{B}e^{-\underline{k}x} \qquad (6.6\text{-}25)$$

erhält man mit den Randbedingungen

$$\hat{\underline{H}}_y(0) = 0 \qquad \text{und} \qquad \hat{\underline{H}}_y(h) = \frac{\hat{\underline{i}}}{b}$$

die Integrationskonstanten $\underline{A}$ und $\underline{B}$ zu:

$$\underline{B} = -\underline{A} \qquad \text{und} \qquad 2\underline{A} = \frac{\hat{\underline{i}}}{b}\cdot\frac{1}{\sinh(\underline{k}h)} \qquad (6.6\text{-}26)$$

Somit ist die Ortsabhängigkeit der magnetischen Feldstärke:

$$\boxed{\hat{\underline{H}}_y(x) = \frac{\hat{\underline{i}}}{b}\;\frac{\sinh(\underline{k}x)}{\sinh(\underline{k}h)}} \qquad (6.6\text{-}27)$$

Nach Gl.(6.6-4) erhalten wir aus Gl.(6.6-27) auch die Ortsabhängigkeit der elektrischen Stromdichte $\underline{J}_z(x)$ gemäß:

$$\underline{J}_z = \frac{b}{a}\cdot\frac{\partial\underline{H}_y}{\partial x} \qquad (6.6\text{-}28)$$

denn die Integrationskonstanten wurden bereits bestimmt.

$$\hat{\underline{J}}_z(x) = \frac{\hat{\underline{i}}\,\underline{k}}{a} \cdot \frac{\cosh(\underline{k}x)}{\sinh(\underline{k}h)} \tag{6.6-29}$$

Die komplexen Momentanwerte ergeben sich durch Multiplikation mit der Zeitfunktion $e^{j\omega t}$. Die komplexen Amplituden $\hat{\underline{J}}_z(x)$ und $\hat{\underline{H}}_y(x)$, nach den Gleichungen (6.6-29) und (6.6-27), enthalten nicht nur komplexe Faktoren $\hat{\underline{i}}\,\underline{k}$ bzw. $\hat{\underline{i}}$, sondern auch komplexe Argumente in Hyperbelcosinus und Hyperbelsinus. Deswegen ändern sich nicht nur die Beträge $\hat{J}_z(x)$ und $\hat{H}_y(x)$, sondern auch ihre Phasenlage mit der Ortsvariablen x im Nutstab.

Diskussion der Ergebnisse

Will man die Beträge wissen, so ist zu berücksichtigen: $\underline{k}\,x = mx + jmx$ und $\underline{k}\,h = mh + jmh$. Aus Real- und Imaginärteil folgt dann allgemein:

$$|\cosh\,(a+ja)| = \sqrt{\frac{\cosh(2a)}{2} + \cos^2 a - \frac{1}{2}} \tag{6.6-30}$$

und
$$|\sinh(a+ja)| = \sqrt{\frac{\cosh(2a)}{2} + \sin^2 a - \frac{1}{2}} \tag{6.6-31}$$

Es ist zu überlegen, ob für sehr kleine Werte von mx oder sehr große Werte m eine wesentliche Vereinfachung der Betragsfunktionen möglich ist. $mx \approx 0$ bedeutet, daß ω oder κ oder x gegen null gehen.

$mx \approx 0$:
$$|\cosh(mx + jmx)| \approx 1$$
$$|\sinh(mx + jmx)| \approx 0 \tag{6.6-32}$$

Solange $m \cdot x$ ungleich null ist, gehen weder ω, noch κ, noch die laufende Höhe x gegen null.

$mx > 2$:
$$|\cosh(mx + jmx)| \approx \frac{1}{2}\,e^{mx} \tag{6.6-33}$$

ebenso:
$$|\sinh(mx + jmx)| \approx \frac{1}{2}\,e^{mx}$$

$\hat{\underline{H}}_y(x)$ und $\hat{\underline{J}}_z(x)$ sind von x abhängige, komplexe Amplituden. Ihre Betragsfunktionen lauten exakt:

$$\hat{H}_y(x) = \frac{\hat{i}}{b}\sqrt{\frac{\cosh(2mx) + 2\sin^2(mx) - 1}{\cosh(2mh) + 2\sin^2(mh) - 1}} \tag{6.6-34}$$

und wegen $|\underline{k}| = |m + jm| = m\sqrt{2}$ wird

$$\hat{J}_z(x) = \frac{\hat{i}\,m\sqrt{2}}{a}\sqrt{\frac{\cosh(2mx) + 2\cos^2(mx) - 1}{\cosh(2mh) + 2\sin^2(mh) - 1}} \tag{6.6-35}$$

Dagegen erhält man für mx > 2 die einfachen Näherungen der Betragsfunktionen:

$$\hat{H}_y(x) \approx \frac{\hat{i}}{b} \cdot \frac{e^{mx}}{e^{mh}} \qquad (6.6\text{-}36)$$

$$\hat{J}_z(x) \approx \frac{\hat{i}\, m\sqrt{2}}{a} \cdot \frac{e^{mx}}{e^{mh}} \qquad (6.6\text{-}37)$$

Eine grundlegende Frage ist, wann die Stromverdrängung einsetzt: bei welcher Frequenz, bei welcher Abmessung der Nutstäbe elektrischer Maschinen? Sicher ist Stromverdrängung solange vernachlässigbar, wie der Betrag der Stromdichte für $0 \leq x \leq h$ konstant bleibt. Danach also ist zu fragen. Man findet, daß dies für $mh < 1$ der Fall ist (siehe auch Abschnitt 6.6.4).

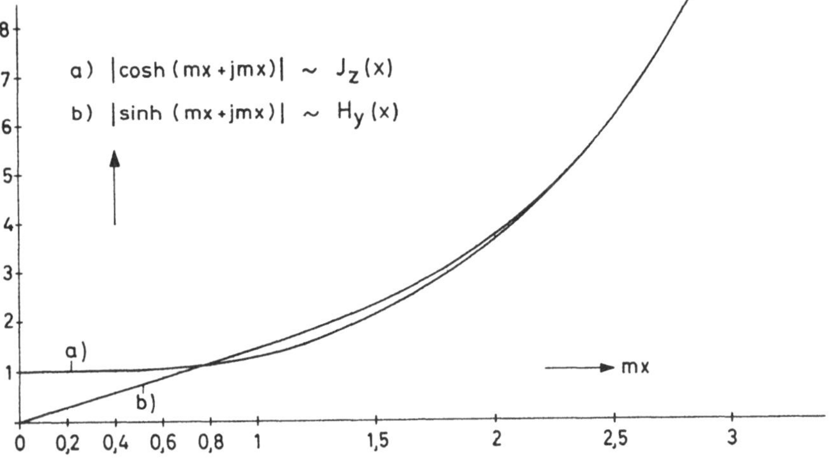

Bild 6.6.3: Beträge von Hyperbelcosinus, proportional zu $|\hat{\underline{J}}_z(x)|$ und von Hyperbelsinus, proportional zu $|\hat{\underline{H}}_y(x)|$

Bei elektrischen Maschinen interessiert jetzt besonders die Frage, ob bei 50 Hz-Betrieb schon Stromverdrängung auftritt und wenn ja, wie hoch dann ein Nutstab sein darf? Dazu benötigen wir

$$mh = \sqrt{\frac{a}{b} \cdot \frac{\omega \mu \kappa}{2}}\; h \qquad (6.6\text{-}38)$$

Bleibt mh kleiner/gleich eins, dann ist Stromverdrängung vernachlässigbar; wird mh jedoch größer eins, dann tritt sie zunehmend auf. Es sei für einen Nutstab aus Kupfer:

$\omega = 2\pi \cdot 50\ \frac{1}{s}; \qquad \mu = \mu_o = \frac{4\pi}{10^7}\frac{Vs}{Am}; \qquad \kappa_{Cu} = 58 \cdot 10^6\ \frac{A}{Vm}; \qquad a \approx b$

damit wird $\boxed{m\ h = 1{,}1\ \frac{h}{cm}}$ oder $\boxed{m = 1{,}1\ \frac{1}{cm}}$ (6.6-39)

Als Merkregel mag gelten: Bei 50 Hz-Betrieb ist sehr wohl schon Stromverdrängung möglich und zwar immer dann, wenn die Nutstabhöhe (allgemeiner: Leiterhöhe h bei einseitiger Stromverdrängung) größer ist als 1 cm.
Bild 6.6.4 zeigt prinzipiell die Abhängigkeiten der elektrischen Stromdichte $\hat{J}$ und der magnetischen Feldstärke $\hat{H}$, aufgetragen über der Stabhöhenvariablen x bei gegebener Kreisfrequenz ω, Leitfähigkeit κ und Nutstabhöhe h, also für einen gegebenen Nutstab:

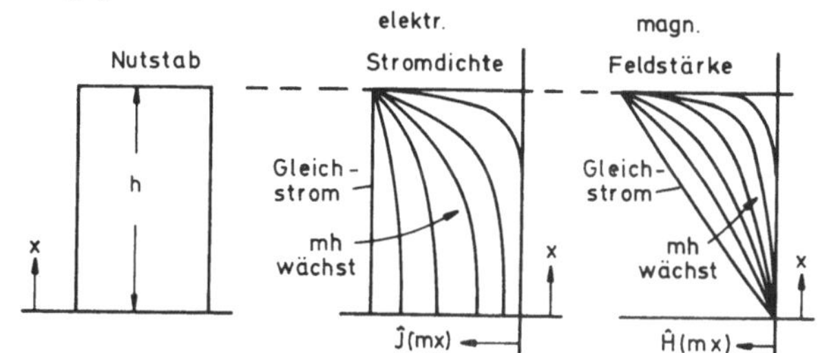

Parameter: mh

mh wächst mit der Kreisfrequenz ω in Pfeilrichtung

Bild 6.6.4: Elektrische Stromdichte und magnetische Feldstärke bei einseitiger Stromverdrängung, abhängig vom Argument mx

In diesem Abschnitt wurde zur Berechnung der Stromverdrängung vom Induktions- und vom Durchflutungsgesetz ausgegangen. Diese Gesetze wurden je auf ein Flächenelement angewandt. Durch Anwenden des vollständigen Differentials erfolgte der Übergang zu Differentialgleichungen. Im folgenden Abschnitt soll die allseitige Stromverdrängung besprochen werden. Wir werden dabei (alternativ) gleich von den Maxwellgleichungen in Differentialform ausgehen.

6.6.2 ALLSEITIGE STROMVERDRÄNGUNG

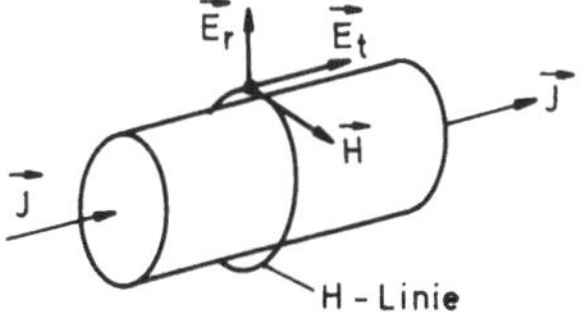

Bild 6.6.5: Kreiszylindrischer Stromleiter

Allseitige Stromverdrängung tritt dann auf, wenn Wechselstrom führende Leiter möglichst weitgehend kreisförmigen Querschnitt aufweisen und wenn sie rings herum von ferromagnetisch gleichartigem Material, μ_r = const, umgeben sind. Ist der Querschnitt dieser Leiter kreisförmig, so ist die allseitige Stromverdrängung auch winkelunabhängig. Sie soll hier berechnet werden. Bild 6.6.5 deutet die Feldgrößen an. Wir verwenden zweckmäßig Zylinderkoordinaten. Es sei

$$\frac{\partial}{\partial \alpha} = \frac{\partial}{\partial z} = 0 \qquad (6.6\text{-}40)$$

$$\vec{J} = J_z(r)\,\vec{e}_z \qquad (6.6\text{-}41)$$

$$\vec{H} = H_\alpha(r)\,\vec{e}_\alpha \qquad (6.6\text{-}42)$$

Wir benötigen die erste und zweite Maxwellgleichung. Die z-Komponente der 1. Maxwellgleichung lautet in Zylinderkoordinaten:

$$\operatorname{rot}\vec{H}\Big|_z : \qquad \frac{1}{r}\left\{\frac{\partial}{\partial r}(r\,H_\alpha) - \frac{\partial H_r}{\partial \alpha}\right\} = J_z \qquad (6.6\text{-}43)$$

Die r- und die α-Komponenten von rot $\vec{H}$ liefern keinen Beitrag, da Leitungsstromdichte allein in $\vec{e}_z$-Richtung vorkommt:

$$\left.\begin{array}{lll} \operatorname{rot}\vec{H}\Big|_r = 0, & \text{weil} & J_r = 0 \\ \operatorname{rot}\vec{H}\Big|_\alpha = 0, & \text{weil} & J_\alpha = 0 \end{array}\right\}$$

H_r und H_z sind null, da Antennenstrahlung ausgeschlossen wird, und da kein Quellenfeld vorliegt.

Die 2. Maxwellgleichung für ruhende Randkurven ist:

$$\operatorname{rot}\vec{E} = -\dot{\vec{B}} \qquad (6.6\text{-}45)$$

$\dot{\vec{B}}$ hat die gleiche Richtung wie die magnetische Feldstärke $\vec{H}$, also nur eine $\dot{B}_\alpha$ - Komponente. Die gleiche Richtung muß für rot $\vec{E}$ auf der linken Seite der 2. Maxwellgleichung (6.6-45) gelten:

$$\operatorname{rot}\vec{E}\Big|_\alpha : \qquad \frac{\partial E_r}{\partial z} - \frac{\partial E_z}{\partial r} = -\dot{B}_\alpha \qquad (6.6\text{-}46)$$

$$\left.\begin{array}{l} \operatorname{rot}\vec{E}\Big|_r = 0, \text{ weil } \dot{B}_r = 0 \\ \operatorname{rot}\vec{E}\Big|_z = 0, \text{ weil } \dot{B}_z = 0 \end{array}\right\}$$

Da keine Abstrahlung und kein Quellenfeld vorliegen, ist $E_r = 0$. Weil $\dot{B}$ nicht axial vorkommt, ist $E_\alpha = 0$.

Im übrigen bleiben, da Antennenstrahlung ausgeschlossen wird, sowohl die Stromdichte $\vec{J}$, wie auch der Strom i(t) in Richtung von $\vec{e}_z$ konstant.

Aus Gl.(6.6-43) folgt, mit $\partial H_r/\partial\alpha = 0$, da H_r selbst null ist:

$$\frac{1}{r}\frac{\partial}{\partial r}(r\,H_\alpha) = \frac{1}{r}H_\alpha + \frac{\partial H_\alpha}{\partial r} \qquad (6.6\text{-}48)$$

also

$$\underline{\frac{\partial H_\alpha(r,t)}{\partial r} + \frac{1}{r}H_\alpha(r,t) = J_z(r,t)} \qquad (6.6\text{-}49)$$

Aus Gl.(6.6-46) folgt, wenn man das Ohmsche Gesetz in Differentialform $\vec{J} = \kappa\vec{E}$ einsetzt, mit

$$E_z = \frac{1}{\kappa}\,J_z: \qquad \frac{1}{\kappa}\,\frac{\partial J_z}{\partial r} = \mu\,\dot{H}_\alpha \qquad (6.6\text{-}50)$$

oder

$$\underline{\frac{\partial J_z}{\partial r} = \kappa\,\mu\,\dot{H}_\alpha} \qquad (6.6\text{-}51)$$

Die Gleichungen (6.6-49) und (6.6-51) bilden ein System von partiellen Differentialgleichungen, die gleichzeitig gelten. Allerdings ist in jeder der beiden Gleichungen noch J_z und H_α vorhanden, was weitere Umformungen und Substitutionen erfordert; dazu differenzieren wir Gl. (6.6-49) nach r:

$$\frac{\partial^2 H_\alpha(r,t)}{\partial r^2} + \frac{1}{r}\,\frac{\partial H_\alpha(r,t)}{\partial r} - \frac{1}{r^2}\,H_\alpha(r,t) = \frac{\partial J_z(r,t)}{\partial r} \qquad (6.6\text{-}52)$$

und substituieren die rechte Seite dieser Gleichung durch (6.6-51):

$$\boxed{\frac{\partial^2 H_\alpha(r,t)}{\partial r^2} + \frac{1}{r}\,\frac{\partial H_\alpha(r,t)}{\partial r} - \frac{1}{r^2}\,H_\alpha(r,t) = \kappa\,\mu\,\dot{H}_\alpha(r,t)} \qquad (6.6\text{-}53)$$

Gl.(6.6-53) ist zwar im mathematischen Aufbau komplizierter geworden, aber sie enthält als abhängige Variable nur noch magnetische Feldstärke und nicht zusätzlich Leitungsstromdichte. Für letztere allein brauchen wir auch eine Differentialgleichung. Dazu wird Gl.(6.6-49) nach t differenziert:

$$\frac{\partial^2 H_\alpha(r,t)}{\partial r\,\partial t} + \frac{1}{r}\cdot\dot{H}_\alpha(r,t) = \dot{J}_z(r,t) \qquad (6.6\text{-}54)$$

Gl. (6.6-51) muß nach r differenziert werden:

$$\frac{\partial^2 J_z(r,t)}{\partial r^2} = \kappa\,\mu\,\frac{\partial^2 H_\alpha(r,t)}{\partial t\;\partial r} \tag{6.6-55}$$

Beide Gleichungen: (6.6-55) und (6.6-51) werden in (6.6-54) eingesetzt, so daß wir die gewünschte Differentialgleichung alleine für Leitungsstromdichte erhalten:

$$\boxed{\frac{\partial^2 J_z(r,t)}{\partial r^2} + \frac{1}{r}\,\frac{\partial J_z(r,t)}{\partial r} = \kappa\,\mu\,\dot{J}_z(r,t)} \tag{6.6-56}$$

Jetzt beschreibt Gl.(6.6-56) die Verdrängung der Leitungsstromdichte J_z in Abhängigkeit von Radius r und Zeit t im kreiszylindrischen Leiter analog zur Gleichung (6.6-53) für die magnetische Feldstärke. Allerdings sind diese beiden partiellen Differentialgleichungen mathematisch unterschiedlich aufgebaut.

Um von den partiellen zu gewöhnlichen Differentialgleichungen zu kommen, geben wir zeitlich Sinusform vor und rechnen komplex, was wegen der Linearität der partiellen Differentialgleichungen zulässig ist:

$$\underline{J}_z(r,t) = \underline{\hat{J}}_z(r)\,e^{j\omega t}$$

$$\underline{H}_\alpha(r,t) = \underline{\hat{H}}_\alpha(r)\,e^{j\omega t} \tag{6.6-57}$$

Wir setzen diese komplexen Momentanwerte in die Dgln. (6.6-53) und (6.6-56) ein, kürzen den jeweils vorhandenen Zeitfaktor $e^{j\omega t}$ heraus und erhalten dann als gewöhnliche Differentialgleichungen in den komplexen Amplituden $\underline{\hat{J}}_z$ und $\underline{\hat{H}}_\alpha$:

$$\frac{d^2\underline{\hat{H}}_\alpha(r)}{dr^2} + \frac{1}{r}\,\frac{d\underline{\hat{H}}_\alpha(r)}{dr} - \frac{1}{r^2}\,\underline{\hat{H}}_\alpha(r) = j\omega\kappa\;\underline{\hat{H}}_\alpha(r) \tag{6.6-59}$$

$$\frac{d^2\underline{\hat{J}}_z(r)}{dr^2} + \frac{1}{r}\,\frac{d\underline{\hat{J}}_z(r)}{dr} = j\omega\kappa\mu\;\underline{\hat{J}}_z(r) \tag{6.6-60}$$

Dies wäre die endgültige Form der beschreibenden Differentialgleichungen, wollte man sie nicht einfügen in die bekannte Form der Besselschen Differentialgleichungen, was in der Literatur üblich ist. Daher wird eine weitere Substitution vorgenommen:

$$r = \frac{\underline{z}}{\underline{k}} \; ; \qquad dr = \frac{1}{\underline{k}}\, d\underline{z}$$

$\underline{k}^2$ wird hier neu definiert mit Minuszeichen:

$$\underline{k}^2 = -\,j\,\omega\kappa\,\mu \tag{6.6-61}$$

Damit erhält man an Stelle der Gleichungen (6.6-59) und (6.6-60) die beiden folgenden, endgültigen, gewöhnlichen Differentialgleichungen mit der komplexen Variablen $\underline{z} = r\cdot\underline{k}$:

$$\underline{z}^2 \frac{d^2\underline{\hat{H}}_\alpha}{d\underline{z}^2} + \underline{z}\frac{d\underline{\hat{H}}_\alpha}{d\underline{z}} + \underline{\hat{H}}_\alpha(\underline{z}^2 - 1) = 0 \tag{6.6-62}$$

1. Ordnung

$$\underline{z}^2 \frac{d^2\underline{\hat{J}}_z}{d\underline{z}^2} + \underline{z}\frac{d\underline{\hat{J}}_z}{d\underline{z}} + \underline{\hat{J}}_z(\underline{z}^2 - 0) = 0 \tag{6.6-63}$$

0. Ordnung

Gl.(6.6-62) ist die Besselsche Differentialgleichung 1. Ordnung, Gl.(6.6-63) die Besselsche Differentialgleichung 0. Ordnung.

$$\text{Wegen } \underline{k}^2 = -\,j\,\omega\kappa\mu = \omega\kappa\,\mu\, e^{-j\pi/2} \tag{6.6-65}$$

$$\text{ist } \underline{k} = e^{-j\frac{\pi}{4}} \cdot \sqrt{\omega\kappa\mu}$$

$$= (1 - j)\cdot m, \qquad m = \sqrt{\frac{\omega\mu\kappa}{2}} \tag{6.6-66}$$

m, multipliziert mit dem Drahtradius r, bzw. mit r_0, ist das maßgebende Argument für die Stärke der Strom- und Feldverdrängung.

6.6.3 LÖSUNG DER BESSELSCHEN DIFFERENTIALGLEICHUNGEN

Lösungen der beiden Besselschen Differentialgleichungen (6.6-62) und (6.6-63) sind Zylinderfunktionen erster und zweiter Art. Dies sind die Besselfunktionen $\bar{J}_\nu(\underline{z})$ und die Neumannschen Funktionen $N_\nu(\underline{z})$.
Zur Unterscheidung der Leitungsstromdichte J von den Besselfunktionen $\bar{J}_\nu$ erhalten deren Kurzzeichen einen kleinen Querstrich: $\bar{J}_\nu$.

Das Funktionenpaar $\mathcal{J}_\nu(\underline{z})$, $N_\nu(\underline{z})$ bildet ein Fundamentalsystem von Lösungen der Besselschen Differentialgleichungen. ν gibt die Ordnung der jeweiligen Funktion an. Es wird sich zeigen, daß als Lösungsfunktionen bei allseitiger Stromverdrängung bei den gegebenen Randbedingungen für Stromdichte und magnetische Feldstärke nur die Besselfunktionen $\mathcal{J}_\nu(\underline{z})$ in Frage kommen. Zunächst aber schreiben wir das Fundamentalsystem aus Bessel- und Neumannschen Funktionen an:

zu (6.6-62): $$\underline{\hat{H}}(\underline{z}) = C\ \mathcal{J}_1(\underline{z}) + D\ N_1(\underline{z}) \tag{6.6-67}$$

zu (6.6-63): $$\underline{\hat{J}}(\underline{z}) = A\ \mathcal{J}_0(\underline{z}) + B\ N_0(\underline{z}) \tag{6.6-68}$$

$\mathcal{J}_0(\underline{z})$ und $\mathcal{J}_1(\underline{z})$ sind die Besselfunktionen nullter und erster Ordnung. $N_0(\underline{z})$ und $N_1(\underline{z})$ sind Neumannsche Funktionen der Ordnung null und eins. Die Konstanten A, B, C und D sind Integrationskonstanten, von denen nur zwei ungleich null zulässig sind. Sie werden bestimmt aus den Randwerten:

$$\begin{aligned} &r = 0 \text{ (Drahtachse):} && \underline{\hat{H}} = 0 \\ &r = r_0 \text{ (Drahtoberfläche):} && \underline{\hat{H}} = \frac{\hat{\underline{i}}}{2\pi r_0} \end{aligned} \tag{6.6-69}$$

Es folgt: D = 0, weil für r = 0 die Neumannsche Funktion $N_1(0)$ gegen unendlich geht und daher als Lösungsfunktion für $\underline{\hat{H}}$ nicht in Frage kommt. Sie muß verschwinden. Somit bleibt von Gl.(6.6-67):

$$\underline{\hat{H}}(z) = C\ \mathcal{J}_1(\underline{z}) \tag{6.6-70}$$

und aus den Randwerten (6.6-69) erhält man C:

$$\underline{\hat{H}}(\underline{k}\ r_0) = \frac{\hat{\underline{i}}}{2\pi r_0} \overset{!}{=} C\ \mathcal{J}_1(\underline{k}\ r_0) \tag{6.6-71}$$

$$C = \frac{\hat{\underline{i}}}{2\pi r_0\ \mathcal{J}_1(\underline{k}\ r_0)} \tag{6.6-72}$$

Setzt man D = 0 und C ein in den Lösungsansatz Gl. (6.6-67), so folgt die endgültige Radiusabhängigkeit für die komplexe Amplitude der magnetischen Feldstärke zu:

$$\boxed{\underline{\hat{H}}(\underline{k}r) = \frac{\hat{\underline{i}}}{2\pi r_0 \mathcal{J}_1(\underline{k}r_0)}\ \mathcal{J}_1(\underline{k}r)} \tag{6.6-73}$$

Ihr Betrag ergibt sich aus den Beträgen der Einzelausdrücke von Gl.(6.6-73). Siehe hierzu Gl.(6.6-85). Der Phasenwinkel der magnetischen Feldstärke ist auch eine Funktion von $\underline{k}\cdot r$, also kein konstanter Winkel.

Jetzt wären die Integrationskonstanten A und B der elektrischen Stromdichte nach Gl.(6.6-68) zu bestimmen. Wir wählen einen anderen Weg. Da $\underline{\hat{H}}$ mit $\underline{\hat{J}}$ zusammenhängt, muß man die Lösungsfunktion $\underline{\hat{J}}(\underline{kr})$ aus $\underline{\hat{H}}(\underline{kr})$ erhalten. Gemäß Gl.(6.6-49) gilt auf Grund der Maxwellgleichungen, reell:

$$J_z = \frac{dH_\alpha}{dr} + \frac{1}{r} H_\alpha \qquad (6.6\text{-}74)$$

und entsprechend für die komplexen Amplituden:

$$\underline{\hat{J}}_z(\underline{z}) = \underline{k}\, \frac{d\underline{\hat{H}}_\alpha}{d\underline{z}} + \frac{\underline{k}}{\underline{z}}\, \underline{\hat{H}}_\alpha(\underline{z}) \qquad (6.6\text{-}75)$$

Die Leitungsstromdichte hängt also ab von der magnetischen Feldstärke $\underline{\hat{H}}_\alpha(\underline{z})$ und von deren Differentialquotient $d\underline{\hat{H}}_\alpha/d\underline{z}$. Letzterer ist zu bilden gemäß der Differentiationsregel für die Besselfunktion 1. Ordnung:

$$\frac{d\,\mathcal{J}_1(\underline{z})}{d\underline{z}} = \frac{-1}{\underline{z}}\, \mathcal{J}_1(\underline{z}) + \mathcal{J}_o(\underline{z}) \qquad (6.6\text{-}76)$$

Gl. (6.6-76) angewandt auf Gl.(6.6-75):

$$\underline{\hat{J}}_z(\underline{kr}) = \frac{\underline{\hat{i}}\,\underline{k}}{2\pi r_o\, \mathcal{J}_1(\underline{k}\cdot r_o)} \cdot \left(\frac{-1}{\underline{kr}}\, \mathcal{J}_1(\underline{kr}) + \mathcal{J}_o(\underline{kr}) + \frac{1}{\underline{kr}}\, \mathcal{J}_1(\underline{kr}) \right)$$

$$\boxed{\underline{\hat{J}}_z(\underline{kr}) = \frac{\underline{\hat{i}}\;\underline{k}}{2\pi r_o\, \mathcal{J}_1(\underline{k}\cdot r_o)}\, \mathcal{J}_o(\underline{kr})} \qquad (6.6\text{-}77)$$

Damit ist bei allseitiger Stromverdrängung in kreisrunden Leitern auch die Abhängigkeit der komplexen Amplitude $\underline{\hat{J}}_z$ der Leitungsstromdichte von der Variablen $\underline{kr}$ bekannt.

In den Lösungen (6.6-73) und (6.6-77) kommen die Besselfunktionen $\underline{\hat{\mathcal{J}}}_o(\underline{k}\cdot r)$ und $\mathcal{J}_1(\underline{k}\cdot r)$, also nullter und erster Ordnung von komplexem Argument vor. Die Funktionswerte sind daher auch komplex, was aus den folgenden Reihenentwicklungen hervorgeht; an Stelle von $\underline{k} \cdot r$ schreiben wir $\underline{z}$:

$$\mathcal{J}_0(\underline{z}) = 1 - \frac{1}{1!^2}\left(\frac{\underline{z}}{2}\right)^2 + \frac{1}{2!^2}\left(\frac{\underline{z}}{2}\right)^4 - \frac{1}{3!^2}\left(\frac{\underline{z}}{2}\right)^6 + - \ldots\ldots \qquad (6.6\text{-}78)$$

$$\mathcal{J}_1(\underline{z}) = \frac{1}{1!0!}\left(\frac{\underline{z}}{2}\right)^1 - \frac{1}{2!1!}\left(\frac{\underline{z}}{2}\right)^3 + \frac{1}{3!2!}\left(\frac{\underline{z}}{2}\right)^5 - \frac{1}{4!3!}\left(\frac{\underline{z}}{2}\right)^7 + - \ldots \qquad (6.6\text{-}79)$$

Man erhält aus den Gleichungen (6.6-78) und (6.6-79) durch Einsetzen von $\underline{z}$ = mr - jmr jeweils eine reelle und eine imaginäre unendliche Reihe, deren Werte zu berechnen aufwendig ist. Rechentechnisch ist es einfacher, man macht sich den funktionalen Zusammenhang zwischen Kelvin- und Besselfunktionen zu Nutze, denn $KeR_\nu(x)$ und $KeI_\nu(x)$ sind beide reell:

$$KeR_\nu(x) + j\,KeI_\nu(x) = e^{\nu\pi j} \cdot \mathcal{J}_\nu(x \cdot e^{-j\pi/4}) \qquad (6.6\text{-}80)$$

Dabei bedeutet $KeR_\nu(x)$: Realteil und $KeI_\nu(x)$: Imaginärteil der Kelvinfunktion von ν-ter Ordnung. Da die komplexen Besselfunktionen nur für die Ordnung $\nu = 0$ und $\nu = 1$ benötigt werden, gilt:

$\underline{\nu = 0:}$ $$KeR_0(x) + j\,KeI_0(x) = +\,1 \cdot \mathcal{J}_0(x \cdot e^{-j\pi/4}) \qquad (6.6\text{-}81)$$

$\underline{\nu = 1:}$ $$KeR_1(x) + j\,KeI_1(x) = -\,1 \cdot \mathcal{J}_1(x \cdot e^{-j\pi/4}) \qquad (6.6\text{-}82)$$

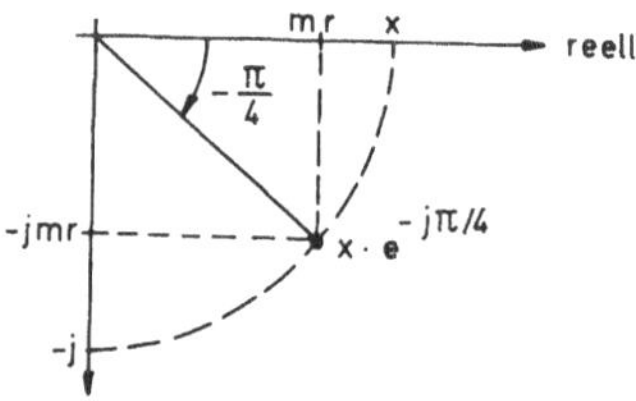

Bild 6.6.6: Komplexes Argument der Besselfunktionen

Will man also den Realteil und den reellen Imaginärteil der Besselfunktion nullter und erster Ordnung berechnen, so sind diese Funktionswerte gegeben durch die tabellierten Funktionswerte *) der Kelvinfunktionen nullter und erster Ordnung, gemäß der Gln.(6.6-81) und (6.6-82). Dabei ist zu beachten, daß sich nach Bild 6.6.6 die Argumente x der Kelvin-Funktionen um $\sqrt{2}$ von $m \cdot r$ unterscheiden:

$$x = m\,r\,\sqrt{2} \qquad x_o = m\,r_o\,\sqrt{2} \tag{6.6-83}$$

$$\underline{k}\,r = m\,r\,\sqrt{2}\,\frac{1-j}{\sqrt{2}} = x\,e^{-j\pi/4} \tag{6.6-84}$$

Mit dem Argument von Gl.(6.6-83) lautet der Betrag der magnetischen Feldstärke im kreisrunden Draht mit allseitiger Stromverdrängung, ausgedrückt durch die Kelvin-Funktionen:

$$\hat{H}(x) = \frac{\hat{i}}{2\pi\,r_o}\;{}_{+}\sqrt{\frac{KeR_1(x)^2 + KeI_1(x)^2}{KeR_1(x_o)^2 + KeI_1(x_o)^2}} \tag{6.6-85}$$

und analog dazu der Betrag der Leitungsstromdichte:

$$\hat{J}_z(x) = \frac{\hat{i}\,m\sqrt{2}}{2\pi\,r_o}\;{}_{+}\sqrt{\frac{KeR_o(x)^2 + KeI_o(x)^2}{KeR_1(x_o)^2 + KeI_1(x_o)^2}} \tag{6.6-86}$$

Sowohl $\hat{H}(x)$ als auch $\hat{J}_z(x)$ nehmen mit wachsendem r und wachsendem $\dot{x}$ monoton zu. Sie oszillieren nicht, wie man bei oberflächlicher und falscher Anwendung der reellen Besselfunktionen vermuten könnte.

Bild 6.6.7 zeigt prinzipiell für fünf verschiedene Stärken der Stromverdrängung den Verlauf von Leitungsstromdichte und magnetischer Feldstärke. Dabei sind deren Phasenabhängigkeiten zeichnerisch nicht zu sehen. 0: Gleichstrom, 1-5: zunehmend starke Stromverdrängung durch Betrieb mit jeweils zunehmender Kreisfrequenz ω. Im gezeichneten Beispiel 5 gibt es fast nur noch in der Außenhaut des Drahtes Leitungsstrom, daher die Bezeichnung

---

*) z.B.: Abramowitz und Stegun, Handbook of Mathematical Functions (with Formulars, Graphs, and mathematical Tables), Dover Publications, Inc., New York.

Haut- oder Skineffekt. Das Metall wird bei derart starker Stromverdrängung innen gar nicht mehr ausgenutzt. Man kann sich also bei starker Stromverdrängung (zunehmend mit $m \cdot r$ bzw. $m \cdot r_0$) auf einen dünnen Draht oder ein dünnes Metallrohr als Leiter beschränken.

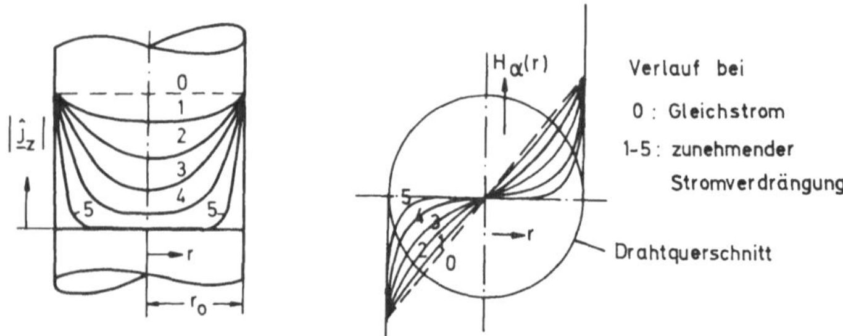

Bild 6.6.7: Elektrische Stromdichte und magnetische Feldstärke bei unterschiedlicher Stromverdrängung

Man beachte, daß sowohl bei der einseitigen, wie auch bei der hier besprochenen allseitigen Stromverdrängung die Frequenz nur mit der Wurzel, die Drahtabmessung aber linear ins Argument ($m \cdot r$, $m \cdot r_0$ bzw. $m \cdot x$, $m \cdot h$) eingehen. Das heißt: Bei gegebenem Leiter bleibt die Stärke der Stromverdrängung erhalten, wenn

$$\sqrt{\frac{\omega\kappa\mu}{2}} \cdot h = \text{const} \quad \text{bzw.:} \quad \sqrt{\frac{\omega\kappa\mu}{2}} \cdot r_0 = \text{const} \tag{6.6-87}$$

ist. Halbleiter und Elektrolyte erfahren wegen ihrer geringen spezifischen Leitfähigkeit κ kaum Stromverdrängung.

6.6.4 WECHSELSTROMWIDERSTAND BEI STROMVERDRÄNGUNG

Der komplexe Wechselstromwiderstand eines Runddrahtes bei Stromverdrängung läßt sich recht gut durch Anwendung des Hüllenintegrals über den komplexen Poyntingvektor (siehe Gln. (6.5-65) bis (6.5-67)) berechnen. Wir legen dazu eine Hüllfläche an die Drahtoberfläche und berechnen

$$\frac{1}{2} \oiint (\vec{\underline{E}}_{mt} \times \vec{\underline{H}}^*_m)\, d\vec{f} = P_w + j\, P_b \tag{6.6-88}$$

die im Drahtinnern auftretende komplexe Leistung. Als elektrischer Feldstärkevektor wird $\vec{\underline{E}}_{mt}$, die Tangentialkomponente eingesetzt, da nur sie, in Verbindung mit $\vec{\underline{H}}^*_m$, den radial in den Leiter eindringenden, für die Verlustleistung zuständigen Poyntingvektor bestimmt:

$$\vec{\underline{S}}_r(r_o) = \frac{1}{2}(\vec{\underline{E}}_{mt}(r_o) \times \vec{\underline{H}}^*_m(r_o)) \tag{6.6-89}$$

Die in Gl.(6.6-88) enthaltene Blindleistung P_b ist in guter Näherung nur induktive Blindleistung des Leiterinnenraumes, so daß gilt:

$$\underbrace{P_w + jP_b}_{\underline{P}} = P_w + j\,P_{ind} = I_{ef}^{\;2} \cdot (R + j\omega L_i), \tag{6.6-90}$$

wobei L_i die der inneren induktiven Blindleistung zuzuordnende innere Induktivität des Drahtes und R sein Wechselstromwirkwiderstand ist. Da der Poyntingvektor $\vec{\underline{S}}_r$ nach Gl.(6.6-89) die Drahtoberfläche senkrecht durchsetzt, kann das Integral von Gl. (6.6-88) einfach ausgewertet werden. Nur die Mantelfläche liefert einen Beitrag:

$$P_w + jP_{ind} = 2\pi r_o\,\ell\;\vec{\underline{S}}_r(r_o) \,/\, \vec{e}_s \tag{6.6-91}$$

Für $\underline{S}_r(r_o)$ benötigen wir die Feldstärken:

$$\underline{H}^*_m(r_o) = \frac{\hat{\underline{i}}^*}{2\pi r_o} \quad \text{und}$$

$$\underline{E}_{mt}(r_o) = \frac{\underline{J}_m(\underline{k}\,r_o)}{\kappa} = \frac{\hat{\underline{i}}\;\underline{k}\;\mathcal{J}_o(\underline{k}\,r_o)}{\kappa\;2\pi r_o \cdot \mathcal{J}_1(\underline{k}\,r_o)} \tag{6.6-92}$$

Damit wird aus Gl.(6.6-91) mit (6.6-89):

$$(R + j\omega L_i) \cdot \frac{\hat{i}^2}{2} = \frac{1}{2} \cdot 2\pi r_o \cdot \ell \cdot \frac{\hat{\underline{i}}\;\hat{\underline{i}}^*}{(2\pi r_o)^2} \cdot \frac{\underline{k}}{\kappa} \cdot \frac{\mathcal{J}_o(\underline{k}r_o)}{\mathcal{J}_1(\underline{k}r_o)} \tag{6.6-93}$$

Es ist aber

$$\frac{\hat{i}^2}{2} = I_{ef}^{\;2} = \frac{\hat{\underline{i}}\;\hat{\underline{i}}^*}{2}, \text{ so daß} \tag{6.6-94}$$

$$R + j\omega L_i = \frac{\ell\;\underline{k}}{2\pi r_o\;\kappa} \cdot \frac{\mathcal{J}_o(\underline{k}\,r_o)}{\mathcal{J}_1(\underline{k}\,r_o)} \tag{6.6-95}$$

Berücksichtigt man zudem den Gleichstromwiderstand eines Runddrahtes

$$R_G = \frac{l}{\kappa \, \pi \, r_o^2} , \tag{6.6-96}$$

dann kann man das Verhältnis aus komplexem Wechselstrom- und Gleichstromwiderstand angeben:

$$\frac{R}{R_G} + \frac{j\omega L_i}{R_G} = \frac{\underline{k}\, r_o}{2} \cdot \frac{\mathcal{J}_o(\underline{k}\, r_o)}{\mathcal{J}_1(\underline{k}\, r_o)} \tag{6.6-97}$$

Der Quotient dieser komplexen Besselfunktionen könnte wieder durch die reellen Kelvinfunktionen (siehe Gln. (6.6-81) und (6.6-82)) ausgedrückt werden. Hier möge aber ein anderer Weg beschritten werden.
Mit Gl. (6.6-66) ist

$$\frac{\underline{k}\, r_o}{2} = (1-j)\, \frac{m\, r_o}{2} ;$$

$$= (1-j)\, x \qquad \text{wobei} \qquad x = \frac{m\, r_o}{2} \tag{6.6-98}$$

Jetzt kann Gl.(6.6-97) in eine Reihe entwickelt werden, die für $x < 1$ rasch konvergiert. Die ausreichenden Anfangsglieder aus den Gln. (6.6-78) und (6.6-79) ergeben <u>für $x = mr_o/2 < 1$ die Näherungslösung:</u>

$$\frac{R + j\omega L_i}{R_G} \approx (1 + \frac{x^4}{3}) + jx^2 \cdot (1 - \frac{x^4}{6}) \tag{6.6-99}$$

Daraus folgt für Real- und Imaginärteil getrennt, solange $m \cdot r_o/2 < 1$ ist:

$$\frac{R}{R_G} \approx 1 + \frac{1}{48}\, r_o^4 \cdot (\frac{\omega \mu \kappa}{2})^2 = 1 + \frac{1}{3} (\frac{m\, r_o}{2})^4 \tag{6.6-100}$$

$$\frac{\omega L_i}{R_G} \approx \frac{1}{4}\, r_o^2 \cdot \frac{\omega \mu \kappa}{2} = (\frac{m\, r_o}{2})^2 \tag{6.6-101}$$

Für sehr starke Stromverdrängung, also für <u>$x = m\, r_o/2 > 1$</u>, darf man eine asymptotische Näherung verwenden, die hier angegeben, aber nicht hergeleitet wird:

$$\frac{R}{R_G} \approx \frac{\omega L_i}{R_G} + 0{,}3 \approx \frac{r_o}{2\,\delta} + 0{,}3 = \frac{m\,r_o}{2} + 0{,}3 \qquad (6.6\text{-}102)$$

δ ist die Dicke der äquivalenten Leitschicht (siehe dazu auch Seite 190):

$$\delta = \sqrt{\frac{2}{\omega\,\kappa\,\mu}} \qquad (6.6\text{-}103)$$

Sie ist bei starker Stromverdrängung, gegeben durch große Werte von κ oder ω, aber auch bei großen Leiterquerschnitten, von Bedeutung; dann nämlich, wenn der Radius eines Massivdrahtes oder die Stabhöhe bei einseitiger Stromverdrängung größer ist als δ.

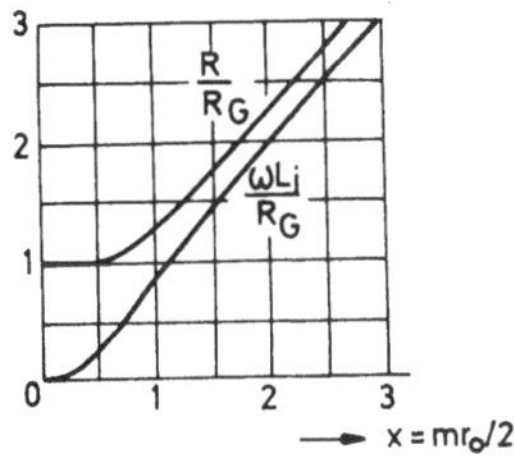

Bild 6.6.8: R/R_G und $\omega L_i/R_G$ bei Stromverdrängung am Runddraht

Wir stellen uns jetzt vor, wir hätten ein kreiszylindrisches Rohr von dem gleichen äußeren Radius r_o und vom gleichen Metall (gleichem κ) wie der massive Runddraht. Jedoch soll das Zylinderrohr nur die Wandstärke $\delta \ll r_o$ haben. Dann ist sein Gleichstromwiderstand R_g:

$$R_g \approx \frac{\ell}{2\pi r_o\,\delta\,\kappa}$$

R_g sei ebenso groß wie der Stromverdrängungs- oder Wechselstromwiderstand des Massivdrahtes R bei starker Stromverdrängung nach Gl. (6.6-102).

Beim Gleichsetzen vernachlässigen wir den Zahlenwert 0,3 von Gl.(6.6-102), so daß mit $R \approx R_G \cdot r_o/2\delta$ und $R_G = \ell/(\kappa \cdot \pi r_o^2)$ näherungsweise gilt: $R \approx R_g$, also:

$$R \approx R_G \frac{r_o}{2\delta} \approx \frac{\ell}{\kappa\pi\, r_o^2} \cdot \frac{r_o}{2\delta} \approx \frac{\ell}{2\pi r_o \delta \kappa} \qquad (6.6\text{-}105)$$

Wegen der Gleichheit dieser beiden Widerstände wird δ, nach Gl.(6.6-103), äquivalente Leitschichtdicke genannt. Der weiter innen liegende Raum des Massivdrahtes ist praktisch frei von Leitungsstrom und magnetischer Feldstärke. Er wird also elektrisch und magnetisch nicht ausgenutzt. Daraus resultiert anschaulich die Vergrößerung des Wechselstromwiderstandes gegenüber dem Gleichstromwiderstand des Massivdrahtes. Haben also Massivdrähte oder Hohlrohre nur den Radius oder die Wandstärke δ, so bleibt ihr Wirkwiderstand mit wachsender Frequenz praktisch konstant.

Beispiel: Ein Meßwiderstand, der in einem großen Frequenzbereich einen konstanten Widerstar.dswert behalten soll, dürfte als Massivdraht nur den Radius $r_o = \delta$ haben. Bei einem innen hohlen Draht darf zwar der Außenradius r_o beliebig groß sein, jedoch müßte dann die Wandstärke des Hohldrahtes auf δ beschränkt werden.

Nachfolgende Tabelle gibt die äquivalenten Leitschichtdicken δ für verschiedene Frequenzen an. Man sieht, daß auch bei niederen Frequenzen (z.B. 50 Hz und Drahtradius $r_o > 1$ cm) schon mit erheblicher Stromverdrängung zu rechnen ist.

Für Kupfer, mit $\kappa = 58 \cdot 10^6$ A/Vm, gilt:

$\frac{f}{Hz}$	$16\frac{2}{3}$	50	10^3	$15 \cdot 10^3$	10^5	10^6	10^7	10^8	10^9
$\frac{\delta}{mm}$	16	9,3	2,0	0,54	0,21	0,066	0,02	0,006	0,002

Tabelle: Äquivalente Leitschichtdicke für verschiedene Frequenzen

Bei starker Stromverdrängung erfolgt die Widerstandszunahme von R und ωL_i nahezu proportional $m \cdot r_o/2 \sim \sqrt{f}$. Sie ist mit 10 dB/Dekade geringer als die Blindwiderstandszunahme $\omega L_a \sim f$ mit 20 dB/Dekade. Man kann daher ein Kabel, nur wegen der Widerstandszunahme durch Stromverdrängung, kaum als Tiefpaß verwenden, was gelegentlich vermutet wird.

7. DAS NICHTSTATIONÄRE ELEKTROMAGNETISCHE FELD

7.1 ELEKTROMAGNETISCHE WELLEN IM NICHTLEITER

7.1.1 EINE ANSCHAULICHE DARSTELLUNG EBENER WELLEN

Der Nichtleiter (mit $\kappa = 0$ und $\vec{J} = 0$) sei homogen und isotrop. Ferner seien Dielektrizitäts- und Permeabilitätszahl konstant und richtungsunabhängig:

$$\varepsilon_r = \text{const}_{x,y,z} \qquad \mu_r = \text{const}_{x,y,z} \tag{7.1-1}$$

Wir betrachten zunächst in einer anschaulichen Darstellung eine ebene Wellenfront, die sich in z-Richtung ausbreitet, und die zum Zeitpunkt $t = t_1$ den Ort $z = z_1$ erreicht hat. Es sei also der ganze Halbraum $z \leq z_1$ von der elektromagnetischen Welle erfüllt, während im Halbraum $z > z_1$ noch keine Welle vorkommt. Wir nehmen die Feldvektoren in rechtwinkligen Koordinaten an:

$$\vec{E} = E_x \vec{e}_x \; ; \qquad \vec{H} = H_y \vec{e}_y$$

$$E_y = E_z = 0 \; ; \qquad H_x = H_z = 0 \tag{7.1-2}$$

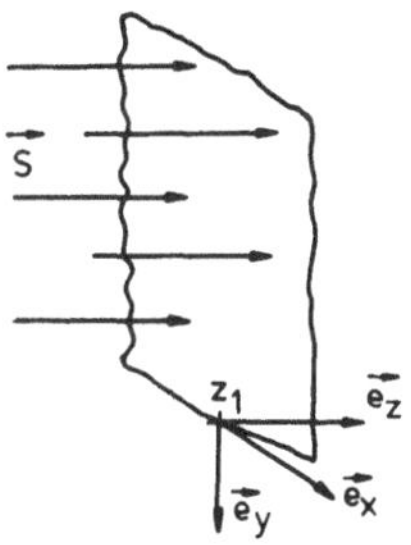

Bild 7.1.1: Koordinaten für die Wellenausbreitung und Wellenfront

Der zugehörige Poyntingvektor, der die Ausbreitungsrichtung und Intensität der im Nichtleiter als Strahlung auftretenden Leistungsschwingung beschreibt, lautet:

$$\vec{S} = \vec{E} \times \vec{H} = E_x \vec{e}_x \times H_y \vec{e}_y$$

$$= E_x H_y \vec{e}_z \tag{7.1-3}$$

Durch die Annahme, daß der elektrische Feldvektor $\vec{E}$ linear polarisiert in $\vec{e}_x$-Richtung und der magnetische Feldvektor $\vec{H}$ linear polarisiert in $\vec{e}_y$-Richtung vorkam, entsteht $\vec{S}$, nach Gl.(7.1-3), in der Ausbreitungsrichtung $\vec{e}_z$.
Auch wenn $\vec{E}$ und $\vec{H}$ je 180° Richtungsumkehr erfahren, bleibt die Ausbreitung in Richtung $\vec{e}_z$ bestehen:

$$\vec{S} = E_x(-\vec{e}_x) \times H_y(-\vec{e}_y) = E_x H_y \vec{e}_z \tag{7.1-5}$$

Offenbar müssen sich $\vec{E}$ und $\vec{H}$ gemeinsam ausbreiten; denn wäre an ein- und demselben Ort (z.B. bei z_1) nur eine E_x- aber keine H_y-Schwingung vorhanden, so wäre auch $\vec{S} = 0 \cdot \vec{e}_z$, es würde sich keine Energiestrahlung ergeben.

Wir wollen annehmen, die ebene Welle könne sich im unbegrenzten Raum ausbreiten. Dabei steht der Poyntingvektor senkrecht auf $\vec{E}$ und $\vec{H}$. Die Welle ist daher eine Transversalwelle. Sie ist überdies eine Homogenwelle, definiert durch gleiche Richtung, Amplitude und Phase innerhalb von Ebenen z = const. Es sind daher z=const Phasenebenen mit

$$\frac{\partial}{\partial x} = 0 \quad \text{und} \quad \frac{\partial}{\partial y} = 0 \tag{7.1-5}$$

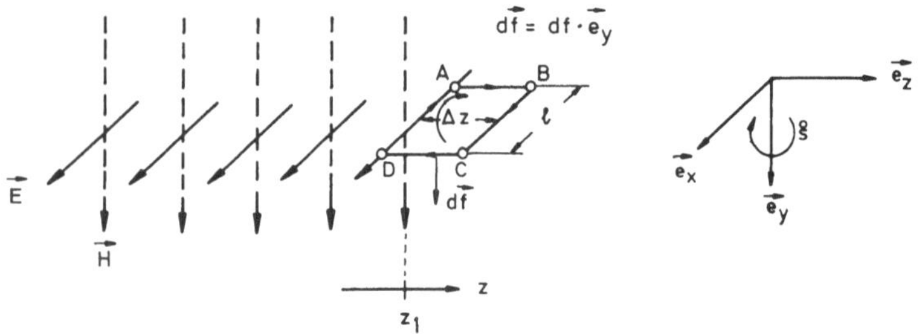

Bild 7.1.2: Rechteckschleife anliegend am "letzten" $\vec{E}$-Vektor

An den gerade bei z_1 angekommenen $\vec{E}$-Vektor schließen wir nach Bild 7.1.2 ein ruhendes Rechteck der Länge ℓ und der Breite Δz an. Darauf wird das Induktionsgesetz angewandt.

$$\oint \vec{E}\, d\vec{s} = -\iint \mu \dot{\vec{H}}\, d\vec{f} \tag{7.1-6}$$

Elektrische Spannung tritt aber nur längs $\overline{DA}$ auf; der Umlaufsinn ist zu $d\vec{f}$ rechtswendig zugeordnet, daher gilt:

$$-\ell E_x = -\dot{H}_y \, \mu \, \ell \, \Delta z \tag{7.1-7}$$

$$E_x = \frac{\partial H_y}{\partial t} \mu \, \Delta z \tag{7.1-8}$$

Da obige Rechteckrandkurve $\overline{ABCDA}$ ruht, fordert das Induktionsgesetz das Voranschreiten der magnetischen Feldstärke in der Zeit Δt um Δz, da ansonsten Gl. (7.1-7) nicht erfüllt werden könnte; denn eine magnetische Flußänderung muß den Umlauf durchsetzen, damit an ihm eine elektrische Spannung entstehen kann. Wir ersetzen $\partial H_y/\partial t$ durch den Differenzenquotienten $\Delta H_y/\Delta t_1$, wobei Δt_1 diejenige Zeitspanne sei, in der H_y von null auf H_o und E_x von null auf E_o angewachsen sei:

$$E_o = \frac{H_o}{\Delta t_1} \mu \, \Delta z \qquad (7.1\text{-}9)$$

oder

$$\Delta t_1 = \frac{H_o}{E_o} \mu \, \Delta z \qquad (7.1\text{-}10)$$

Entsprechend kann man sich, nach Bild 7.1.3, eine Rechteckschleife an einen magnetischen Feldvektor anliegend vorstellen, wobei auch dieser Feldvektor in der Wellenfront liegt:

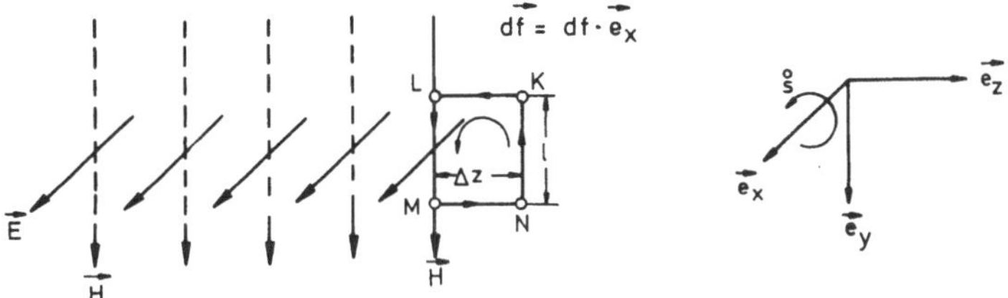

Bild 7.1.3: Rechteckschleife anliegend am "letzten" $\vec{H}$-Vektor

Auf das Rechteck KLMN wenden wir das Durchflutungsgesetz für Verschiebungsstrom an:

$$\oint \vec{H} \, d\vec{s} = \iint \varepsilon \, \dot{\vec{E}} \, d\vec{f} \qquad (7.1\text{-}11)$$

Die magnetische Umlaufspannung ist längs des Weges $\overline{KLMNK}$ zu bilden, jedoch trägt nur die Strecke $\overline{LM}$ zur magnetischen Spannung bei:

$$\ell \, H_y = \dot{E}_x \, \varepsilon \, \ell \, \Delta z \qquad (7.1\text{-}12)$$

$$H_y = \varepsilon \frac{\partial E_x}{\partial t} \Delta z \qquad (7.1\text{-}13)$$

Da auch hier die Rechteckrandkurve $\overline{KLMNK}$ ruht, fordert das Durchflutungsgesetz ein Voranschreiten der elektrischen Feldstärke in der Zeit Δt um Δz, da

ansonsten Gl.(7.1-12) nicht erfüllt werden kann; denn eine elektrische Flußänderung muß das Rechteck durchsetzen, damit eine magnetische Spannung entstehen kann.
Wir ersetzen $\partial E_x/\partial t$ durch den Differenzenquotienten $\Delta E_x/\Delta t_2$, wobei Δt_2 diejenige Zeitspanne sei, in der E_x von null auf E_o und H_y von null auf H_o angewachsen sei; dann gilt mit E_o und H_o:

$$H_o = \varepsilon \frac{E_o}{\Delta t_2} \Delta z \qquad (7.1\text{-}14)$$

$$\Delta t_2 = \varepsilon \frac{E_o}{H_o} \Delta z \qquad (7.1\text{-}15)$$

Die beiden Gleichungen (7.1-10) und (7.1-15) können miteinander verbunden werden, indem wir die Zeiten gleichsetzen: $\Delta t_1 = \Delta t_2 = \Delta t$ und sie eliminieren:

$$\frac{H_o}{E_o} \mu \, \Delta z = \varepsilon \frac{E_o}{H_o} \Delta z$$

oder

$$\boxed{\frac{E_o}{H_o} = \sqrt{\frac{\mu}{\varepsilon}} = \Gamma} \qquad (7.1\text{-}16)$$

Wir schließen daraus: In gleichen Zeiten breiten sich elektrische und magnetische Feldstärke im Raum mit der Wellenfront gemeinsam aus. Dabei ist die elektrische Feldstärke proportional zur magnetischen. Der Proportionalitätsfaktor ist Γ:

$$E_o = \sqrt{\frac{\mu}{\varepsilon}} \cdot H_o = \Gamma H_o \qquad (7.1\text{-}17)$$

Die Vektoren $\vec{E}$ und $\vec{H}$ stehen bei der ebenen Welle senkrecht aufeinander. Man bezeichnet

$$\Gamma = \sqrt{\frac{\mu}{\varepsilon}} = \sqrt{\frac{\mu_o \mu_r}{\varepsilon_o \varepsilon_r}} \qquad (7.1\text{-}18)$$

als <u>Wellenwiderstand des Nichtleiters</u>. In Vakuum und in guter Näherung auch in Luft wirkt der <u>Wellenwiderstand des Vakuums</u>:

$$\Gamma_o = \sqrt{\frac{\mu_o}{\varepsilon_o}} = \sqrt{\frac{4\pi}{10^7} \frac{Vs}{Am} \cdot \frac{10^{12}}{8,85419} \frac{Vm}{As}} = 376,7 \ \Omega \qquad (7.1\text{-}19)$$

Bilden wir nach Gl.(7.1-10) das Verhältnis

$$\frac{\Delta z}{\Delta t_1} = \frac{1}{\mu}\frac{E_o}{H_o} = \frac{1}{\mu}\sqrt{\frac{\mu}{\varepsilon}} = \frac{1}{\sqrt{\mu\varepsilon}} = v \qquad (7.1\text{-}20)$$

oder nach Gl. (7.1-15):

$$\frac{\Delta z}{\Delta t_2} = \frac{1}{\varepsilon}\frac{H_o}{E_o} = \frac{1}{\varepsilon}\sqrt{\frac{\varepsilon}{\mu}} = \frac{1}{\sqrt{\mu\varepsilon}} = v,$$

für $\mu_r = \varepsilon_r = 1$ wird:

$$v \rightarrow c = \frac{1}{\sqrt{\varepsilon_o\mu_o}}$$

c = Lichtgeschwindigkeit $= 299\ 792\ 458\ \frac{m}{s}$ (7.1-21)

so erhält man in beiden Fällen nach Art und Einheit eine Geschwindigkeit v. Dies ist die Phasengeschwindigkeit einer Welle, z.B. bei der harmonischen Welle die Ausbreitungsgeschwindigkeit der Wellenfront oder die Ausbreitungsgeschwindigkeit eines bestimmten Phasenzustandes, wie Amplitude oder Nulldurchgang.

7.1.2 DIE WELLENGLEICHUNG

Es ist erforderlich, neben der anschaulichen Darstellung der Wellenausbreitung nach Abschnitt 7.1.1 auch eine theoretische Ableitung anzugeben. Da wir ungedämpfte Wellenausbreitung behandeln, ist wieder nichtleitendes Ausbreitungsmedium Voraussetzung:

$$\kappa = 0; \quad \vec{J} = 0 \qquad (7.1\text{-}22)$$

Um zu einfachen Ergebnissen zu kommen, setzen wir ferner voraus, daß Dielektrizitäts- und Permeabilitätszahl konstant seien und keine Raumladungsdichten η vorkommen:

$\varepsilon_r = \text{const}_{x,y,z}$ und $\eta = 0$, daher:

$$\text{div}\,\vec{D} = \varepsilon\,\text{div}\,\vec{E} = 0 \quad \text{und} \quad \underline{\text{div}\,\vec{E} = 0} \qquad (7.1\text{-}23)$$

ferner $\mu_r = \text{const}_{x,y,z}$ und daher:

$$\text{div}\,\vec{B} = \mu\,\text{div}\,\vec{H} = 0 \quad \text{und} \quad \underline{\text{div}\,\vec{H} = 0} \qquad (7.1\text{-}24)$$

Der Nichtleiter sei also homogen und isotrop, linear wirkend und frei von elektrischen Ladungen und Strömen.

Zur Herleitung der Wellengleichung, die die Ausbreitung von Wellen beschreibt, wenden wir die Wirbelstärke auf beide Seiten der Maxwellgleichungen an. Zunächst die zweite Maxwellgleichung:

$$\text{rot } \vec{E} = -\mu\dot{\vec{H}} \tag{7.1-25}$$

davon die Wirbeldichte:

$$\text{rot (rot } \vec{E}) = -\text{ rot } (\mu\dot{\vec{H}}) \tag{7.1-26}$$

$$\text{grad div } \vec{E} - \Delta\vec{E} = -\mu\frac{\partial}{\partial t}\text{rot } \vec{H} \tag{7.1-27}$$

gemäß Voraussetzung ist aber div $\vec{E} = 0$, daher und mit Einsetzen der ersten Maxwellgleichung:

$$\text{rot } \vec{H} = \varepsilon\,\dot{\vec{E}} \qquad \text{wird:} \tag{7.1-28}$$

$$\Delta\vec{E} = \mu\frac{\partial}{\partial t}(\varepsilon\,\dot{\vec{E}}) \tag{7.1-29}$$

$$\boxed{\Delta\vec{E} = \mu\varepsilon\,\ddot{\vec{E}}}$$

nur in rechtwinkligen Koordinaten gilt: $\Delta = \nabla^2$

Diese partielle Differentialgleichung zweiter Ordnung beschreibt die Ausbreitung des elektrischen Feldvektors im Nichtleiter. Sie ist die Wellengleichung für $\vec{E}$.

Jetzt wird die Wirbelstärke auf beiden Seiten der 1. Maxwellgleichung angewandt; für Nichtleiter gilt hier:

$$\text{rot (rot } \vec{H}) = \text{rot } (\varepsilon\dot{\vec{E}}) \tag{7.1-30}$$

$$\text{grad div } \vec{H} - \Delta\vec{H} = \varepsilon\frac{\partial}{\partial t}\text{rot } \vec{E} \tag{7.1-31}$$

gemäß Voraussetzung ist div $\vec{H} = 0$, daher:

$$\Delta\vec{H} = -\varepsilon\frac{\partial}{\partial t}\text{rot } \vec{E} \tag{7.1-32}$$

Für rot $\vec{E}$ setzen wir die zweite Maxwellgleichung ein:

$$\text{rot } \vec{E} = -\mu\dot{\vec{H}} \tag{7.1-33}$$

Dann erhält man die Wellengleichung für $\vec{H}$:

$$\boxed{\Delta\vec{H} = +\varepsilon\mu\ddot{\vec{H}}} \tag{7.1-34}$$

nur in rechtwinkligen Koordinaten gilt: $\Delta = \nabla^2$

Diese partielle Differentialgleichung zweiter Ordnung beschreibt die Ausbreitung des magnetischen Feldes im Nichtleiter. Sie stimmt formal, in ihrem mathematischen Aufbau, mit der Differentialgleichung (7.1-29) für das elektrische Feld überein. Schreibt man für $\vec{E}$ und $\vec{H}$ ersatzweise den neutralen Vektor $\vec{F}$ (Feldgröße, aber nicht Kraft), so lautet die Wellengleichung ausführlich in ihren Komponenten für den homogenen und isotropen Nichtleiter:

$$\frac{\partial^2 F_x}{\partial x^2} + \frac{\partial^2 F_x}{\partial y^2} + \frac{\partial^2 F_x}{\partial z^2} = \varepsilon\mu \frac{\partial^2 F_x}{\partial t^2}$$

$$\frac{\partial^2 F_y}{\partial x^2} + \frac{\partial^2 F_y}{\partial y^2} + \frac{\partial^2 F_y}{\partial z^2} = \varepsilon\mu \frac{\partial^2 F_y}{\partial t^2} \qquad (7.1\text{-}35)$$

$$\frac{\partial^2 F_z}{\partial x^2} + \frac{\partial^2 F_z}{\partial y^2} + \frac{\partial^2 F_z}{\partial z^2} = \varepsilon\mu \frac{\partial^2 F_z}{\partial t^2}$$

Wellengleichung in rechtwinkligen Koordinaten !

7.1.3 LÖSUNG DER WELLENGLEICHUNG FÜR EINE EBENE WELLE

Der Übersichtlichkeit wegen begnügen wir uns hier mit der Lösung der Wellengleichung für eine ebene Welle. Die Vektoren $\vec{E}$ und $\vec{H}$ schwingen (Bild 7.1.2 und 7.1.3) senkrecht zur Ausbreitungsrichtung. Diese elektromagnetische Welle ist, wie wir schon wissen, eine Transversalwelle, was durch den Poyntingvektor

$$\vec{S} = \vec{E} \times \vec{H} \qquad (7.1\text{-}36)$$

deutlich zum Ausdruck kommt. Schwingt beispielsweise der elektrische Feldvektor in x-Richtung und der magnetische Feldvektor in y-Richtung, so breitet sich die Welle in z-Richtung aus:

$$\left.\begin{aligned} \vec{E} &= E_x \vec{e}_x \\ \vec{H} &= H_y \vec{e}_y \end{aligned}\right\} \quad \begin{aligned} \vec{S} &= E_x H_y \cdot (\vec{e}_x \times \vec{e}_y) \\ &= S_z \vec{e}_z \end{aligned} \qquad (7.1\text{-}37)$$

Die von null verschiedenen Komponenten der Wellengleichung lauten dann:

$$\frac{\partial^2 E_x}{\partial z^2} = \mu\varepsilon \frac{\partial^2 E_x}{\partial t^2}$$

$$\frac{\partial^2 H_y}{\partial z^2} = \mu\varepsilon \frac{\partial^2 H_y}{\partial t^2} \qquad (7.1\text{-}38)$$

Sowohl E_x als auch H_y müssen demnach Funktionen von Ort und Zeit sein:

$$\begin{aligned} E_x &= E_x(z,t) \\ H_y &= H_y(z,t) \end{aligned} \qquad (7.1\text{-}39)$$

Diese Lösungsfunktionen müssen mathematisch so aussehen, daß die Wellengleichung (7.1-38) erfüllt wird. Das heißt, daß der Ort (hier z) und die Zeit t irgendwie formal gleichberechtigt im Argument von E und von H vorkommen; denn der Differentialquotient $\partial^2 E_x/\partial z^2$ muß, abgesehen von der Konstanten $\mu\varepsilon$, mit dem Differentialquotienten $\partial^2 E_x/\partial t^2$ übereinstimmen. Gleiches gilt für H_y. Man kann auch sagen: Beim zweimaligen Differenzieren entstehen Konstanten, die zusammengefaßt gleich $\mu\varepsilon$ sind.

Es gibt unendlich viele Lösungsfunktionen, die nach D'Alembert wie folgt zusammengefaßt werden können:

$$\begin{aligned} E_x &= f_1(\omega t - \beta z) + f_2(\omega t + \beta z) \\ \Gamma \cdot H_y &= f_1(\omega t - \beta z) + f_2(\omega t + \beta z) \end{aligned} \qquad (7.1\text{-}40)$$

Dabei ist ω die übliche Kreisfrequenz, β eine sogenannte Phasenkonstante. Hält man den Ort z konstant, so sind E_x und H_y Zeitfunktionen oder Schwingungen. Hält man andererseits die Zeit t fest, so zeigen E_x und H_y ihre örtliche Verteilung oder Funktion. Beispiele solcher Ortsabhängigkeiten zeigt Bild 7.1.4. f_1 und f_2 können also ganz beliebige periodische oder auch nichtperiodische Formen sein.

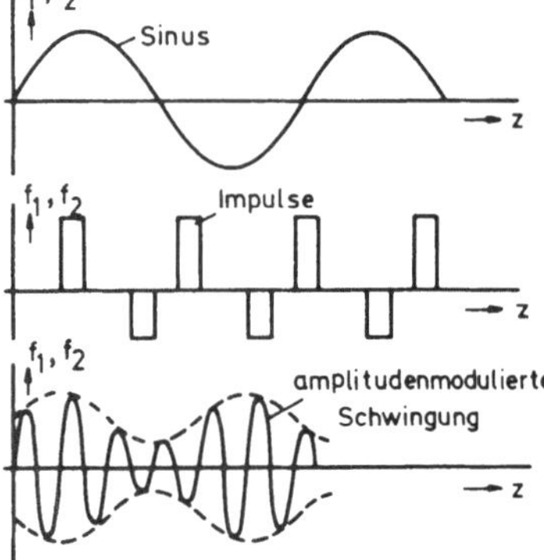

Bild 7.1.4: Beispiele für f_1 und f_2 bei t = const

Anschaulicher werden die Lösungen der Wellengleichung, wenn wir eine harmonische Welle (Zeit- und Ortsabhängigkeit haben Sinusform) vorgeben. Unmodulierte Sender strahlen solche Wellen ab. Sie können im Fernfeld einer Antenne als einfachste, ebene Wellen angesehen werden:

f_1, f_2 : Sinusform

$\hat{E}_{x1}$, $\hat{E}_{x2}$, $\hat{H}_{y1}$, $\hat{H}_{y2}$: Amplituden

$$\vec{E} = E_x(t,z) \cdot \vec{e}_x \qquad \vec{H} = H_y(t,z) \cdot \vec{e}_y \tag{7.1-41}$$

$$E_x = \hat{E}_{x1} \sin(\omega t - \beta z) + \hat{E}_{x2} \sin(\omega t + \beta z) \qquad H_y = \hat{H}_{y1} \sin(\omega t - \beta z) + \hat{H}_{y2} \sin(\omega t + \beta z) \tag{7.1-42}$$

Um festzustellen, ob die Gln. (7.1-42) tatsächlich Lösungen der Wellengleichung (7.1-38) sind, differenzieren wir zweimal nach z bzw. zweimal nach t und erhalten:

$$\frac{\partial^2 E_x}{\partial z^2} = -\hat{E}_{x1}\beta^2 \sin(\omega t - \beta z) - \hat{E}_{x2}\beta^2 \sin(\omega t + \beta z)$$

und
$$\frac{\partial^2 E_x}{\partial t^2} = -\hat{E}_{x1}\omega^2 \sin(\omega t - \beta z) - \hat{E}_{x2}\omega^2 \sin(\omega t + \beta z) \tag{7.1-43}$$

Setzt man beide Ausdrücke in die Wellengleichung ein, so bleibt nach dem Kürzen übrig: $\beta^2 = \mu\,\varepsilon\,\omega^2$, oder

$$\boxed{\frac{\omega}{\beta} = v = \frac{1}{\sqrt{\varepsilon\mu}}} \tag{7.1-44}$$

Die Wellengleichung ist erfüllt. $E_x(z,t)$ ist eine der unendlich vielen, möglichen Lösungen. Das Verhältnis von Kreisfrequenz ω zur Phasenkonstanten β ist wieder, wie in Gl. (7.1-20/21), die Phasengeschwindigkeit v der Welle. Sie ist hier auch die Ausbreitungsgeschwindigkeit der Wellenfront. Zum gleichen Ergebnis kommt man, wenn man $H_y(z,t)$ in die Wellengleichung einsetzt.

Man erkennt, daß jede Funktion (Welle), die die Wellengleichung erfüllen soll, von Ort und Zeit abhängen muß. An einem bestimmten Ort (hier z=const) nimmt man nur die zeitliche Veränderung (Schwingung) wahr, zu einem bestimmten Zeitpunkt (t=const) dagegen nimmt man nur die örtliche Verteilung wahr.

Die Wellenlänge einer Welle ist noch anzugeben. Man stellt sie in Ausbreitungsrichtung (hier in z-Richtung) zur Zeit t = const fest. Für jede harmonische Welle ist die Wellenlänge λ jene Länge z_1, für die gilt: $\beta \cdot z_1 = 2\pi$, also $\beta \cdot \lambda = 2\pi$. Man kann die Phasenkonstante β aus $v = \omega/\beta$ und die Ausbreitungsgeschwindigkeit v durch $1/\sqrt{\varepsilon\mu}$ ersetzen und erhält somit die Wellenlänge λ:

$$\boxed{\lambda = \frac{2\pi}{\beta} = 2\pi\frac{v}{\omega} = \frac{v}{f} = \frac{1}{f\sqrt{\varepsilon\mu}}} \qquad (7.1\text{-}45)$$

7.1.4 LINKSWELLE UND RECHTSWELLE

Die bisher angeschriebenen Lösungen der Wellengleichung hatten zwei Anteile: f_1 mit dem Argument $(\omega t - \beta z)$ und f_2 mit dem Argument $(\omega t + \beta z)$. Wir werden sehen, daß die zwei Anteile sich unterscheiden als

a) Rechtswelle mit Argument $(\omega t - \beta z)$: Ausbreitung in +z-Richtung,

b) Linkswelle mit Argument $(\omega t + \beta z)$: Ausbreitung in -z-Richtung.

Dazu betrachten wir wieder die sinusförmige Welle und verfolgen einen ihrer Phasenzustände, z.B. ihre Amplitude. Für sie muß gelten:

$$\begin{aligned} &a)\ (\omega t - \beta z) \overset{!}{=} \frac{\pi}{2} = \text{const} \quad \text{und} \\ &b)\ (\omega t + \beta z) \overset{!}{=} \frac{\pi}{2} = \text{const} \end{aligned} \qquad (7.1\text{-}46)$$

zu a): Wenn t zunimmt, und z wird entsprechend positiver, bleibt das Argument (hier $\pi/2$) konstant: Ausbreitung in +z-Richtung.

zu b): Wenn t zunimmt, und z wird entsprechend kleiner (Addition negativer z-Werte), so bleibt das Argument ebenfalls konstant: Ausbreitung in -z-Richtung.

Statt $(\omega t \mp \beta z)$ kann man auch schreiben:

$$\beta\left(\frac{\omega}{\beta}t \mp z\right) = \beta(vt \mp z) \qquad (7.1\text{-}47)$$

Hieraus wird besonders deutlich, daß ω/β eine Geschwindigkeit ist; denn es gelten die Einheiten:

$$[\omega] = \frac{1}{s}; \qquad [\beta] = \frac{1}{m}; \qquad \left[\frac{\omega}{\beta}\right] = \frac{m}{s} \qquad (7.1\text{-}48)$$

Um die zeitlichen Änderungen, zum Beispiel den Phasenzustand der Amplitude festzustellen, differenzieren wir Gl.(7.1-46) partiell nach der Zeit:

$$a)\ 0 = \beta\left(v - \frac{\partial z}{\partial t}\right) \quad \text{oder:} \quad \boxed{\frac{dz}{dt} = + v} \quad \text{Rechtswelle}$$

$$b)\ 0 = \beta\left(v + \frac{\partial z}{\partial t}\right) \quad \text{oder:} \quad \boxed{\frac{dz}{dt} = - v} \quad \text{Linkswelle} \qquad (7.1\text{-}49)$$

Daß ein bestimmter Phasenzustand zur Zeit t_1 am Ort z_1 und zur Zeit $t_1 + \Delta t$ am Ort $z_1 + \Delta z$ ist, kann so gezeigt werden:

$$vt_1 - z_1 \stackrel{!}{=} v(t_1 + \Delta t) - (z_1 + \Delta z); \qquad (7.1\text{-}50)$$

denn das Argument eines bestimmten Phasenzustandes bleibt stets konstant. Daher muß gelten:

$$v\,\Delta t - \Delta z \stackrel{!}{=} 0 \qquad (7.1\text{-}51)$$

oder nach der Zeit Δt ist der zurückgelegte Weg Δz:

$$\Delta z = v\,\Delta t. \qquad (7.1\text{-}52)$$

Die Phasengeschwindigkeit v geht in Vakuum und auch in Luft wegen $\varepsilon = 1 \cdot \varepsilon_o$ und $\mu = 1 \cdot \mu_o$ über in die Lichtgeschwindigkeit c:

$$\boxed{v \Rightarrow c = \frac{1}{\sqrt{\varepsilon_o \mu_o}}} \qquad (7.1\text{-}53)$$

Dies ist die Definitionsgleichung für ε_o. Dabei ist $\mu_o = 4\pi/10^7$ Vs/(Am) exakt definiert, während $c = 2{,}9979246 \cdot 10^8$ m/s als genau genug gemessene physikalische Konstante in obige Gleichung eingesetzt wird. Man erhält: $\varepsilon_o = 8{,}85419 \cdot 10^{-12}$ As/(Vm).

7.1.5 ENERGIEDICHTE UND WELLENWIDERSTAND

Am Beispiel der sinusförmigen Welle waren $\hat{E}_{x1}$, $\hat{E}_{x2}$ und $\hat{H}_{y1}$, $\hat{H}_{y2}$ die reellen Amplituden von rechts- oder linkslaufenden Teilwellen. Die Frage ist noch offen, in welchem Verhältnis $\hat{E}_x$ und $\hat{H}_y$ zu einander stehen. In Gleichung (7.1-16) haben wir den Wellenwiderstand des Nichtleiters kennengelernt; mit den Amplituden der Teilwellen dürfen wir jetzt, zunächst für die Rechtswelle mit dem Index 1, schreiben:

$$\Gamma = \frac{\hat{E}_{x1}}{\hat{H}_{y1}} = \sqrt{\frac{\mu}{\varepsilon}} \tag{7.1-54}$$

$$\varepsilon\, \hat{E}_{x1}^2 = \mu \hat{H}_{y1}^2 \tag{7.1-55}$$

$$\boxed{\frac{\varepsilon}{2}\, \hat{E}_{x1}^2 = \frac{\mu}{2}\, \hat{H}_{y1}^2} \tag{7.1-56}$$

Entsprechend gilt für die Linkswelle mit dem Index 2:

$$\Gamma = \frac{\hat{E}_{x2}}{\hat{H}_{y2}} = \sqrt{\frac{\mu}{\varepsilon}} \tag{7.1-57}$$

und

$$\boxed{\frac{\varepsilon}{2}\, \hat{E}_{x2}^2 = \frac{\mu}{2}\, \hat{H}_{y2}^2} \tag{7.1-58}$$

Die Gln. (7.1-54) und (7.1-57) sagen aus, daß das Verhältnis von E zu H durch Permeabilitäts- und Dielektrizitätskonstante des Nichtleiters gegeben und somit seinem Wellenwiderstand gleich ist. Hat man also in einem Nichtleiter die elektrische oder die magnetische Feldstärke einer Welle gegeben, so erhält man die andere Feldkomponente über den reellen Wellenwiderstand dieses Nichtleiters. Daher sind auch die Vektoren <u>$\vec{E}$ und $\vec{H}$ gleichphasig</u>; sie haben zu gleichen Zeitpunkten ihre Maxima und Minima.

Allein durch Umformen (Umschreiben) der beiden Gleichungen (7.1-54) und (7.1-57) erhielten wir die Gleichungen (7.1-56) und (7.1-58). Sie sagen aus, daß für die Linkswelle allein und ebenso für die Rechtswelle allein die elektrische Energiedichte gleich der magnetischen Energiedichte ist. Liegt beispielsweise eine Welle vor, die sich nur in +z-Richtung ausbreitet (Rechtswelle), so ist ihre elektrische Energiedichte stets gleich ihrer magnetischen Energiedichte. Ebenso ist für eine ebene Welle, die sich nur in -z-Richtung ausbreitet (Linkswelle) die elektrische gleich der magnetischen Energiedichte. Die Folge ungleicher elektrischer und magnetischer Energiedichte wird im Abschnitt 7.1.6 besprochen.

Beispiel für die Ausbreitung einer ebenen Wellenfront

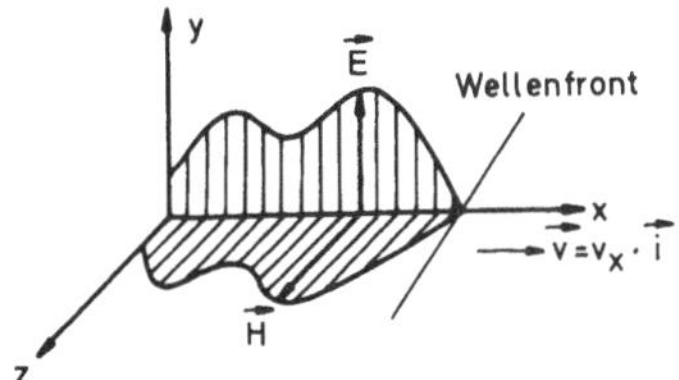

Bild 7.1.5: Wellenausbreitung in x-Richtung

Die Abbildung zeigt eine nichtperiodische Funktion, die sich in x-Richtung als ebene Welle ausbreitet. Für die Ausbreitung gilt in einem bestimmten Zeitpunkt in einer y-z-Ebene:

$$\frac{\partial}{\partial y} = 0; \qquad \frac{\partial}{\partial z} = 0 \tag{7.1-59}$$

$$E_y = E_y(x,t); \qquad H_z = H_z(x,t) \tag{7.1-60}$$

$$E_y = \Gamma \cdot H_z \tag{7.1-61}$$

$$\vec{S} = \vec{E} \times \vec{H} = E_y H_z (\vec{e}_y \times \vec{e}_z) \tag{7.1-62}$$

$$= E_y H_z \cdot \vec{e}_x$$

Die Energie wird in Ausbreitungsrichtung transportiert.

7.1.6 ERWEITERUNG AUF UNGLEICHE ENERGIEDICHTEN

Gegeben sei eine ebene Welle, die z.B. durch einen äußeren Störeinfluß (vielleicht verlustbehafteter Teil des Nichtleiters) beim Zeitpunkt t_o ungleiche Energiedichten aufweist:

$$\frac{\varepsilon}{2} E_o^2 \neq \frac{\mu}{2} H_o^2 \tag{7.1-63}$$

Die Folge der ungleichen Energien ist, wie man durch Umformen von Gl.(7.1-63) erfährt, daß E_o/H_o für eine einzige Ausbreitungsrichtung ein unzulässiges Verhältnis darstellt, nämlich:

$$\frac{E_o}{H_o} \neq \Gamma , \tag{7.1-64}$$

Daher müssen sich zwei Teilwellen bilden: Eine Rechtswelle und eine Linkswelle. Ihre Anfangsbedingungen sind:

$$\begin{aligned} &\text{Rechtswelle: } \vec{E}_1, \vec{H}_1 \quad \text{mit} \quad H_1 = E_1/\Gamma \\ &\text{Linkswelle: } \vec{E}_2, \vec{H}_2 \quad \text{mit} \quad H_2 = -E_2/\Gamma \end{aligned} \tag{7.1-65}$$

dafür gilt, wie es sein muß:

$$E_1 + E_2 = E_o \quad \text{und} \quad H_1 + H_2 = H_o. \tag{7.1-66}$$

Aus (7.1-65) und (7.1-66) folgen die Werte der Rechtswelle E_1 und H_1, sowie diejenigen der Linkswelle E_2 und H_2 zu:

$$\left.\begin{aligned} E_1 &= \frac{1}{2}(E_o + \Gamma H_o) \\ E_2 &= \frac{1}{2}(E_o - \Gamma H_o) \end{aligned}\right\} \quad \text{tatsächlich ist: } E_1 + E_2 = E_o \tag{7.1-67}$$

ferner

$$\left.\begin{aligned} H_1 &= \frac{1}{2}(H_o + E_o/\Gamma) \\ H_2 &= \frac{1}{2}(H_o - E_o/\Gamma) \end{aligned}\right\} \quad \text{tatsächlich ist: } H_1 + H_2 = H_o \tag{7.1-68}$$

Man kann auch nachprüfen, daß $\Gamma H_2 = -E_2$ und $\Gamma H_1 = E_1$ ist.

Beispiel für ungleiche Energiedichten

In einem Zahlenbeispiel sei $H_o = 0{,}5\ E_o/\Gamma$, anstelle von $H_o = E_o/\Gamma$ bei gleichen Energiedichten.

Aus den Gleichungen (7.1-67) und (7.1-68) erhalten wir die Amplituden der Linkswelle:

$$\begin{aligned} E_2 &= \frac{1}{2}(E_o - \Gamma H_o) = \frac{1}{2}(E_o - 0{,}5\ E_o) = 0{,}25\ E_o \\ H_2 &= \frac{1}{2}(H_o - 2H_o) = -\frac{1}{2} H_o = -\frac{1}{2} \cdot \left(0{,}5 \cdot \frac{E_o}{\Gamma}\right) = -0{,}25 \cdot \frac{E_o}{\Gamma} \end{aligned} \tag{7.1-69}$$

und die Amplituden der Rechtswelle sind:

$$E_1 = E_o - E_2 = E_o - 0{,}25\ E_o = 0{,}75\ E_o$$
$$H_1 = H_o - H_2 = H_o - (-0{,}5\ H_o) = 1{,}50\ H_o \qquad (7.1\text{-}70)$$

Die Form von E_o und H_o, also für f_1 und f_2 in der D'Alembertschen Lösung, sei ein Rechteck bei ebener Wellenfront im Nichtleiter. Dann sehen die Teilwellen wie folgt aus:

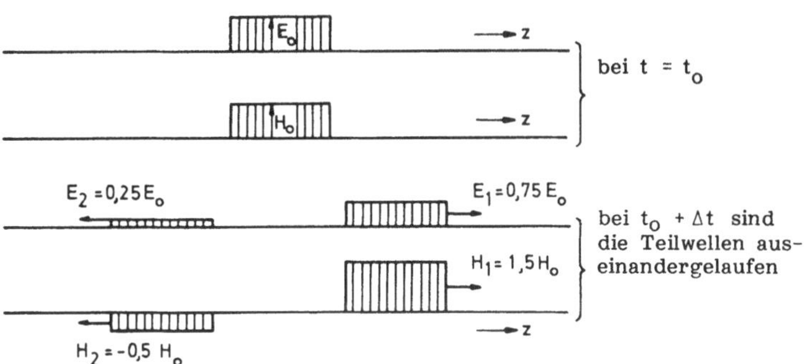

Bild 7.1.6: Rechts- und Linkswelle bei ungleichen Energiedichten

7.2.1 DIE TELEGRAPHENGLEICHUNG

Im Kapitel 6.6 wurde Stromverdrängung behandelt. Die beschreibenden Differentialgleichungen erhält man aus Induktionsgesetz und Durchflutungsgesetz für differentiell kleine Flächen bzw. aus zweiter und erster Maxwellgleichung. Das Durchflutungsgesetz oder die erste Maxwellgleichung wurden dort allein für Leitungsstrom(dichte) angesetzt, da Verschiebungsstrom(dichte) innerhalb des metallischen Leiters gegenüber dem Leitungsstrom vernachlässigt werden darf.

Im Kapitel 7.1 wurde die Wellengleichung ebenfalls aus erster und zweiter Maxwellgleichung hergeleitet. Da sie aber die Wellenausbreitung im Nichtleiter beschreibt, war die Leitungsstromdichte $\vec{J}$ gleich null, während die Verschiebungsstromdichte $\dot{\vec{D}} = \varepsilon\dot{\vec{E}}$ wirksam ist.

Die Telegraphengleichung dagegen beschreibt das Fortschreiten von Wellen in schlechten Leitern und in Halbleitern, wo sowohl Leitungs- als auch Verschiebungsströme berücksichtigt werden müssen. Die Telegraphengleichung umfaßt daher den Anteil der Wellengleichung <u>und</u> denjenigen der Stromverdrängung. Die Voraussetzungen zur Herleitung der Telegraphengleichung sind:

$$J \neq 0, \quad \kappa \neq 0, \quad \text{aber } \kappa = \text{const}_{x,y,z} \tag{7.2-1}$$

$$\left.\begin{array}{l} \varepsilon_r = \text{const}_{x,y,z}\text{, daher div } \vec{D} = \varepsilon \text{ div } \vec{E} \\ \\ \eta = 0\text{: keine Raumladungen} \end{array}\right\} \boxed{\text{div } \vec{E} = 0} \tag{7.2-2}$$

$$\left.\begin{array}{l} \mu_r = \text{const}_{x,y,z}\text{, daher div } \vec{B} = \mu \text{ div } \vec{H} \\ \text{wegen div } \vec{B} = 0 \quad \text{ist hier:} \end{array}\right\} \boxed{\text{div } \vec{H} = 0} \tag{7.2-3}$$

Man beschränkt sich, wie aus den Gln. (7.2-1) bis (7.2-3) hervorgeht, auf homogene und isotrope, allerdings elektrisch leitfähige Medien. Jetzt sind als Ausgangsgleichungen anzuschreiben:

$$\begin{array}{ll} \text{rot } \vec{H} = \vec{J} + \varepsilon \dot{\vec{E}}; & \text{rot } \vec{E} = -\mu \dot{\vec{H}} \\ \text{div } \vec{H} = 0 & \text{div } \vec{E} = 0 \end{array} \tag{7.2-4}$$

Zur Verbindung dieser Differentialgleichungen miteinander ist zuerst die Rotation auf die erste Maxwellgleichung anzuwenden:

$$\text{rot}(\text{rot } \vec{H}) = \text{rot } \vec{J} + \text{rot}(\varepsilon \dot{\vec{E}}) \tag{7.2-5}$$

Mit dem Entwicklungssatz ändert sich die linke Seite dieser Gleichung; zugleich ersetzen wir rechts $\vec{J}$ durch $\kappa\vec{E}$:

$$\begin{aligned} \underbrace{\text{grad}(\text{div } \vec{H})}_{\equiv 0} - \Delta\vec{H} &= \text{rot}(\kappa\vec{E}) + \varepsilon \,\text{rot } \dot{\vec{E}}; \\ &= \kappa \text{ rot } \vec{E} + \varepsilon \frac{\partial}{\partial t} \text{rot } \vec{E} \end{aligned} \tag{7.2-6}$$

div $\vec{H}$ ist gemäß Voraussetzung (7.2-3) gleich null. Für rot $\vec{E}$ setzen wir in Gl. (7.2-6) die zweite Maxwellgleichung ein, so daß

$$-\Delta\vec{H} = (\kappa + \varepsilon \frac{\partial}{\partial t}) \cdot (-\dot{\vec{B}}), \tag{7.2-7}$$

und wegen $\vec{B} = \mu\vec{H}$ erhält man schließlich die <u>Telegraphengleichung für $\vec{H}$</u>:

$$\boxed{\Delta\vec{H} = \kappa\mu \dot{\vec{H}} + \varepsilon\mu \ddot{\vec{H}}} \qquad \text{nur in rechtwinkligen Koordinaten gilt: } \Delta = \nabla^2 \tag{7.2-8}$$

Um die entsprechende Differentialgleichung für die elektrische Feldstärke zu erhalten, ist die Rotation auf die zweite Maxwellgleichung anzuwenden:

$$\mathrm{rot}(\mathrm{rot}\,\vec{E}) = \mathrm{rot}(-\mu\dot{\vec{H}}) \tag{7.2-9}$$

Entwicklungssatz angewandt auf die linke Seite von Gl.(7.2-9):

$$\mathrm{grad}\underbrace{(\mathrm{div}\,\vec{E})}_{=\,0} - \Delta\vec{E} = -\mu\;\mathrm{rot}\,\dot{\vec{H}} \tag{7.2-10}$$

div $\vec{E}$ ist gemäß Voraussetzung null. Bildung der Wirbeldichte von $\vec{H}$ und Differentiation nach der Zeit können vertauscht werden:

$$+\Delta\vec{E} = \mu\frac{\partial}{\partial t}\;\mathrm{rot}\,\vec{H} \tag{7.2-11}$$

Anstelle von rot $\vec{H}$ setzen wir die erste Maxwellgleichung ein und erhalten:

$$\Delta\vec{E} = \mu\frac{\partial}{\partial t}(\vec{J} + \varepsilon\dot{\vec{E}}) \tag{7.2-12}$$

und mit $\vec{J} = \kappa\vec{E}$ erhält man schließlich die Telegraphengleichung für $\vec{E}$:

$$\boxed{\Delta\vec{E} = \kappa\mu\,\dot{\vec{E}} + \varepsilon\mu\,\ddot{\vec{E}}} \tag{7.2-13}$$

Sie stimmt in ihrem mathematischen Aufbau mit Gl.(7.2-8) überein. Schreiben wir als Ersatzbuchstabe für $\vec{E}$ oder $\vec{H}$ wieder den neutralen Buchstaben $\vec{F}$, so lautet die Telegraphengleichung in ihren drei räumlichen Komponenten:

$$\boxed{\begin{aligned}
\frac{\partial^2 F_x}{\partial x^2} + \frac{\partial^2 F_x}{\partial y^2} + \frac{\partial^2 F_x}{\partial z^2} &= \kappa\mu\,\dot{F}_x + \varepsilon\mu\ddot{F}_x\\
\frac{\partial^2 F_y}{\partial x^2} + \frac{\partial^2 F_y}{\partial y^2} + \frac{\partial^2 F_y}{\partial z^2} &= \kappa\mu\dot{F}_y + \varepsilon\mu\ddot{F}_y\\
\frac{\partial^2 F_z}{\partial x^2} + \frac{\partial^2 F_z}{\partial y^2} + \frac{\partial^2 F_z}{\partial z^2} &= \kappa\mu\dot{F}_z + \varepsilon\mu\ddot{F}_z
\end{aligned}} \tag{7.2-14}$$

Telegraphengleichung in rechtwinkligen Koordinaten

7.2.2 LÖSUNG DER TELEGRAPHENGLEICHUNG BEI EINER EBENEN WELLE

Als Lösungen kommen auch hier die verschiedensten Funktionsarten, genauer: unendlich viele Wellenformen in Frage. Im konkreten Einzelfall ist primär der Funktionsgenerator, der die Welle auslöst, für ihre Form verantwortlich. Ein solcher Funktionsgenerator muß keineswegs immer ein technisches Gerät sein. Auch der Blitz oder eine andere elektromagnetische Störung kann wellenerregend wirken. Die örtliche Verteilung einer primär erregten Welle erfährt im leitfähigen Medium durch Bedämpfungsverluste eine Formveränderung.

Wir wollen uns wieder auf einen ebenen, örtlich unbegrenzten Vorgang mit Sinusform der Welle beschränken. Der Phasenzustand eines Feldvektors ist dabei in der gesamten Wellenfront der gleiche. Die Wellenfront ist daher eine Phasenebene. Die Beschränkung auf eine ebene Sinuswelle ist nicht als Einschränkung oder Spezialisierung auf einen besonders einfachen Fall anzusehen; denn sowohl periodische, als auch einmalige Vorgänge (Funktionen, Wellen) können mit der Fourieranalyse (Fouriersumme, Fourierintegral) in eine Folge von harmonischen Teilvorgängen zerlegt werden.

Beispiel einer ebenen Welle im freien Raum

Wie oben beschrieben, beschränken wir uns auf eine harmonische Transversalwelle im freien, unbegrenzten Raum. Für sie existieren folgende Komponenten:

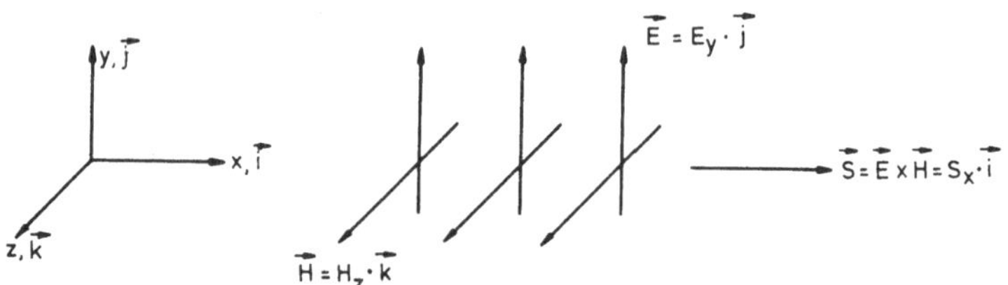

Bild 7.2.1: Beispiel einer ebenen Welle

Für die Komponenten gilt im einzelnen:

$$\left.\begin{array}{lll} E_x = 0, & E_y \neq 0, & E_z = 0 \\ H_x = 0, & H_y = 0, & H_z \neq 0 \end{array}\right\} \quad S_x \neq 0,\ S_y = 0,\ S_z = 0 \qquad (7.2\text{-}15)$$

Solche ebenen Wellen mit konstanter Amplitude und Phasenwinkel innerhalb der Phasenebenen nennt man gelegentlich auch homogene Wellen. Bei ihnen wird angenommen, daß es keine Begrenzungen des Ausbreitungsraumes und daher auch keinerlei Randerscheinungen (Randverzerrungen) gibt.

Es empfiehlt sich, komplex zu rechnen, da die mathematische Behandlung auf diese Weise einfacher ist. Komplexe Rechnung ist zulässig, einmal, da die beschreibenden partiellen Differentialgleichungen (7.2-14) lineare Dgln. sind, zum anderen, weil eine gedämpfte und somit quasiharmonische (fastharmonische, exponentiell abnehmende) Welle vorliegt.

Die reellen Komponenten des elektrischen und magnetischen Feldvektors seien, in Anlehnung an das Beispiel Gl. (7.2-15), die Momentanwerte:

$$e_y(x,t) = \mathrm{Re}\,\{\underline{e}_y(x,t)\} = \mathrm{Re}\,\{\hat{\underline{E}}_y(x)\cdot e^{j\omega t}\} \qquad (7.2\text{-}16)$$

$$\underbrace{h_z(x,t)}_{\substack{\text{reeller}\\ \text{Momentanwert}}} = \mathrm{Re}\,\{\underbrace{\underline{h}_z(x,t)}_{\substack{\text{komplexer}\\ \text{Momentanwert}}}\} = \mathrm{Re}\,\{\underbrace{\hat{\underline{H}}_z(x)}_{\substack{\text{kompl.}\\ \text{Amplitude}}}\,\underbrace{e^{j\omega t}}_{\substack{\text{komplexer}\\ \text{Zeitfaktor}}}\} \qquad (7.2\text{-}17)$$

Setzt man für elektrische und magnetische Feldstärke die komplexen Momentanwerte in die Telegraphengleichung (7.2-14) ein, so lautet diese:

$$\frac{\partial^2 \underline{e}_y}{\partial x^2} = \kappa\mu\,\frac{\partial \underline{e}_y}{\partial t} + \varepsilon\mu\,\frac{\partial^2 \underline{e}_y}{\partial t^2} \quad \text{ausführlicher:} \qquad (7.2\text{-}18)$$

$$\frac{\partial^2 \hat{\underline{E}}_y(x)}{\partial x^2}\, e^{j\omega t} = \kappa\mu\, j\omega\, \hat{\underline{E}}_y(x)\, e^{j\omega t} + \varepsilon\mu(-\omega^2)\hat{\underline{E}}_y(x)\, e^{j\omega t} \qquad (7.2\text{-}19)$$

Durch Einsetzen der komplexen Momentanwerte nach Gl. (7.2-16) in die Telegraphengleichung (7.2-18) erhält man also eine gewöhnliche Differentialgleichung zweiter Ordnung, Gl. (7.2-19), weil durch die Zeitvorgabe $e^{j\omega t}$ die Differentiation nach der Zeit mit $j\omega\cdot e^{j\omega t}$ erledigt ist. Die Ortsabhängigkeit $\hat{\underline{E}}_y(x)$ ist noch nicht bekannt. Wir haben also folgende Differentialgleichung zu lösen:

$$\frac{\partial^2 \underline{E}_y(x)}{\partial x^2} = \underbrace{(j\omega\kappa\mu - \omega^2\varepsilon\mu)}_{\lambda^2} \cdot \hat{\underline{E}}_y(x) \qquad (7.2\text{-}20)$$

Es muß eine Lösung $\hat{\underline{E}}_y(x)$ gefunden werden, die sich bei zweimaligem Differenzieren nach dem Ort x selbst reproduziert, wobei die komplexe Konstante

$$\underline{\lambda}^2 = j\omega\kappa\mu - \omega^2\varepsilon\mu \qquad (7.2\text{-}21)$$

entsteht. Ein Lösungsansatz ist

$$\hat{\underline{E}}_y(x) = K\, e^{\underline{\lambda}\, x} \qquad (7.2\text{-}22)$$

Wir setzen diesen Lösungsansatz in die Differentialgleichung (7.2-20) ein und erhalten:

$$K\, \underline{\lambda}^2\, e^{\underline{\lambda} x} = (j\omega\kappa\mu - \omega^2\varepsilon\mu)\;\; K\, e^{\underline{\lambda} x} \qquad (7.2\text{-}23)$$

oder

$$\underline{\lambda}^2 = j\omega\kappa\mu - \omega^2\varepsilon\mu \qquad (7.2\text{-}24)$$

Oft verwendet man den Negativwert von $\underline{\lambda}^2$ und schreibt dafür die Abkürzung $\underline{\gamma}^2$:

$$\underline{\gamma}^2 = -\underline{\lambda}^2 = \omega^2\varepsilon\mu - j\omega\kappa\mu \qquad \text{oder} \qquad (7.2\text{-}25)$$

$$\underline{\gamma} = \sqrt{\omega^2\varepsilon\mu - j\omega\kappa\mu} = \pm(\beta - j\alpha)$$

γ ist die komplexe <u>Wellenkonstante</u>, die sich zusammensetzt aus dem Realteil β und dem reellen Imaginärteil α. Es ist also:

$$\underline{\gamma}^2 = (\beta - j\alpha)^2 = (\beta^2 - \alpha^2) - j2\alpha\beta \qquad (7.2\text{-}26)$$

Das aber sind zwei Bestimmungsgleichungen für die Größen α und β, wenn man γ^2 mit Gl. (7.2-21) vergleicht, wobei $\gamma^2 = -\lambda^2$ ist:

$$\beta^2 - \alpha^2 = \omega^2\varepsilon\mu \qquad (7.2\text{-}27)$$

und $\quad 2\alpha\beta = \omega\kappa\mu$

Aus den vorangehenden Gleichungen erhält man die reellen Werte α und β:

$$\alpha = \omega\sqrt{\frac{\varepsilon\mu}{2}} \cdot \sqrt[+]{-1 + \sqrt[+]{1 + \left(\frac{\kappa}{\omega\varepsilon}\right)^2}}$$
$$\beta = \omega\sqrt{\frac{\varepsilon\mu}{2}} \cdot \sqrt[+]{+1 + \sqrt[+]{1 + \left(\frac{\kappa}{\omega\varepsilon}\right)^2}} \qquad (7.2\text{-}28)$$

Man nennt α die Dämpfungskonstante, β die Phasenkonstante der Welle, was nachfolgend anschaulich wird. Denn die komplexe Lösung lautet jetzt für den elektrischen Feldvektor:

$$\underline{e}_y(x,t) = (\hat{\underline{E}}_1 e^{-j\underline{\gamma}x} + \hat{\underline{E}}_2 e^{+j\underline{\gamma}x}) \cdot e^{j\omega t} \qquad (7.2\text{-}29)$$

mit den komplexen Amplituden:

$$\hat{\underline{E}}_1 = \hat{E}_1 e^{j\varphi_1} \quad \text{und} \quad \hat{\underline{E}}_2 = \hat{E}_2 e^{j\varphi_2} \qquad (7.2\text{-}30)$$

Und wenn man statt $\underline{\gamma}$ die Größen β-jα einsetzt, wird

$$\underline{e}_y(x,t) = (\hat{E}_1 e^{j\varphi_1} e^{-j(\beta-j\alpha)x} + \hat{E}_2 e^{j\varphi_2} e^{j(\beta-j\alpha)x}) \cdot e^{j\omega t} \qquad (7.2\text{-}31)$$

$$= \underbrace{\hat{E}_1 e^{-\alpha x} \cdot e^{j(\omega t - \beta x + \varphi_1)}}_{\text{gültig für positive x}} + \underbrace{\hat{E}_2 e^{+\alpha x} \cdot e^{j(\omega t + \beta x + \varphi_2)}}_{\text{gültig für negative x}}$$

In passiver Materie werden Wellen bedämpft. Ihre Amplituden können daher nur abnehmen. Deshalb kann $e^{+\alpha x}$, um das negative Vorzeichen im Exponenten zu erhalten, nur für $x<0$ Gültigkeit haben.

Der Wellenanteil mit dem Index 1 ist mit $(\omega t - \beta x + \varphi_1)$, wie bei der Wellenausbreitung im Nichtleiter (Kapitel 7.1), eine Rechtswelle: $\hat{E}_1 = \hat{E}_{yre}$; der Wellenanteil mit Index 2 ist wegen des Argumentes $(\omega t + \beta x + \varphi_2)$ eine Linkswelle: $\hat{E}_2 = \hat{E}$ Beide Wellenanteile können sich ausbreiten, werden jedoch durch die Bedämpfung mit fortschreitendem Ort x kleiner und kleiner. Dies wird auch aus der reellen Lösung der E-Welle, Gl.(7.2-32), sichtbar. Die Momentanwerte und damit auch die Amplituden nehmen umso stärker ab, je größer die Dämpfungskonstante α ist.

Innerhalb eines Leiters, wo $\varepsilon_r \approx \mu_r \approx 1$ ist, hängen sowohl α als auch β vorwiegen von der Frequenz und der Leitfähigkeit κ des Leiters oder Halbleiters ab. Diese Abhängigkeit wird durch Gl.(7.2-28) ausführlich beschrieben. Da komplex gerechnet wurde, muß von den komplexen Momentanwerten der Gl.(7.2-31) der Realteil genommen werden, um zu den reellen Momentanwerten zurückzukehren:

$$\operatorname{Re}\{\underline{e}_y(x,t)\} = \hat{E}_{yre}\, e^{-\alpha x} \cdot \cos(\omega t - \beta x + \varphi_1) + \hat{E}_{yli}\, e^{+\alpha x} \cdot \cos(\omega t + \beta x + \varphi_2) \quad (7.2\text{-}32)$$

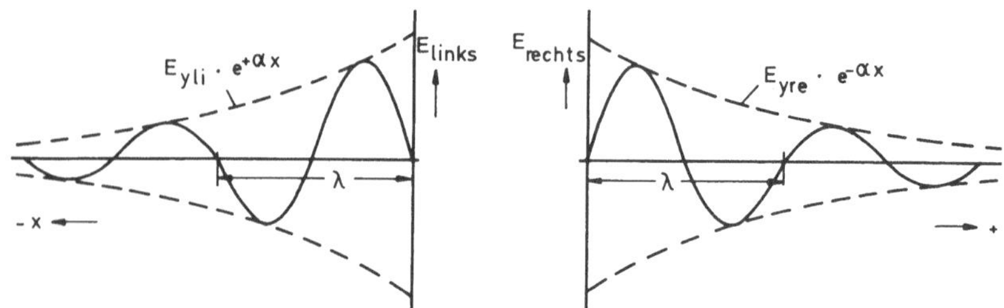

Bild 7.2.2: Örtliche Verteilung einer rechts- und linkslaufenden Sinuswelle zum Zeitpunkt t = const

Für die ebene Welle fehlt jetzt noch die Ortsabhängigkeit der magnetischen Feldkomponente $\underline{H}(x,t)$. Denn die Zeitabhängigkeit ist ebenso wie bei der elektrischen Feldstärke harmonisch und bei komplexer Schreibweise durch den Zeitfaktor $e^{j\omega t}$ gegeben. $\vec{\underline{E}}_y$ und $\vec{\underline{H}}_z$ sind über die Maxwellgleichungen miteinander verkoppelt. Sie dürfen daher nicht unabhängig voneinander aus der Telegraphengleichung bestimmt werden. Vielmehr müssen wir die schon vorhandene Lösung der elektrischen Feldstärke verwenden und mittels der zweiten Maxwellgleichung zur magnetischen Feldkomponente kommen. Letzteres soll geschehen, um $\underline{H}_z(x,t)$ zu berechnen.

Von der zweiten Maxwellgleichung

$$\operatorname{rot} \vec{E} = -\mu \dot{\vec{H}} \quad (7.2\text{-}33)$$

bleibt wegen der ebenen Welle, die hier gemäß Voraussetzung vorliegt, nur übrig:

$$\frac{\partial E_y}{\partial x} \vec{k} = -\mu\, \dot{H}_z(x,t) \cdot \vec{k} \quad (7.2\text{-}34)$$

Die Einsvektoren verschwinden, wir schreiben Gl.(7.2-34) für komplexe Momentanwerte an:

$$\frac{\partial \underline{e}_y(x,t)}{\partial x} = -\mu\, \dot{\underline{h}}_z(x,t) \tag{7.2-35}$$

und setzen $\underline{e}_y(x,t)$ in der Form von Gl. (7.2-29) ein:

$$(-j\underline{\gamma}\, \hat{\underline{E}}_1 \cdot e^{-j\underline{\gamma}x} + j\underline{\gamma}\, \hat{\underline{E}}_2 \cdot e^{+j\underline{\gamma}x})\, e^{j\omega t} = -\mu j\omega\, \hat{\underline{H}}_z(x) \cdot e^{j\omega t} \tag{7.2-36}$$

$e^{j\omega t}$ hebt sich heraus und man erhält:

$$\hat{\underline{H}}_z(x) = \frac{\underline{\gamma}}{\omega\mu} \{\hat{\underline{E}}_1 e^{-j\underline{\gamma}x} - \hat{\underline{E}}_2\, e^{+j\underline{\gamma}x}\} \tag{7.2-37}$$

mit den komplexen Amplituden des magnetischen Feldvektors:

$$\hat{\underline{H}}_1 = \frac{\underline{\gamma}}{\omega\mu}\, \hat{\underline{E}}_1 \qquad \text{und} \qquad \hat{\underline{H}}_2 = \frac{-\underline{\gamma}}{\omega\mu}\, \hat{\underline{E}}_2 \tag{7.2-38}$$

Das Minuszeichen vor der Amplitude $\hat{\underline{H}}_2$ verhindert, daß die Proportionalität $\hat{\underline{H}}_z(x) = \text{const} \cdot \hat{\underline{E}}_y(x)$ gilt. Kommt jedoch nur eine Rechtswelle oder nur eine Linkswelle zustande, dann sind elektrischer und magnetischer Feldvektor einander proportional. Wir betrachten den Kehrwert von $\underline{\gamma}/(\omega\mu)$, also $\hat{\underline{E}}/\hat{\underline{H}} = \underline{\Gamma}$:

$$\underline{\Gamma} = \frac{\omega\mu}{\underline{\gamma}} = \frac{\omega\mu}{\sqrt{\omega^2\varepsilon\,\mu - j\omega\kappa\,\mu}} \tag{7.2-39}$$

Dividiert man Zähler und Nenner durch $\sqrt{\omega^2\,\varepsilon\,\mu}$, so wird

$$\frac{\omega\mu}{\underline{\gamma}} = \frac{\sqrt{\frac{\mu}{\varepsilon}}}{\sqrt{1 - j\,\frac{\kappa}{\omega\varepsilon}}} \tag{7.2-40}$$

Im Kapitel 7.1 war $\Gamma = \sqrt{\frac{\mu}{\varepsilon}}$ der reelle Wellenwiderstand des Nichtleiters. Demgegenüber gibt Gl.(7.2-40) den <u>komplexen Wellenwiderstand</u> des schlechten Leiters oder Halbleiters an. Statt Gl.(7.2-40) schreiben wir:

$$\underline{\Gamma} = \frac{\omega\mu}{\underline{\gamma}} = \frac{\Gamma}{\sqrt{1 - j\,\frac{\kappa}{\omega\varepsilon}}} = \frac{\Gamma}{\sqrt[4]{1 + (\frac{\kappa}{\omega\,\varepsilon})^2}}\, e^{+j\vartheta/2} \tag{7.2-41}$$

mit $\vartheta = \arctan \frac{\kappa}{\omega\varepsilon}$

denn $\sqrt{a - jb} = \{\sqrt{a^2+b^2} \cdot e^{j\vartheta}\}^{1/2} = (a^2 + b^2)^{1/4} \cdot e^{j\vartheta/2}$

mit $\vartheta = - \text{arc tan} \frac{b}{a}$

Mit diesem komplexen Wellenwiderstand $\underline{\Gamma}$ kann man anstelle von Gl.(7.2-37) für $\hat{\underline{H}}_z(x)$ anschreiben:

$$\hat{\underline{H}}_z(x) = \frac{\hat{\underline{E}}_1}{\underline{\Gamma}} e^{-j\underline{\gamma}x} - \frac{\hat{\underline{E}}_2}{\underline{\Gamma}} e^{+j\underline{\gamma}x} \qquad (7.2\text{-}42)$$

Die $\hat{\underline{H}}_z$-Komponente ist offensichtlich nach Betrag und Phase verschieden von $\hat{\underline{E}}$. Betrachtet man z.B. die Rechtswelle allein, so ist deren <u>komplexer Momentanwert</u>:

$$\underline{h}_{zre}(x,t) = \frac{\hat{E}_1}{|\underline{\Gamma}| e^{j\vartheta/2}} e^{-\alpha x} \cdot e^{j(\omega t - \beta x + \varphi_1)} \qquad (7.2\text{-}43)$$

und die <u>reelle</u> magnetische Feldstärke der ebenen Rechtswelle ist:

$$\boxed{H_{zre}(x,t) = \frac{\hat{E}_1}{|\underline{\Gamma}|} e^{-\alpha x} \cdot \cos(\omega t - \beta x - \vartheta/2 + \varphi_1)} \quad \text{für } x \geq 0 \qquad (7.2\text{-}44)$$

Analog dazu lautet der Momentanwert der Linkswelle von H_z reell:

$$\boxed{H_{zli}(x,t) = \frac{\hat{E}_2}{|\underline{\Gamma}|} e^{+\alpha x} \cdot \cos(\omega t + \beta x - \vartheta/2 + \varphi_2)} \quad \text{für } x \leq 0 \qquad (7.2\text{-}45)$$

Weil nach Gl.(7.2-41) der Betrag des komplexen Wellenwiderstandes $\underline{\Gamma}$ kleiner ist als der des reellen Vakuumwellenwiderstandes, ist bei vorgegebenem $\hat{E}$ im schlechten Leiter das zugehörige $\hat{H}$ größer als im Nichtleiter. Da außerdem der Phasenwinkel $\vartheta/2$ des komplexen Wellenwiderstandes positiv ist, eilt $\underline{E}_{yre}$ gegenüber $\underline{H}_{zre}$ voraus:

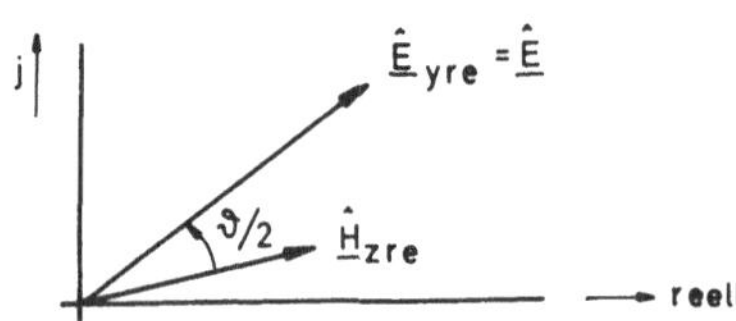

Bild 7.2. 3: Nacheilender $\vec{H}$-Vektor bei komplexem Wellenwiderstand des schlechten Leiters

7.2.3 WELLENLÄNGE, PHASENGESCHWINDIGKEIT, GRUPPENGESCHWINDIGKEIT

Jene Länge x_1, für die gilt:

$$\beta\, x_1 = 2\,\pi \quad \text{oder} \quad \boxed{x_1 = \frac{2\pi}{\beta} = \lambda} \tag{7.2-46}$$

ist die Wellenlänge λ. Denn im Augenblick t = const ist längs der örtlichen Verteilung der Welle für $0 \leqq x \leqq x_1$ gerade eine Wellenlänge vorhanden.

Die Phasengeschwindigkeit v berechnet man ebenso wie bei der Wellenausbreitung im Nichtleiter:

$$\boxed{v = \frac{\omega}{\beta}} \tag{7.2-47}$$

Da aber die Phasenkonstante β von der Frequenz abhängt, nach Gl.(7.2-28) ist $\beta = \beta(\omega)$, unterscheidet sich die Signal- oder Gruppengeschwindigkeit von der Phasengeschwindigkeit. Denn ein Signal oder eine Nachricht besteht nie aus einer einzigen harmonischen Schwingung oder Welle, sondern aus einem nichtperiodischen Vorgang, der nach Fourier zerlegt, eine Gruppe von harmonischen Schwingungen oder Wellen als kontinuierliches Spektrum aufweist. Dementsprechend ist die Gruppen- oder Signalgeschwindigkeit v_S:

$$\boxed{v_S = \frac{\partial\omega}{\partial\beta} = \frac{1}{\partial\beta/\partial\omega}} \tag{7.2-48}$$

Für praktische Zwecke ist oft sinnvoll, sich auf diejenige Gruppe von Frequenzen $\Delta\omega$ zu beschränken, welche das Signal hauptsächlich übermitteln. Man kann dann schreiben:

$$v_S = \frac{\Delta\omega}{\Delta\beta} = \frac{1}{\Delta\beta/\Delta\omega} \tag{7.2-49}$$

7.2.4 EINIGE GRENZWERTE

1. Schlechte Leiter

Wir betrachten zunächst den Fall des schlechten Leiters, der fast als Nichtleiter angesehen werden kann. Tatsächlich liegt dieser Fall vor bei sehr kleiner elektrischer Leitfähigkeit κ und/oder bei sehr hoher Kreisfrequenz ω. Dann gilt formelmäßig:

$$\frac{\kappa}{\omega\,\varepsilon} << 1 \tag{7.2-50}$$

Dadurch vereinfachen sich die Formeln (7.2-28) der Dämpfungskonstanten α und der Phasenkonstanten β. Denn es gilt näherungsweise:

$$\sqrt{1 + \left(\frac{\kappa}{\omega\varepsilon}\right)^2} \approx 1 + \frac{1}{2}\left(\frac{\kappa}{\omega\varepsilon}\right)^2 \qquad (7.2\text{-}51)$$

Daraus folgt für die Dämpfungskonstante α der Näherungswert:

$$\boxed{\alpha \approx \frac{\kappa}{2}\sqrt{\frac{\mu}{\varepsilon}}} \qquad (7.2\text{-}52)$$

Und für die Phasenkonstante β :

$$\beta \approx \omega\sqrt{\frac{\varepsilon\mu}{2}} \cdot \sqrt{2 + \left(\frac{\kappa}{\omega\varepsilon}\right)^2} \qquad (7.2\text{-}53)$$

$\left(\frac{\kappa}{\omega\varepsilon}\right)^2$ ist aber gegenüber dem Zahlenwert 2, gemäß Voraussetzung (7.2-50), vernachlässigbar, weswegen die Näherung gilt:

$$\boxed{\beta \approx \omega\sqrt{\varepsilon\,\mu}} \qquad (7.2\text{-}54)$$

2. Grenzwerte guter metallischer Leiter

Hier ist die übliche Näherung angebracht, daß der Verschiebungsstrom gegenüber dem Leitungsstrom vernachlässigt werden darf. Die Frequenzen seien nicht zu hoch. Dann ist der Wirkwiderstand der Leiter von ihrem Gleichstromwiderstand kaum verschieden. Man darf daher in Näherung ansetzen:

$$\frac{\omega\varepsilon}{\kappa} << 1 \qquad (7.2\text{-}55)$$

Dadurch wird die komplexe Wellenkonstante $\underline{\gamma}$:

$$\underline{\gamma}^2 = \omega^2\varepsilon\mu - j\,\omega\kappa\,\mu$$

$$= -j\omega\,\kappa\mu\,\Big(1 + j\underbrace{\frac{\omega\varepsilon}{\kappa}}_{\approx 0}\Big) \qquad (7.2\text{-}56)$$

$$\underline{\gamma} \approx \sqrt{-\,j\,\omega\kappa\,\mu} \quad \text{und mit } \underline{\gamma} = \beta - j\,\alpha\text{:} \qquad (7.2\text{-}57)$$

$$\beta - j\alpha \approx \sqrt{\omega\kappa\,\mu}\;\frac{1-j}{\sqrt{2}} \qquad (7.2\text{-}58)$$

Die Dämpfungskonstante α und die Phasenkonstante β haben im guten metallischen Leiter den gleichen Betrag:

$$\boxed{\alpha = \beta \approx \sqrt{\frac{\omega\mu\kappa}{2}}} \qquad (7.2\text{-}59)$$

Die Dämpfungskonstante α erreicht hier ihren größten Wert: $\alpha = \alpha_{max}$, weswegen eine Welle im gut leitenden Metall ihr stärkste Bedämpfung erfährt. Nach einer Eindringtiefe von λ erfahren der elektrische und der magnetische Feldvektor im gut leitenden Metall mit $\lambda\,\beta = \lambda\,\alpha = 2\pi$ die Bedämpfung

$$\hat{E}\,e^{-\alpha\lambda} = \hat{E}\,e^{-\alpha(\frac{2\pi}{\alpha})} = \hat{E}\,e^{-2\pi} \approx \frac{\hat{E}}{535} \approx 0{,}00187\,\hat{E}$$

bzw. (7.2-60)

$$\hat{H}\,e^{-\alpha\lambda} = \hat{H}\,e^{-\alpha(\frac{2\pi}{\alpha})} = \hat{H}\,e^{-2\pi} \approx \frac{\hat{H}}{535} \approx 0{,}00187\,\hat{H}$$

Auf einer Länge von $x_1 = \lambda$ werden die Feldstärken auf weniger als 2 ‰ oder auf 1/535 ihres Anfangswertes heruntergedämpft. Der komplexe Wellenwiderstand im gut leitenden Metall ist

$$\underline{\Gamma} = \frac{\omega\mu}{\underline{Y}} \approx \frac{\omega\mu}{\sqrt{-j\omega\kappa\mu}}$$

$$\boxed{\underline{\Gamma} \approx \sqrt{\frac{\omega\mu}{\kappa}}\,e^{+j\pi/4}} \qquad (7.2\text{-}61)$$

Für den Zusammenhang zwischen elektrischer und magnetischer Komponente der Rechtswelle allein bzw. der Linkswelle allein gilt demnach innerhalb des Metalls bei komplexer Schreibweise der Komponenten:

$$\hat{\underline{E}}_{yre} = \sqrt{\frac{\omega\mu}{\kappa}}\,e^{j\pi/4} \cdot \hat{\underline{H}}_{zre}$$

$$\hat{\underline{E}}_{yli} = \sqrt{\frac{\omega\mu}{\kappa}}\,e^{j\pi/4} \cdot \hat{\underline{H}}_{zli}$$

Das heißt, im guten Leiter eilt die elektrische Feldstärke der magnetischen Feldstärke um den Grenzwert $\pi/4$ voraus, während bei einer ebenen Welle im Nichtleiter E und H zeitlich phasengleich schwingen.

LITERATURHINWEISE

1. DIN Taschenbuch Nr. 22, Normen für Größen und Einheiten in Naturwissenschaft und Technik, Beuth-Vertrieb, Berlin.
(Enthält u.a. die begriffliche Normung für das elektrische und das magnetische Feld, für deren Einheiten, für komplexe und zeitabhängige Größen, für Wechselstromgrößen, Übertragungssysteme, etc., etc.)

2. Fischer, Johannes, Elektrodynamik, Springer, Berlin 1976.
(Ein klassisches Buch der theoretischen Elektrotechnik)

3. Küpfmüller, Karl, Einführung in die theoretische Elektrotechnik, Springer, Berlin 1983.
(Ein sehr praxisnahes Buch mit vielen Anwendungsbeispielen)

4. Mlynski, Dieter A., Elektrodynamik, als Manuskript vervielfältigt, Universität Karlsruhe, 3. Auflage 1985.
(Eine prägnante Darstellung mit anspruchsvollem Niveau)

5. Schwab, Adolf, Begriffswelt der Feldtheorie, Springer, Berlin 1985.
(Eine übersichtliche Zusammenstellung von Begriffen, Definitionen, Formeln)

6. Shadowitz, Albert, The Electromagnetic Field, McGraw-Hill, Tokio 1976.
(Amerikanisches, recht verständlich geschriebenes Paperback-Buch über die Grundlagen elektromagnetischer Feldtheorie)

7. Simonyi, Karoly, Theoretische Elektrotechnik, VEB-Verlag, Berlin 1980.
(Umfangreiches Buch von etwa 1000 Seiten, verständlich geschrieben, aber nahezu ohne praktische Gesichtspunkte)

8. Sommerfeld, Arnold, Vorlesungen über Theoretische Physik, Band 3 Elektrodynamik, H. Deutsch-Verlag, Frankfurt, Nachdruck 1977.
(Ein noch immer moderner Klassiker der Physik und Elektrodynamik)

ANHANG

EINIGE FORMELN AUS DER VEKTORRECHNUNG UND DER VEKTORANALYSIS

1. Gesetzmäßigkeiten

	Skalarprodukte	Vektorprodukte
Kommutativ-Gesetz	$\vec{a}\cdot\vec{b} = \vec{b}\cdot\vec{a}$	$\vec{a}\times\vec{b} = -\vec{b}\times\vec{a}$
Assoziativität bei Multipl. mit Skalar	$\alpha(\vec{a}\vec{b}) = (\alpha\vec{a})\vec{b} = (\alpha\vec{b})\vec{a}$	$\alpha(\vec{a}\times\vec{b}) = \alpha\vec{a}\times\vec{b} = \vec{a}\times\alpha\vec{b}$ (gleiche Reihenfolge)
Assoziativität bei Multiplikation mit Vektor	$\vec{a}(\vec{b}\vec{c}) \neq (\vec{a}\vec{b})\vec{c}$	$\vec{a}\times(\vec{b}\times\vec{c}) \neq (\vec{a}\times\vec{b})\times\vec{c}$
Distributivität	$\vec{a}(\vec{b}+\vec{c}) = \vec{a}\vec{b} + \vec{a}\vec{c}$	$\vec{a}\times(\vec{b}+\vec{c}) = \vec{a}\times\vec{b} + \vec{a}\times\vec{c}$
Orthogonalität zweier Vektoren	$\vec{a}\vec{b} = 0$, wenn $\vec{a}\perp\vec{b}$	
Kollinearität zweier Vektoren	$\vec{a}\vec{b} = ab$, wenn $\vec{a}\uparrow\uparrow\vec{b}$	$\vec{a}\times\vec{b} = 0$, wenn $\vec{a} \parallel \vec{b}$
Quadrat eines Vektors	$\vec{a}\vec{a} = \vec{a}^2 = a^2$	$\vec{a}\times\vec{a} = 0$

2. Formeln

2.1 Skalarprodukt dreier Vektoren, die zum Teil durch den symbolischen Vektor Nabla: ∇ ersetzt werden. Nabla ist also ein Vektor mit differenzierender Wirkung:

$$\nabla = \frac{\partial}{\partial x}\vec{i} + \frac{\partial}{\partial y}\vec{j} + \frac{\partial}{\partial z}\vec{k}$$

$\vec{a}(\vec{b}\vec{c})$: Vektor parallel zu $\vec{a}$, wobei $(\vec{b}\vec{c})$ eine Skalarfunktion ist.

$\vec{a}(\vec{b}\vec{c}) \neq (\vec{a}\vec{b})\vec{c}$, denn $(\vec{a}\vec{b})\vec{c}$ hat die Richtung von $\vec{c}$.

Mit Nabla gilt:

$\nabla(\vec{b}\vec{c}) = \text{grad}(\vec{b}\vec{c})$; $(\vec{b}\vec{c})$ = Skalarfunktion

$\vec{a}(\nabla\vec{c}) = \vec{a}\,\text{div}\,\vec{c}$

$\vec{a}(\vec{b}\nabla) = \vec{a}\,(\nabla\vec{b}) = \vec{a}\,\text{div}\,\vec{b}$

$\nabla(\nabla\vec{c}) = \text{grad}(\text{div}\,\vec{c})$

$(\nabla\nabla)\vec{c} = \nabla^2\vec{c} = \Delta\vec{c}$; $\Delta = \frac{\partial^2}{\partial x^2} + \frac{\partial^2}{\partial y^2} + \frac{\partial^2}{\partial z^2}$

2.2 Skalares Produkt aus einem Vektor und dem Vektorprodukt zweier weiterer Vektoren: Spatprodukt

$\vec{a}(\vec{b}\times\vec{c}) = \vec{b}(\vec{c}\times\vec{a}) = \vec{c}(\vec{a}\times\vec{b})$: Rauminhalt des aus den Vektoren $\vec{a}$, $\vec{b}$, $\vec{c}$ aufgespannten Parallelepipeds. Das Vorzeichen ist positiv, wenn $\vec{a}$, $\vec{b}$, $\vec{c}$ in dieser Reihenfolge ein Rechtssystem bilden.

Kartesische Komponentendarstellung:

$$\vec{a}(\vec{b}\times\vec{c}) = \begin{vmatrix} a_x & a_y & a_z \\ b_x & b_y & b_z \\ c_x & c_y & c_z \end{vmatrix}$$

Nabla eingesetzt:

$$\nabla(\vec{b}\times\vec{c}) = \operatorname{div}(\vec{b}\times\vec{c}) = \vec{c}(\operatorname{rot}\vec{b}) - \vec{b}(\operatorname{rot}\vec{c})$$

$$\vec{a}(\nabla\times\vec{c}) = \vec{a}\cdot(\operatorname{rot}\vec{c})$$

$$\vec{a}(\vec{b}\times\nabla) = -\vec{a}(\nabla\times\vec{b}) = -\vec{a}(\operatorname{rot}\vec{b})$$

$$\nabla(\nabla\times\vec{c}) = \nabla(\operatorname{rot}\vec{c}) = \operatorname{div}(\operatorname{rot}\vec{c}) = (\nabla\times\nabla)\vec{c} \equiv 0$$

2.3 Vektorprodukt aus Vektor $\vec{a}$ und Vektor $\vec{b}\times\vec{c}$

$\vec{a}\times(\vec{b}\times\vec{c})$ dieses vektorielle Tripelprodukt steht senkrecht zu $\vec{a}$ und senkrecht zu $\vec{b}\times\vec{c}$.
Mathematik liefert:

$\vec{a}\times(\vec{b}\times\vec{c}) = \vec{b}(\vec{a}\vec{c}) - \vec{c}(\vec{a}\vec{b})$. Mit Nabla:

$$\nabla\times(\nabla\times\vec{c}) = \operatorname{rot}\operatorname{rot}\vec{c} = \nabla(\nabla\vec{c}) - \nabla^2\vec{c}$$

$$= \nabla(\nabla c) - \Delta\vec{c} = \operatorname{grad}(\operatorname{div}\vec{c}) - \Delta\vec{c}$$

2.4 Produkte mit der Skalarfunktion $\varphi(x,y,z)$

$$\nabla\nabla\varphi = \Delta\varphi = \operatorname{div}(\operatorname{grad}\varphi)$$

$$\nabla\times\nabla\varphi = \operatorname{rot}(\operatorname{grad}\varphi) = (\nabla\times\nabla)\varphi \equiv 0$$

$$\nabla(\varphi\cdot\vec{c}) = \operatorname{div}(\varphi\vec{c}) = \vec{c}\operatorname{grad}\varphi + \varphi\operatorname{div}\vec{c}$$

$$\nabla\times(\varphi\cdot(\nabla\times\vec{c})) = \operatorname{rot}(\varphi\operatorname{rot}\vec{c}) = \nabla\varphi\times(\nabla\times\vec{c}) + \varphi\nabla\times(\nabla\times\vec{c})$$

$$= \operatorname{grad}\varphi\times\operatorname{rot}\vec{c} + \varphi\operatorname{rot}(\operatorname{rot}\vec{c})$$

2.5 Formeln zur Berechnung von grad, div, rot

Es sind jeweils: c = const; $\vec{c}$ = konstanter Vektor

φ, ψ = skalare Ortsfunktionen; $\vec{a}$, $\vec{b}$, $\vec{d}$ = ortsabhängige Vektoren

$$\text{grad } c = 0$$
$$\text{grad } (c\varphi) = \nabla(c\varphi) = c\nabla\varphi = c \text{ grad}\varphi$$
$$\text{grad } (\varphi+\psi) = \text{grad}\varphi + \text{grad } \psi$$
$$\text{grad } (\varphi\cdot\psi) = \varphi\nabla\psi + \psi\nabla\varphi = \varphi\text{grad}\psi + \psi\text{grad}\varphi$$
$$\text{grad } (\vec{a}\cdot\vec{b}) = (\vec{a}\cdot\text{grad})\vec{b} + (\vec{b}\cdot\text{grad})\vec{a} + \vec{a}\times \text{rot } \vec{b} + \vec{b}\times \text{rot } \vec{a}$$

denn: $\vec{b}(\vec{a}\vec{d}) = (\vec{a}\vec{b})\vec{d} + \vec{a}\times(\vec{b}\times\vec{d})$ <u>und</u> $(\vec{a}\cdot\text{grad})\vec{b}$ läßt sich umformen:

$$2(\vec{a}\nabla)\vec{b} = \text{rot}(\vec{b}\times\vec{a}) + \text{grad}(\vec{a}\vec{b}) + \vec{a} \text{ div } \vec{b} - \vec{b} \text{ div } \vec{a} - \vec{a}\times\text{rot } \vec{b} - \vec{b}\times\text{rot } \vec{a}$$

$$\text{div } \vec{c} = 0$$
$$\text{div } (c\vec{a}) = c\nabla\vec{a} = c \text{ div } \vec{a}$$
$$\text{div } (\vec{a}+\vec{b}) = \text{div } \vec{a} + \text{div } \vec{b}$$
$$\text{div } (\varphi\cdot\vec{a}) = \varphi\nabla\vec{a} + \vec{a}\nabla\varphi = \varphi\text{div } \vec{a} + \vec{a}\cdot\text{grad}\varphi$$
$$\text{div } (\vec{a}\times\vec{b}) = \vec{b}(\nabla\times\vec{a}) - \vec{a}(\nabla\times\vec{b}) = \vec{b}\cdot\text{rot } \vec{a} - \vec{a}\cdot\text{rot } \vec{b}$$
$$\text{div}(\text{grad}\varphi) = \nabla^2\varphi = \Delta\varphi$$
$$\text{div}(\text{rot } a) = \nabla(\nabla\times\vec{a}) = (\nabla\times\nabla)\vec{a} \equiv 0$$

$$\text{rot } (\vec{a}+\vec{b}) = \nabla\times\vec{a} + \nabla\times\vec{b} = \text{rot } \vec{a} + \text{rot } \vec{b}$$
$$\text{rot } (\varphi\vec{a}) = \varphi(\nabla\times\vec{a}) + \nabla\varphi\times\vec{a} = \varphi\text{rot } \vec{a} + \text{grad}\varphi\times\vec{a}$$
$$\text{rot } (\text{rot } \vec{a}) = \nabla\times(\nabla\times\vec{a}) = \nabla(\nabla\vec{a}) - \nabla^2\vec{a} = \text{grad}(\text{div } \vec{a}) - \Delta\vec{a}$$
$$\text{rot } (\text{grad}\varphi) = \nabla\times(\nabla\varphi) = (\nabla\times\nabla)\varphi \equiv 0$$

2.6 Partielle Differentiation nach der Zeit

Die partielle Differentiation nach der Zeit wird im Text häufig durch gepunktete Größen dargestellt. Beispiele:

$$\frac{\partial\vec{D}}{\partial t} = \dot{\vec{D}} \qquad \text{oder} \qquad \frac{\partial\vec{B}}{\partial t} = \dot{\vec{B}}$$

HILFSBLATT ZYLINDERKOORDINATEN

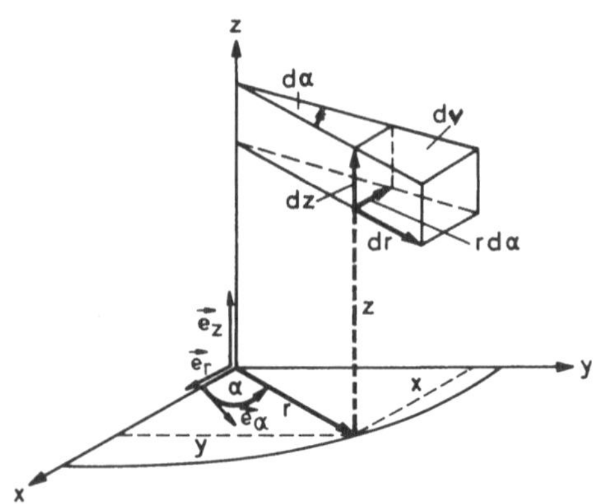

Variablen: r, α, z

Einheitsvektoren: $\vec{e}_r, \vec{e}_\alpha, \vec{e}_z$

Rechtssystem: $\vec{e}_r \times \vec{e}_\alpha = \vec{e}_z$

Zusammenhang mit rechtwinkligen Koordinaten:

$x = r \cos\alpha, \; y = r \sin\alpha, \; z = z$

$r = \sqrt{x^2 + y^2}$

$\alpha = \arctan(y/x)$

$dr = dx \cos\alpha + dy \sin\alpha$

$r\,d\alpha = dy \cos\alpha - dx \sin\alpha$

$dz = dz$

Linienelement: $ds = \sqrt{dr^2 + r^2 d\alpha^2 + dz^2}$

Volumenelement: $dv = r\, dr\, d\alpha\, dz$

Nabla Operator: $\nabla = \frac{\partial}{\partial r} \vec{e}_r + \frac{1}{r} \frac{\partial}{\partial \alpha} \vec{e}_\alpha + \frac{\partial}{\partial z} \vec{e}_z$

Gradient: $\operatorname{grad} \varphi \equiv \nabla \varphi = \frac{\partial \varphi}{\partial r} \vec{e}_r + \frac{1}{r} \frac{\partial \varphi}{\partial \alpha} \vec{e}_\alpha + \frac{\partial \varphi}{\partial z} \vec{e}_z$

Divergenz: $\operatorname{div} \vec{u} = \frac{1}{r} \frac{\partial}{\partial r} (r\, u_r) + \frac{1}{r} \frac{\partial u_\alpha}{\partial \alpha} + \frac{\partial u_z}{\partial z}$

Rotation: $\operatorname{rot} \vec{u} = \vec{e}_r \left\{ \frac{1}{r} \frac{\partial u_z}{\partial \alpha} - \frac{\partial u_\alpha}{\partial z} \right\} + \vec{e}_\alpha \left\{ \frac{\partial u_r}{\partial z} - \frac{\partial u_z}{\partial r} \right\} + \vec{e}_z \left\{ \frac{1}{r} \frac{\partial (r\, u_\alpha)}{\partial r} - \frac{1}{r} \frac{\partial u_r}{\partial \alpha} \right\}$

Laplace Operator: $\Delta = \frac{1}{r} \frac{\partial}{\partial r} \left(r \frac{\partial ..}{\partial r} \right) + \frac{1}{r^2} \frac{\partial^2 ..}{\partial \alpha^2} + \frac{\partial^2 ..}{\partial z^2}$

$$\Delta \vec{u} = \vec{e}_r \left\{ \Delta u_r - \frac{2}{r^2} \frac{\partial u_\alpha}{\partial \alpha} - \frac{u_r}{r^2} \right\} + \vec{e}_\alpha \left\{ \Delta u_\alpha + \frac{2}{r^2} \frac{\partial u_r}{\partial \alpha} - \frac{u_\alpha}{r^2} \right\} + \vec{e}_z \left\{ \Delta u_z \right\}$$

HILFSBLATT KUGELKOORDINATEN

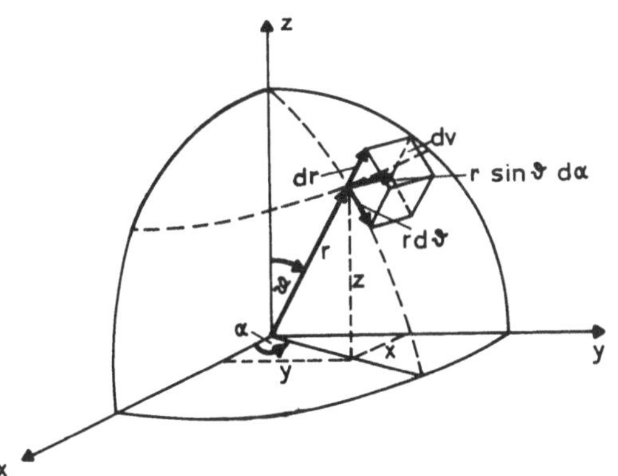

Variablen: r, ϑ, α

Einheitsvektoren: $\vec{e}_r, \vec{e}_\vartheta, \vec{e}_\alpha$

Rechtssystem: $\vec{e}_r \times \vec{e}_\vartheta = \vec{e}_\alpha$

Zusammenhang mit rechtwinkligen Koordinaten:

$x = r \sin\vartheta \cos\alpha$, $y = r \sin\vartheta \sin\alpha$

$z = r \cos\vartheta$

$r = \sqrt{x^2 + y^2 + z^2}$

$\alpha = \arctan(y/x)$

$\vartheta = \arctan(\sqrt{x^2+y^2}/z)$

$$dr = dx \sin\vartheta \cos\alpha + dy \sin\vartheta \sin\alpha + dz \cos\vartheta$$

$$r \sin\vartheta \, d\alpha = dy \cos\alpha - dx \sin\alpha$$

$$r \, d\vartheta = dx \cos\vartheta \cos\alpha + dy \cos\vartheta \sin\alpha - dz \sin\vartheta$$

Linienelement: $ds = \sqrt{dr^2 + r^2 \sin^2\vartheta \, d\alpha^2 + r^2 \, d\vartheta^2}$

Volumenelement: $dv = r^2 \sin\vartheta \, dr \, d\vartheta \, d\alpha$

Nabla Operator: $\nabla = \frac{\partial}{\partial r} \vec{e}_r + \frac{1}{r} \cdot \frac{\partial}{\partial \vartheta} \vec{e}_\vartheta + \frac{1}{r \sin\vartheta} \cdot \frac{\partial}{\partial \alpha} \vec{e}_\alpha$

Gradient: $\nabla \varphi = \operatorname{grad} \varphi = \frac{\partial \varphi}{\partial r} \vec{e}_r + \frac{1}{r} \cdot \frac{\partial \varphi}{\partial \vartheta} \vec{e}_\vartheta + \frac{1}{r \sin\vartheta} \cdot \frac{\partial \varphi}{\partial \alpha} \vec{e}_\alpha$

Divergenz: $\operatorname{div} \vec{u} = \frac{1}{r^2} \frac{\partial}{\partial r}(r^2 u_r) + \frac{1}{r \sin\vartheta} \cdot \frac{\partial}{\partial \vartheta}(\sin\vartheta \cdot u_\vartheta) + \frac{1}{r \sin\vartheta} \cdot \frac{\partial u_\alpha}{\partial \alpha}$

Rotation: $\operatorname{rot} \vec{u} = \frac{1}{r \sin\vartheta} \left\{ \frac{\partial}{\partial \vartheta}(\sin\vartheta \cdot u_\alpha) - \frac{\partial u_\vartheta}{\partial \alpha} \right\} \vec{e}_r + \frac{1}{r} \left\{ \frac{1}{\sin\vartheta} \frac{\partial u_r}{\partial \alpha} - \frac{\partial}{\partial r}(r u_\alpha) \right\} \vec{e}_\vartheta$

$$+ \frac{1}{r} \left\{ \frac{\partial}{\partial r}(r u_\vartheta) - \frac{\partial u_r}{\partial \vartheta} \right\} \vec{e}_\alpha$$

Laplace-Operator: $\Delta = \frac{1}{r^2} \frac{\partial}{\partial r}\left(r^2 \frac{\partial \ldots}{\partial r}\right) + \frac{1}{r^2 \sin\vartheta} \frac{\partial}{\partial \vartheta}\left(\sin\vartheta \frac{\partial \ldots}{\partial \vartheta}\right) + \frac{1}{r^2 \sin^2\vartheta} \frac{\partial^2 \ldots}{\partial \alpha^2}$

Laplaceoperator in Kugelkoordinaten, angewandt auf einen Vektor:

$$\Delta \vec{u} = \left\{ \Delta u_r - \frac{2}{r^2} u_r - \frac{2}{r^2 \sin\vartheta} \cdot \frac{\partial}{\partial \vartheta} (\sin\vartheta \cdot u_\vartheta) - \frac{2}{r^2 \sin\vartheta} \cdot \frac{\partial u_\alpha}{\partial \alpha} \right\} \vec{e}_r$$

$$+ \left\{ \Delta u_\vartheta - \frac{u_\vartheta}{r^2 \sin^2\vartheta} + \frac{2}{r^2} \frac{\partial u_r}{\partial \vartheta} - \frac{2 \cot\vartheta}{r^2 \sin\vartheta} \frac{\partial u_\alpha}{\partial \alpha} \right\} \cdot \vec{e}_\vartheta$$

$$+ \left\{ \Delta u_\alpha - \frac{u_\alpha}{r^2 \sin^2\vartheta} + \frac{2}{r^2 \sin\vartheta} \cdot \frac{\partial u_r}{\partial \alpha} + \frac{2 \cot\vartheta}{r^2 \sin\vartheta} \cdot \frac{\partial u_\vartheta}{\partial \alpha} \right\} \vec{e}_\alpha$$

EINIGE WICHTIGE KONSTANTEN DER ELEKTROTECHNIK

$c = 2{,}9979246 \cdot 10^{8}$ m/s	Lichtgeschwindigkeit im Vakuum
$\mu_o = 4\pi \cdot 10^{-7}$ Vs/Am exakt	magnetische Feld- (Permeabilitäts-) Konstante
$\varepsilon_o = 8{,}85419 \cdot 10^{-12}$ As/Vm	elektrische Feld- (Dielektrizitäts-) Konstante
$\Gamma_o = 376{,}73\ \Omega$	Wellenwiderstand des Vakuums
$e = 1{,}602189 \cdot 10^{-19}$ As	Elementarladung des Elektrons
$\pi = 3{,}14159265$	Kreiszahl

und einige spezifische elektrische Leitfähigkeiten:

$\kappa_{Al} \approx 36 \cdot 10^{6}$ A/Vm	für Aluminium
$\kappa_{Au} \approx 45 \cdot 10^{6}$ A/Vm	für Gold
$\kappa_{Cu} \approx 58 \cdot 10^{6}$ A/Vm	für Kupfer
$\kappa_{Ag} \approx 62{,}5 \cdot 10^{6}$ A/Vm	für Silber

STICHWORTVERZEICHNIS

TEUBNER STUDIENSKRIPTEN (TSS) UND LEHRBÜCHER FÜR INGENIEURE

- Eine Auswahl für den Elektrotechniker -

Börner u.a., Elemente der integrierten Optik	(TSB)	DM 36,--
Börner/Trommer, Lichtwellenleiter	(TSS)	DM 21,80
Bourne/Kendall, Vektoranalysis 2., überarbeitete und erweiterte Auflage.	(TSB)	DM 28,80
Duyan u.a., PSpice	(TSS)	DM 21,80
Frohne, Elektrische und magnetische Felder	Geb. ca.	DM 50,--
Frohne, Einführung in die Elektrotechnik		
Band 1: Grundlagen und Netzwerke 5., durchgesehene Auflage.	(TSS)	DM 18,80
Band 2: Elektrische und magnetische Felder 5., durchgesehene Auflage.	(TSS)	DM 21,80
Band 3: Wechselstrom 4., durchgesehene Auflage.	(TSS)	DM 19,80
Kröger/Unbehauen, Elektrodynamik 2., vollständig überarbeitete und erweiterte Auflage.	Geb.	DM 64,--
Lautz, Elektromagnetische Felder 3., durchgesehene Auflage.	(TSB)	DM 32,--
Moeller u.a., Grundlagen der Elektrotechnik 17., neubearbeitete Auflage.	Geb.	DM 62,--
Morgenstern, Farbfernsehtechnik 3., neubearbeitete und erweiterte Auflage.	(TSS)	DM 24,80
Strassacker, Rotation, Divergenz und das Drumherum 3., neubearbeitete Auflage.	(TSS)	DM 22,80
Unger, Hochfrequenztechnik in Funk und Radar 3., neubearbeitete Auflage.	(TSS)	DM 21,80
Vaske, Berechnung von Drehstromschaltungen 2., überarbeitete Auflage.	(TSS)	DM 19,80
Vaske, Berechnung von Gleichstromschaltungen 5., durchgesehene Auflage.	(TSS)	DM 17,80
Vaske, Berechnung von Wechselstromschaltungen 4., durchgesehene Auflage.	(TSS)	DM 21,80

TSS: Teubner Studienskripten (12,7 x 18,8 cm)
TSB: Teubner Studienbücher (13,7 x 20,5 cm)

(Preisänderungen vorbehalten)